종합적 해충관리학 개론

저자 현재선

WORLD SCIENCE 월드사이언스
WWW.WORLDSCIENCE.co.kr

종합적 해충관리학 개론

인쇄 • 2008년 3월 15일
발행 • 2008년 3월 25일
저자 • 현재선
편집 • 장부례
표지디자인 • 김영욱
발행인 • 박선진
발행처 • 도서출판 월드사이언스
주소 • 서울특별시 동작구 사당5동 240-15
등록일자 • 1987년 12월 14일
등록번호 • 3-136
TEL • (02)581-5811~3
FAX • (02)521-6418
E-mail • worldscience@hanmail.net
URL • http://www.worldscience.co.kr

정가 • 15,000원
ISBN • 978-89-5881-104-6

이 도서의 국립중앙도서관 출판시도서목록(CIP)은 e-CIP 홈페이지
(http://www.nl.go.kr/cip.php)에서 이용하실 수 있습니다.
(CIP제어번호:2008000870)

머리말

짧은 유학을 마치고 1960년 귀국길에 California 대학교에 들러 Stern 등(1959)의 "The intergration of chemical and biological control of the spotted alfalfa aphid. Intergrated control concept"(Hilgardia 29)에 접하고 깊은 감명을 받았다. 이 시기는 살충제 이용 전성시대로 새로운 살충제의 개발과 관련 살충제의 작용기작이나 합성화학 그리고 개발된 살충제의 효력 극대화를 위한 이용 기술이 해충학의 주류를 이루고 있을 때 였다. 이 논문은 화학적 방제와 생물적 방제의 통일성 있는 종합을 주축으로 하고 있으나 해충의 기원과 세력(밀도), 그리고 피해와 해충밀도와의 관계를 논하고 해충문제를 농생태계의 기능적 일면으로 인식하고 그의 방제는 그들 간의 상호관계의 이해를 바탕으로 한 체계적이고 생태학적으로 합리적이어야 함을 주장하고 있다. 1962년 서울대 농대 상록지에 "해충방제의 근본 문제"라는 제목으로 이 논문에 바탕을 둔 방제이론을 소개하였고 그 후 솔나방, 솔잎혹파리, 애멸구, 벼멸구, 이화명나방 등 우리나라에서 중요한 해충류에 관한 개체군 동태학적 연구를 통하여 해충의 종합적 관리 분야 연구의 일익을 담당해 왔다.

고 백운하 교수는 1962년 "농림해충학(향문사)"을 저술하였고 1984년 그의 증보판 "신고해충학(향문사)"을 출간하였다. 이 책은 해충학의 기초인 일반 곤충학, 방제론, 그리고 우리나라 거의 모든 해충류의 생활사와 피해증상 그리고 방제법을 집대성한 대저로 우리나라 해충학의 Bible로 우리나라 해충학 발전에 지대한 공헌을 하였다. 본인은 이 책의 방제론 부분을 보완하는 뜻에서 해충방제총론(서울대 출판부, 1994)을 저술하면서 여러 가지 방제법의 원리를 설명한 바 있다.

위의 책들은 해충 방제와 관련된 방제기술에 중점을 둔 것이어서 최근의 해충학의 발달, 즉 해충의 발생동태에 대한 응용기술의 종합이라는 면에서는 미흡한 점이 없지 않다. 그간 외국에서는 해충의 종합적 관리에 관한 저서가 많이 출간되었으나 우리나라에는 이 분야에 관한 저서가 없어 항상 아쉬움을 느껴왔다. 해충의 종합적 관리란 일종의 방제기술 체계로 여기에는 곤충의 분류, 생리, 형태, 생태는 물론이고 생화학, 유전학, 작물학, 기상학, System 분석, 그 밖의 여러 분야가 깊이 관련되어 있어 이들 모든 분야를 충분히 소화한 체계적 저술을 한다는 것은 개인으로서는 극히 힘든 일이다. 이 때문에 지금까지 출간된 저서가 대부분 여러 학자들의 공저로 되어 있는 것이 아닌가 생각된다. 이런 점을 생각하여 이 책의 내용에 잘못이나 부적절한 설명의 검토를 위하여 원고의 전부 또는 일부를 고려대학교 유문일 교수, 서울대학교 이준호 교수 그리고 농촌진흥청 해충과 박형만 박사님 등에게 부탁하였다. 그들의 성의 어린 검토와 충언에 충심으로 감사를 드린다. 그럼에도 불구하고 잘못이 있다면 그것은 물론 전적으로 본인의 책임이다.

본인이 짧은 지식과 부족한 경험을 충분히 알고 있으면서도 감히 이 책을 써 보려고 생각하게 된 것은 누군가 뼈대를 만들면 후학이 보완하여 보다 훌륭한 것으로 완성할 수 있을 것이라는 간절한 마음에서였다. 1991년 정년을 맞아 자유로운 몸이 되어 시간적 여유가 생겨 그간의 연구생활을 되돌아 볼 기회가 생겼고 그간 농촌진흥청 해충과 여러 후학이 관련분야 정보에 충분히 접할 수 있는 자리를 마련해 주어 그간 읽은 것들을 미흡하나마 정리해 볼 용기를 감히 내보게 되었다. 따라서 이 책은 하나의 시작으로 앞으로 많은 분들의 질책과 보완이 있어야 할 것이다.

해충학은 단순히 곤충학+방제론은 아니고 해충류와 농작물의 생물학적 Performance를 이해하고 그에 관련된 요인들을 인간에게 유리하도록 변형 또는 새로운 것을 짜 넣는데 필요한 이론과 기술의 개발과 적용에 관한 과학이다.

Southwood(1977)는 생물의 서식처는 생물 진화전략의 주형(Templet)라고 하고 생물의 생활사전략은 서식처의 선택작용의 반영이라고 하였다. 즉 이것은 해충의 발생은 서식처를 구성하고 있는 요인들과 해충간의 상호작용의 결과라는 뜻이다.

인간이 야생의 동식물을 수집하고 채집하여 생활하였던 시대에는 인간과 해충은 자연생산물을 사이좋게(?) 나눠가면서 생활하였다. 그러나 인구가 증가하고 문화가 발달하면서 수요가 늘고 다양화하면서 해충 문제는 점점 심각하여 갔다. 농생태계 즉 해충의 서식처는 농업의 발달 — 특히 해충문제를 도외시한 생산증대 중심의 근대 농업생산체계 — 과 더불어 크게 변해왔다. 따라서 농생태계는 자연생태계와는 달리 인위적 요인이 크게 작용하고 있는 생태계이다. 이런 뜻에서 해충문제는 인간 활동의 결과라는 이야기도 있을 정도이다.

생태계는 고무풍선과 같아서 어느 일부에 가해진 충격은 생태계를 구성하고 있는 여러 가지 요인들과의 상호작용을 통하여 결국에는 전체적 변화를 초래하게 만든다. 따라서 이 책의 제1편에서는 해충학의 발달과 현재 해충학이 당면하고 있는 문제점을 살충제 사용에 따르는 부작용을 중심으로 설명하여 해충문제가 독립적인 것이 아니고 농업생산기술 전체와 관련되어 있음을 밝히고 앞으로의 해충학이 지향할 바를 요약하였다.

제2편과 제3편은 해충문제의 본질에 관한 것이라고 할 수 있겠다. 즉 해충문제는 해충의 분포와 밀도와 같은 해충의 세력과 그로 인한 작물의 피해가 본질이다. 따라서 제2편에서는 해충의 생활사와 해충의 분포나 밀도와 관련, 밀도의 파악과 개체군 밀도변동동태에 관하여 설명하였다. 해충의 밀도변동에 관여하는 요인은 여러 가지가 있으나 그의 영향(력)은 경중이 있다. 따라서 밀도변동에 크게 관여하는 주요 환경요인의 파악과 평가에 관하여 설명하여 어떤 요인을 언제 어떻게 조절하는 것이 가장 합리적일까에 대한 조절대상을 명백히 하는 이론과 방법을 설명하였다. 제3편에서는 해충에 의한 농작물의 경제적 손실 즉 피해를 해충의 밀도와 관련 그의 특성을 설명하고 특히 작물의 생육단계에 따르는 피해 실태의 차이를 감안 방제와 관련 포괄적 피해 모델에 관하여 설명하고 방제와 관련 발생예찰의 중요성과 그의 목표를 제시하였다.

제4편은 방제기술론으로 여러 가지 방제수단의 원리를 설명하여 그의 장점과 단점을 이해하여 제2편에서의 해충의 생태와 제3편에서의 해충에 의한 피해를 감안 그들의 통일성 있는 이용에 참고가 되게 하고 종합적 관리의 체제 구축과 관련 정보의 수집과 전달체제의 구축과 활용에 관하여 설명하였다.

이 책에 수록된 도표나 그림은 여러 가지 논문에서 인용하였다. 도표와 그림 그리고 본문의 설명에는 연구자의 이름을 병기하였으나 그들의 출처는 지면관계로 생략하고 참고문헌은 단행본만을 수록하였다. 그분들에게 무단으로 이용한 점 깊이 사과드리며 그들의 학문에 대한 열정에 깊은 감사의 뜻을 표한다.

책의 원고작성을 위해 농촌진흥청 해충과 엄기백, 박형만, 박홍현, 김황용 제 박사님과 서울대 농생대 안정준 군이 많은 도움을 주었으며 해충과 과장 한만종씨는 원고작성에 많은 도움을 주었다. 이들의 배려에 깊이 감사드리는 바이다. 그리고 이 책의 원고작성에는 농촌진흥청 해충과 민희옥 양의 수고가 많았으며 염문옥씨는 여러 가지 도움을 주었다. 깊이 감사드리는 바이다.

끝으로 여러 가지 어려운 여건에도 이 책의 출판을 기꺼이 승낙해 주신 아카데미서적 주성필 사장님께 깊이 감사드립니다.

2008년 2월

저자 **현재선**

차 례

1편

해충방제의 역사와 방제의 목표

지구상에는 현재 약 170만 종의 생물이 살고 있는데 인간과의 관계를 기준으로 인간이 직접, 간접으로 이용하여 도움이 되는 유용생물(예; 작물, 가축. 해충의 천적류 기타)과 반대로 경제, 위생 또는 정서 기타의 면에서 피해를 끼치는 유해생물(예 병원생물, 해충, 기타)로 대별할 수 있겠다.

농림해충학은 농림업과 관련하여 생산에 직접, 간접으로 영향을 미치는 해충류를 대상으로 연구하는 응용과학이다. 농림해충학의 직접 대상이 되고 있는 것은 해충류이나 그의 밀도 억제를 위해서는 천적류나 살충제를 비롯한 여러 가지 이화학적 요소나 그 밖에 내충성 품종이나 재배관리법 등과 같은 해충류의 발생에 관련되어 있는 요인들에 대한 지식과 나아가서는 생산비와 관련된 경영학적 측면도 깊이 관련되어 있다.

제1장 해충의 종류

지구상에 생명이 탄생한 것은 약 35억년 전이라 추정하고 있으며 곤충류의 가장 오래된 화석은 고생대의 데번기(3억 9500만년 전)의 날개가 없는 톡토기류로 추정되는 *Rhnielle praecursor*이다. 석탄기(3억 9000만년 전~2억 8000만년 전)에는 날개를 가진 하루살이목, 잠자리목, 바퀴목, 메뚜기목, 반시목 등이 출현하는데 그때의 곤충류로 현존 종은 거의 없다. 완전변태를 하는 현존 곤충류의 선조형이 출현하는 것은 2첩기(2억 8000만년 전)이며 현재와 비슷한 곤충상이 발달하게 된 것은 6000만년~7000만년 전인 신생대의 제3기에 이르러서이다.

Southwood(1978)에 의하면 현재 지구상에는 약 140만종의 동식물(균류, 조류, 미생물류 제외)이 알려져 있는데 그 중 약 70%가 무척추동물(원생동물 제외)이며 무척추동물의 약 80%가 곤충이라고 한다.

Price(1977)가 동식물 종류에 대한 조사가 비교적 잘 되어 있는 영국의 생물군을 대상으로 추정한 것을 보면 식식성 곤충류 26%, 부식성 곤충류 31%로 곤충류가 전체 생물종의 57%이고 곤충류를 제외한 그 밖의 무척추동물류가 15%, 원생동물이 2%, 척추동물이 4% 그리고 녹색식물이 22%이다.

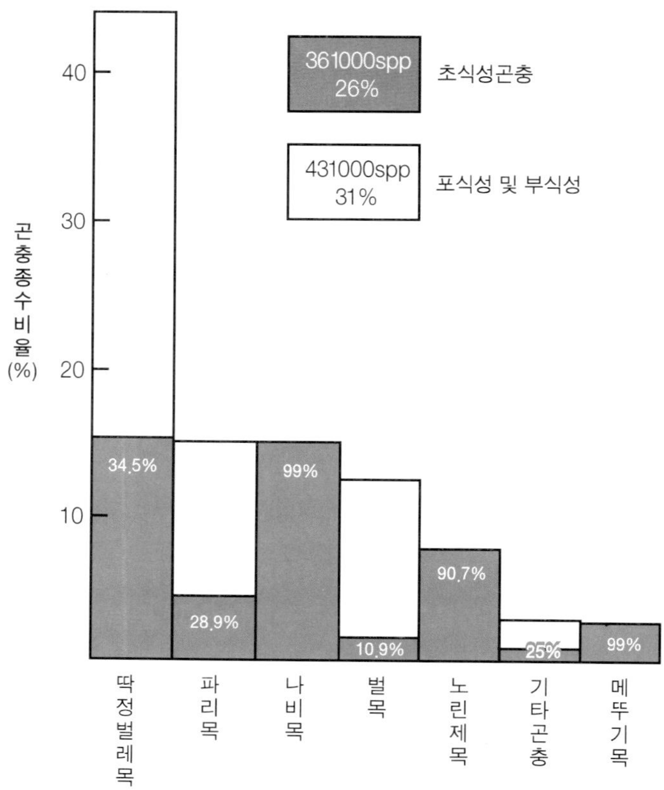

〈그림 1-1〉 식식성곤충류의 전체 곤충류에 대한 비율. 각 곤충목의 비율은 Southwood (1978), 식성에 관한 것은 Price (1977)가 역국의 곤충류를 대상으로 한 자료를 이용한 것임 (Strong 등).

이와 같은 종수비율은 세계적으로 큰 차이가 없는 것으로 생각된다. 한국식물보호학회의 조사결과를 보면 우리나라 곤충 10,647종(한국곤충학회, 한국응용곤충학회, 1994)중 해충류는 2,478종(한국식물보호학회, 1986)으로 전체 곤충류의 23.3%로 Price의 영국의 결과와 큰 차이가 없다.

녹색식물을 직접 먹는 곤충의 종류는 대부분이 톡토기목, 메뚜기목, 대벌레목, 총채벌레목, 노린재 및 매미목, 딱정벌레목, 나비목, 파리목, 벌목 등에 속하며 각 목에서 식식성 곤충이 차지하는 종수 비율은 목에 따라 차이가 있다. 그림 1-1은 영국의 곤충류를 대상으로 한 식식성 곤충류의 주요목과 각 목에서의 식식성 종이 차지하는 비율이다(Strong 등 1984).

그림에서 보는 바와 같이 나비목, 노린재 매미목, 메뚜기목에서는 90% 이상이 식식성인데 반하여 벌목에서는 10.9%로 극히 낮은 비율이다.

한편 우리나라 농작물과 수목류의 해충류를 목별로 보면 표 1-1과 같다. 가장 많은 종을 가진 분류군이 나비목이고 매미목과 딱정벌레목이 그 뒤를 잇고 있다.

〈표 1-1〉 우리나라 해충의 목별 종수

목	메뚜기	총채벌레	노린재	매미	딱정벌레	나비	파리	벌	기타	계
과	7	3	17	33	29	51	10	15	11	176
종수	23	51	130	561	518	993	68	102	17	2,463
%	0.9	2.0	5.3	22.8	21.0	40.3	2.8	4.1	0.7	12.0

(한식보, 1986).

표 1-2는 우리나라 주요 농작물의 분류군(목)별 종수이다.

〈표 1-2〉 우리나라 주요 농작물 해충의 분류군(목)별 종수

(1)	벼	맥류	조	옥수수	수수	감자	콩	무	배추	사과	복숭아	배
노린재목	14	16	4	5	-	7	20	6	4	8	8	9
%	10.4	13.0	7.8	9.2	-	13.7	12.6	13.6	7.8	2.7	3.8	3.6
매미목	53	28	14	14	7	17	18	7	6	48	48	62
%	39.5	22.7	27.4	25.9	77.8	33.3	11.3	15.9	11.7	16.6	22.9	24.8
딱정벌레목	16	28	11	12	-	12	22	9	9	61	38	46
%	11.9	22.7	21.5	22.2	-	23.5	13.9	20.4	17.6	21.1	18.1	18.4
나비목	28	18	13	15	1	12	81	16	25	165	104	116
%	20.8	14.6	25.4	27.7	11.1	23.5	51.2	36.3	49.0	57.2	49.7	46.5
기타	23	33	9	8	1	3	17	6	7	6	11	16
%	17.1	26.8	17.6	14.8	11.1	5.8	10.7	13.6	13.7	2.0	5.2	6.4
총종수	134	123	51	54	9	51	158	44	51	288	209	249

(2)	귤	포도	밤나무	소나무류	참나무류	상수리나무류	벗나무	담배	파	오이
노린재목	10	1	5	-	-	9	10	3	4	2
%	5.6	0.8	3.2	-	-	2.8	3.8	9.3	11.7	6.8
매미목	66	26	26	22	31	49	51	4	2	3
%	37.5	23.0	16.9	14.0	47.6	15.6	19.3	12.5	5.8	10.3
딱정벌레목	38	30	56	79	3	89	54	5	7	12
%	21.5	26.5	36.6	50.3	4.6	28.3	20.5	15.6	20.5	41.3
나비목	50	48	57	36	27	150	138	11	13	8
%	28.4	42.4	37.2	22.9	41.5	47.7	52.4	34.3	38.2	27.5
기타	12	8	9	20	4	17	10	8	3	4
%	6.8	7.0	5.8	12.7	6.1	5.4	3.8	25.0	23.5	13.7
총종수	176	113	153	157	65	314	263	32	34	29

(한식보, 1986).

위 표의 내용은 작물의 중요도와 관련하여 조사가 얼마나 깊이 있게 되었느냐에 따라 다소의 차이는 있겠으나 대체적 경향은 반영되어 있는 것으로 생각된다. 농작물에 따라 해충 종수에는 차이가 커서 많은 것은 300종이 넘는 것에서부터 적은 것은 10종이하인 것까지 다양하다. 일반적으로 다년생인 목본식물에서는 200종 이상인 반면 1년생 초본류에서는 적은 경향이 있으나 1년생 작물의 경우에도 벼나 보리, 밀 등에서는 100종 이상이어서 다른 작물에 비하여 종수가 많다.

대체적으로 나비목 해충류는 거의 모든 작물류에서 우위를 차지하고 있으며 매미목 해충류는 화본류와 과수류에서 우점 해충군이고 딱정벌레목 해충류는 밤나무, 소나무 그리고 오이 등에서 우위를 차지하고 있는 등 식물의 종류에 따라 우점 해충군에 차이가 있다.

농림해충학이 대상으로 하는 해충류는 인간의 의, 식, 주 문제를 해결하기 위하여 재배하고 사양하는 작물, 가축, 임목 그리고 그의 생산물을 이용하는 동물들로 생태학적으로는 인간과 요구조건을 같이하는 동물들로 인간과 경쟁적 입장에 있는 동물군인 셈이다.

인간이 자연 상태에서 생산된 것을 채취하면서 생활하던 원시시대에는 해충과 생산물을 "사이좋게" 나눠가면서 이용하였다. 그러나 인구가 증가하고 정주생활을 하게 되면서 수요량이 많아지면서 해충류가 이용하는 부분이 문제가 되었고 또한 문화가 발달하면서 이용대상이 다양해지면서 지금까지 문제되지 않았던 해충류의 이용이 문제가 된 것이다.

사실 해충문제가 심각하게 제기되기 시작한 것은 산업혁명 이후 인구의 도시집중으로 농업이 가계농업에서 기업농업화하면서 부터로 학자들은 해충문제는 인간이 자초한 것이라고 하고 있다.

Stern 등(1959)은 해충문제의 심각성이 증대하게 되는 이유로 ① 지금까지 없던 해충이 다른 곳에서부터 침입하는 경우(예: 벼물바구미), ② 지금까지 있던 해충이 어떤 원인으로 유전적 변화를 일으켰을 때(예: 콜로라도감자잎벌레), ③ 해충의 가해에 대한 인간의 반응이 변화하였을 때(예: 품질에 대한 요구가 달라지는 경우), ④ 해충밀도가 어떤 원인으로 이상 증가 하였을 때(예: 이스라엘에서의 해충상의 변동) 등이라고 하였다.

그런데 이와 같은 일들은 인간의 활동과 직, 간접으로 관계가 있다. 즉 침입해충은 교통 수단이나 교역량의 증가로 그 사례가 급격히 증가하고 있으며 야생곤충류의 해충화는 작물재배면적의 확대나 작물특성의 변화로 일어나며 인간은 문화의 발달과 더불어 이용하는 동식물의 종류나 요구하는 품질이 변화하여 지금까지 문제가 되지 않던 동물의 가해나 가해정도도 문제 삼게 되었고 인간의 품종개량이나 재배법 그리고 이용법이 변하면서 해충의 발생에 유리한 조건을 조성하는 경우가 많아졌다.

즉 해충문제는 인류문화의 발전과정을 통하여 인간의 문화적 활동과 밀접한 연관을 갖고 있는 것이다. 이것은 해충문제를 인간 활동과 관련시켜 이해해야함을 뜻하는 것으로 우리가 해충류에 관한 충분한 지식을 가진다면 이것을 토대로 문제가 될 것을 미리 파악하여 합리적으로 해결 할 수 있는 대체능력을 지닐 수 있다고 본다.

제2장 해충방제의 역사

해충문제는 농경의 시작부터 시작되었다. 구약성서에는 이집트에서의 메뚜기 피해에 관한 설명이 있으며 Aristotle은 꿀벌의 해충 꿀벌부채명나방에 관하여 기술하였다(Steinhaus 1956). 그리고 Syria에서는 메뚜기 방제를 위하여 *Pastor roseus* 새를 이용하였다고 한다. 그리고 Mesopotamia에서는 B.C 2,500에 유황을 해충방제에 이용하였다고 한다.

중국에서는 상나라시대(BC 17~11세기)에 메뚜기에 대한 대책으로 메뚜기 전담기구를 설치하였다고 하며 BC 6세기경부터 누에의 곰팡이 병을 해충방제에 이용하였고 4세기 초에 감귤류 해충방제에 개미를 이용하였다고 한다. 여기서 해충방제의 역사를 살펴보고 현재의 해충 종합적 관리로의 발전과정을 살펴보려 한다.

1. 유기합성농약 출현 이전

19세기 이전까지의 해충방제는 주로 맨손으로 잡거나 물로 씻는 방법과 같은 직접적인 방법이 이용되었다. 가장 오래된 살충제는 유황이며 그 후 비산류, Cryolite (빙정석, Trisodium hexafluoroaluminate), 붕산, 비누액, 고래기름, 기계유, 송지, 청산가스 같은 것이 이용되었다.

그 후 제충국제, Nicotine제, Rotenone(열대산 콩과 Derris류), Ryanodine (남미산 *Ryani speiosa*), Varatridine(남미산, *Schoenocaulon officinale* 백합) 그리고 Azadirachtin(*Azadirachta indica*의 종자) 등의 식물기원 살충물질이 알려졌으며

제충국제는 년 간 30만 파운드 이상이 사용되기도 하였다. 니코틴도 중요한 살충제였으나 현재는 거의 다른 살충제로 대체되고 있다. 이들 식물기원 살충제의 문제점은 고가이며 광선에 의하여 분해되기 쉽다는 일반적 단점을 갖고 있으나 잔효기간이 짧고 주로 소화중독성이라는 것은 천적류에의 영향은 적다. 이들은 주로 원예작물의 해충에 이용되었다.

이들 식물기원 살충제의 발견은 그들의 화학 구조의 복잡성이나 효능성 그리고 선택성 때문에 화학자나 해충학자의 많은 관심을 끌었으며 1920년대 이후 그들이 분자구조 구명이나 합성에 관한 많은 연구가 이어졌다.

한편 생물적 방제는 1888년 Koebele이 California에 침입한 이세리아깍지벌레를 방제하기 위하여 이 해충의 원산지인 호주로부터 *Rodolia cardinalis* 무당벌레를 도입하여 크게 성공한 것이 이 분야연구의 계기가 되었다. 내충성 품종의 이용은 1867년경 미국으로부터 유럽에 침입하여 포도생산에 큰 타격을 주었던 포도뿌리혹벌레를 미국산 저항성 대목을 이용하여 방제하는데 성공하였다.

이 시대의 해충학은 재배시기의 조절, 시비의 개선, 간작 또는 유인식물이나 저항성 품종의 이용 등과 같은 재배적 방법이 주였으며 살충제의 이용과 관련하여서는 방제효율을 증대시키기 위한 발생 시기나 발생조건 등 생태학적 연구가 중심이 되었었다.

2. 유기합성농약 전성시대

1938년 스위스 Geigy사의 Müller, Martin, Lauger 등은 1874년 독일의 Zeidler가 합성한 DDT가 탁월한 살충력을 갖고 있음을 밝혔고 1825년에 Faraday가 합성한 BHC와 그의 γ 이성체가 살충력이 탁월함이 1942년에 밝혀지면서 유기합성 살충제의 전성시대를 열었다.

이 시기는 유기합성 살충제의 탁월한 살충효과에 힘입어 농작물 생산의 증대와 생산의 안정성에 크게 기여하였다. 1960년대의 농작물이나 가축의 병해충, 잡초에 의한 피해량은 35% 정도로 추정되었으며 개발도상국에서는 약 50%라고 추정되고 있다. Pimentel(1991)은 미국에서 농작물의 피해를 해충 13%, 병 12%, 기타를 합하면 약 37%라고 추정한 바 있으며 1985년의 세계 농약 사용량은 250만 M/T이였다. DDT의 출현은 농작물 해충의 효과적 방제에 공헌하였을 뿐 아니라 위생해충 방제에도 크게 공헌하였다. 1944년 이탈리아 나폴리에서 크게 유행하였던 발진티푸스는 DDT 사용으로 단시일 내에 유행을 막을 수 있었고 이탈리아에서의 말라리아 발생은 1945년 약 40만 건이던 것이 1947년에는 약 20만 건 그리고 1949년에는 거의 소멸되었다고 한다. 표 1-3은 우리나라 쌀 수량의 변천 상황이다.

〈표 1-3〉 쌀 10a당 수량 (kg)

1965	1970	1975	1980	1985	1990	1995	2000	2003
289	330	386	289	456	451	445	497	441

(농수산부).

우리나라 쌀 수량은 1970년대 이후 크게 증가하고 있다. 즉 1965년 이전에는 10a당 280kg 정도였으나 1970년대 중반에는 380kg대로 크게 증가하였고 1980년대 이후에는 450kg을 넘고 있어 10년 단위로 100kg 정도가 증가하고 있다(1980년의 수량이 낮은 것은 그해의 심한 냉해를 반영하고 있다). 이것은 물론 시비량의 증가나 품종개량 그리고 관계 수리의 개선 등과 같은 다른 재배기술의 발달과도 관계가 있겠지만 병해충 방제 특히 농약사용의 효과도 컸을 것이라는 것을 부인할 수는 없을 것이다. 한편 농산물 생산에 관하여는 수량을 문제로 하는 경우가 많으나 그에 못지않게 중요한 것이 해에 따르는 수량의 변동인데 우리나라의 벼 생산지수를 보면 1970년 이후 그 변동 폭은 평년수량의 수 %인데 이것은 농약사용의 역할이 컸다고 보아야 하겠다.

Casida와 Quistad(1998)는 1990년대까지의 살충제 발전을 그림 1-2와 같이 요약한 바 있다.

〈그림 1-2〉 살충제 주성분별 개발 시대 (Casida와 Quistad 1998).

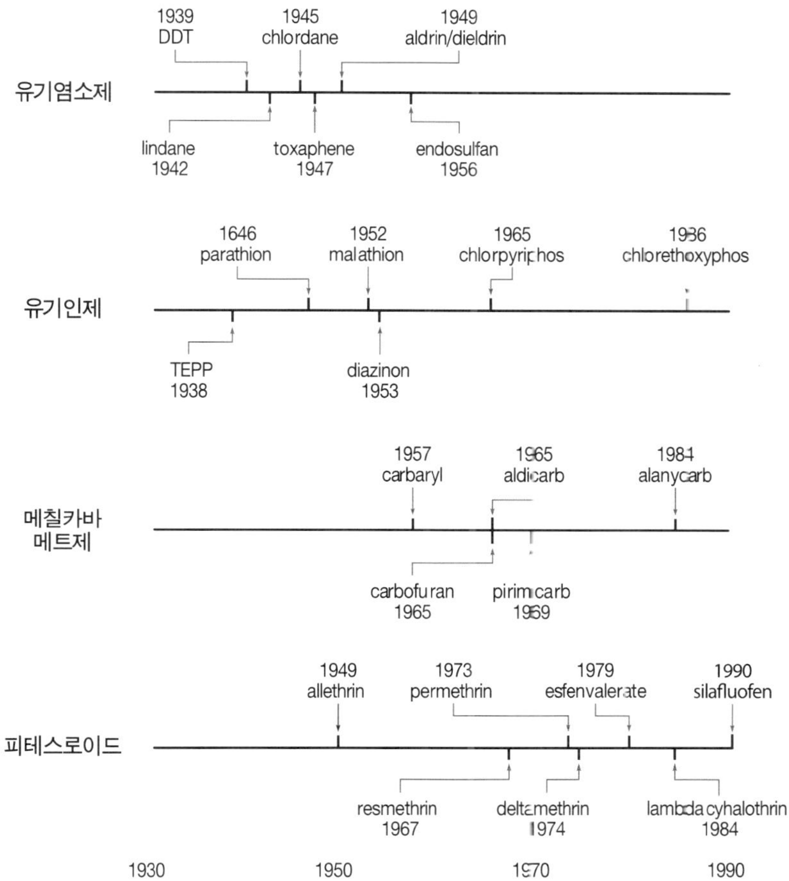

그림에서 보는 바와 같이 1960년대 이전은 유기염소계 살충제의 전성시대였다. 이들 유기염소계 살충제는 살충력이 강하고 잔효성이 길어 급속히 일반화되어 1970년경까지 그의 사용량은 약 80만 파운드로 추정되며 이들은 대개가 50~73%의 염소를 포함한 물질들이었다. 그러나 그들의 독성문제나 환경오염문제가 제기되면서 1970년경부터 사용이 금지되거나 크게 제약을 받게 된다. 그러나 아직도 Endosulfan이나 BHC는 상당한 양이 사용되고 있으며 DDT도 이용되고 있는 곳이 있다.

1937년 Schrader가 유기인계 물질이 살충력이 있음을 발견하였으며 곧이어 TEPP나 Parathion 등이 발견되면서 유기인제는 살충력이 뛰어난 살충제로 유용한 특성을 갖고 있음이 알려지면서 유기인제(OP)는 급속히 일반화되었다.

Methyl carbamate(MC)계 살충제에 관한 연구는 식물성 알카로이드 physostigmine(서부 아프리카산 칼라바 콩(*Physostigma venenosum*)의 종자에 포함된 Acetyl choline esterase의 작용저해물질)에 관한 연구에서 비롯되며 1954년 Carbaryl의 합성은 MC 시대를 열게 된다.

OP/MC 시대는 다양한 화학적 유사물질의 선택성 특히 포유류와 곤충류간 선택성을 가진 물질의 개발에 노력하였던 시대로 이것은 이들 물질의 분자구조가 간단하며 여러 가지 유사물질을 손쉽게 합성할 수 있었던 것과도 깊은 관계가 있다. 그 결과 1990년대 중반까지 사용된 살충제의 상위 20품종 중 34%가 OP류이고 1/5이 MC로 대부분을 차지하고 있으며 현재 개발 중에 있는 것도 상당수 있다(표 1-4).

〈표 1-4〉 주요 살충제 군의 유통량 개발년도, 사용량 (Casida와 Quistad 1998)

살충제	유통량 1995		주도물질		사용량 (kg/ha)[a]
	$100만	%	수	년도	
유기염수계	2100	5	5	1947	3.0
유기인계	3100	34	12	1965	1.8
메칠카바메이트	1800	20	9	1967	1.6
Pyrethroid	2100	23	11	1979	0.07
Benzoylurea	400	5	4	1983	0.11
기타	700	8	14	1982	1.0
생물성(세균 또는 바이러스)	500	6	13	1986	-

a: 평균치.

합성 Pyrethroid가 개발되기 시작한 것은 1970년대 초였으나 그들이 일반화되게 되는 것은 1979년 이후의 일이다. 합성 Pyrethroid는 소량으로도 살충력이 대단히 크다. 그리고 이들은 ① 생물학적 분해 작용은 그대로 이면서도 광선에 의한 분해 작용에는 안정성이 크며 ② 작용점 특이성에 의한 선택성이 크고 ③ 살충력을 유지하면서도 쉽게 분자 구조를 변형시킬 수 있고 ④ 훈증제나 토양살충제로 개발할 수 있는 가능성이 크며 ⑤ 일반적 환경오염을 줄일 수 있는 가능성이 다른 합성 살충제에 비하여 크다는 등의 장점을 갖고 있다.

Neonicotinoid계 살충제는 1990년대 초에 최초로 상품화되었으며, 극히 소량으로도 살충효과가 우수하다. 담배 잎 중 살충성분인 니코틴과의 구조적인 유사성으로 인하여 위의 이름을 갖게 되었다. 이 계통의 농약은 적은 약량에서는 해충에 대한 기피작용을 보이고, 수용성이며, 작물체에 잘 흡수 이행되어 흡즙성 해충인 진딧물류, 멸구류에 대해 방제효과가 높다. 작용기구는 nicotine과 마찬가지로 신경전달물질인 아세틸콜린(ACh) 수용체와 결합하여 신경전달을 저해함으로써 외부자극을 차단하여 해충을 치사시킨다.

생장조절제는 무기물, 합성 화합물에 이은 제3세대 살충제로 불렸으며 유독성 물질 이용을 감소시킬 수 있는 것으로 많은 관심을 끌었다. 키틴합성 방해제(예 Diflubenzuron)는 그의 작용특이성 때문에 많은 관심을 끌었으나 그 작용이 지효성이고 유효한 생육단계가 특이하여 일반화에는 많은 문제가 있다. 최근 Pheromone류가 해충개체군의 발생조사에 많이 이용되고 있으며 고미교란과 같은 행동교란을 통한 방제에도 이용이 시도되고 있다.

살충제에 관한 연구는 비단 농업생산 뿐 아니라 다른 학문 분야에도 많은 공헌을 하였다. 곤충 독성학은 환경 독성학 전반에 걸친 기초를 제공하였으며 그의 발달은 살충제 특히 DDT 사용의 문제점을 신랄하게 비난한 Carson 여사의 "침묵의 봄"(Silent spring 1962) 출간이 계기가 되었었음은 주지의 사실이다.

한편 살충제 개발은 살충제의 작용기작의 연구가 기초가 되어야 한다. 따라서 살충제의 곤충 체내 침투, 이동, 작용점 그리고 관여되는 효소계, 기타의 생화학적 과정의 이해가 중요하다. 이러한 문제들은 곤충류의 체벽과 관련 그의 구조나 조직 화학적 특성, 체내에서의 이동 동태나 수용체 그리고 이동과정에서 일어나는 대사과정 등과 같은 여러 가지 문제가 관련되어 있어 과거 50년간 많은 것이 밝혀져 왔다.

분자생물학적 연구가 생화학적 기작의 연구에 많은 도움을 준 것은 사실이다. 그러나 선택적인 해충방제는 생물들이나 그들 계의 다양성과 깊이 관련되어 있다. 이 점은 곤충 독성학, 생리학, 생화학 그리고 생태학 분야에서의 연구를 촉진하는데 중요한 의미를 갖고 있으며 종합적 해충관리의 기본임에는 틀림없다. 그러나 해충방제에 있어서 유기합성 살충제의 사용이 주축을 이루고 있는 점을 생각할 때 이런 경향은 앞으로도 계속될 것이다

3. 살충제 사용의 부작용

DDT가 해충방제에 사용되기 시작한 것은 1940년대 초였으며 그 이후 여러 가지 유기합성살충제가 해충방제에 사용되게 된다. 초기 유기합성살충제는 속효성으로 여러 가지 종류의 해충에 큰 효과가 있었으며 잔여기간도 길어 한번 사용으로 장기간 효과를 볼 수 있는 등의 장점(?) 때문에 해충문제는 완전히 해결된 것으로 착각을 일으켜 농약 의존 사상을 고취하였다. 그러나 과다한 농약사용은 살충제 저항성, 살충제에 의한 해충의 유도다발성(격발현상), 식품이나 환경에의 농약 잔류 그리고 야생생물에 대한 불리한 영향 등의 부작용을 야기하여 반농약주의 해충방제나 해충의 종합적 관리와 같은 해충방제에 새로운 국면을 맞게 하였다.

1) 살충제 저항성

살충제를 계속하여 사용하면 해충이 통상적인 유효농도로는 죽지 않게 되는 현상을 저항성이 생겼다고 한다. 최초의 살충제 저항성의 발견은 미국 California에서 감귤해충인 *Scirtothrips citri*의 주석산에 대한 저항성 계통(1939)이었고 뒤이어 California에서 *Aounidiella aurantii*(붉은깍지벌레)의 청산가스에 대한 저항성이 보고되었다

DDT가 농업해충에 쓰이기 시작한 1945년 영국의 곤충생리학자 V. B. Wigglesworth는 이것이 남용되면 저항성 해충이 생길 것이라는 예언을 하였는데 실제로 2, 3년 후에 집파리의 DDT 저항성이 스웨덴, 이태리, 덴마크 그리고 미국 등에서 보고되었다. 그 후 저항성 계통 해충의 종류는 크게 늘어 현재는 500종이 넘는 것으로 알려지고 있다. 그러나 이것은 같은 해충이라도 지역에 따라 정도에 차가 있으며 조사년도에 따라서도 달라질 수 있겠다. Metcalf(1955)는 DDT, γ-BHC, Parathion 등을 이용하여 집파리의 선발시험을 하여 10~15 세대에 반수치사량(LC_{50})(어떤 개체군을 50% 죽이는 농도)이 10~100배로 증가하였다고 하였다. Brattsten(1991)은 감자해충인 콜로라도감자잎벌레 방제용으로 쓰였던 11종의 살충제에 대하여 사용개시로부터 살충제 저항성이 발달하는데 까지 소요되는 햇수를 조사하여 짧게는 1년, 길어도 7년이면 방제 할 수 없을 정도로 저항

성이 생겼다고 하였다.

살충제에 대한 저항성이 생기면 보다 높은 농도의 살충제를 사용해야 하며 그에 따라 잔류나 유도다발성도 커질 것이다. 또 이를 대체할 새로운 살충제의 개발을 위해 막대한 비용이 필요하다. 즉 농약회사가 끌어안아야 될 부담이라고 본다.

해충의 살충제에 대한 저항성 발달은 해충개체군이 어떤 살충제에 계속 노출되면 세대의 경과에 따라 그에 대하여 강한 유전자를 가진 개체들의 비율이 증가하기 때문이다.

산포된 살충제가 해충체내에 있는 살충제의 작용점까지 도달하는 데에는 살충제의 부착, 피부침투, 체내에서의 작용점까지의 이동 등의 과정이 있다. 이런 각 단계에서 살충제의 이동이 방해를 받게 될 것이며 그들이 유전적 지배를 받아 저항성이 나타나겠다. 즉 Esterase 활성의 증대, 약물산화효소 활성의 증대나 피부투과성의 저하, 약물산화효소활성의 증대로 인한 작용점의 감수성 저하 등이 저항성의 기작으로 알려지고 있다.

살충제가 해충체내에서 효소의 작용으로 분해되어 독성을 잃게 되는 것을 대사저항성(Metabolic resistance, 代謝抵抗性)이라고 하는데 Cytochrcme P-450, Esterase, Glutation S-transferase 등은 각각 산화, 가수분해, 전위의 촉매역할을 한다.

DDT나 Pyrethroid 등은 신경세포막과 결합하여 신경세포 안과 밖의 K^+와 Na^- 이온의 정상적 조정을 저해하여 자극전달을 방해하는 고로 작용점 저항성(Target site resistance, 作用點 抵抗性)의 예가 되겠다. 유기인제나 Carbamate제는 Synapse 부위의 자극전달물질인 Acetylcholine을 Choline으로 분해하는 Acetylcholine esterase의 작용을 저해하여 전달을 방해하는데 저항성 해충에서는 신경세포막과의 결합 활성이 저하하거나 Acetylcholine esterase의 친화성이 저하하여 살충제의 효과가 저하하여 저항성을 나타내기도 한다.

2) 농약의 식품잔류와 자연생태계에 미치는 영향

초기에 등장한 DDT, BHC 그리고 Drin제와 같은 유기염소계 살충제는 여러 가지 해충에 효과가 있고 잔효기간이 길어 한 번의 사용으로 여러 가지 해충을 죽일 수 있고 그 기간도 길어 여러 가지로 유리한 것으로 생각되었으나 이것은 식품이나 물에서의 오염의 원인이 되었고 또 이들은 지용성이어서 동믈체내에 들어가면 배설이 어려워 체내에 축적 농축되는 문제를 야기하기도 하였다.

분해가 어려운 살충제가 얼마나 오래 동안 자연계에 남게 되는가에 관한 한 예를 들면 1960년대 이화명충 방제용으로 BHC를 많이 사용하였으나 유기염소계 살충제의 식품잔류가 사회문제가 되면서 1971년부터 다른 염소제와 같이 BHC의 사용이 일본에서 금지되었다. 일본 Kyoto 대학의 연구진은 1966년부터 25년 이상에 걸쳐 Biwa호의 물고기 체내의 BHC를 조사하여 왔는데 BHC 사용을 금지한 후에도 7~8년간은 500~1000ppb 정도가 유지되었고 10년 이상이 지나도 100ppb 정도가 잔류하는 것으로 조사되었다(Watanabe 등 1981).

또 다른 문제는 생물학적 과정에 의한 생물 농축현상(Biological accumulation, 生物 濃縮現象)이다. 이것은 수생식물의 물리적 흡착, 먹고 먹히는 관계를 통한 먹이사슬농축(먹이사슬을 통하여 높은 영양단계 생물에 살충제나 독성물질의 함유량이 증가하는 현상으로 예를 들면 미국 Long Island 지방에서는 모기의 방제를 위하여 DDT를 장기간 사용하였었는데 DDT와 그의 유도물질인 DDD와 DDE 총 함량은 물: 0,00005ppm, 플랑크톤: 0.004ppm, 피라미류: 0.23ppm, 포식성 창고기: 0.94ppm, 왜가리: 3.57ppm, 대형 물고기를 먹는 가마우지: 26.4ppm 등으로 먹이사슬의 위 영양단계 생물에서 대단히 높아지고 있다)(Woodwell, Wurster, Isaalson 등 1967), 수생동물의 지느러미나 피부에서의 흡수 등에 의한 농축을 말한다. 해충 방제에 이용된 BHC는 쌀 자체에는 별로 축적되지 않으나 볏짚에는 흙의 5~6배가 농축되게 되는데 볏짚을 먹은 젖소의 젖과 지방에는 약 2배의 농도가 잔류하여 그 젖소가 생산한 우유를 통하여 사람에게 이행하여 문제가 된다.

물고기는 먹이사슬을 통하여 농축이 이루어질 뿐 아니라 아가미를 통하여도 농축되는 예가 보고되고 있으며(Holden 1966) 굴조개의 경우는 10시간에 Heptachlor를 17,600배로 농축한 예가 보고되고 있다. 일반적으로 유기인제는 유기염소제에 비하면 수용성이 커서 농축율이 낮다.

한편 영국의 Newton(1995)은 영국에 보존되어 있는 1870년부터 1990년까지의 새매의 알 표본을 조사 한 바 알껍데기 두께가 DDT를 쓰기 시작한 1947년경부터 명백히 감소하였고 1970년 후반부터는 회복되었음을 알 수 있었다. 이와 같은 현상에 대하여 DDT를 종자 처리한 밀을 먹은 쥐를 새매가 먹었을 때 일어나는 식물연쇄에 의한 DDT 농축현상으로 추론을 하였다. 새의 몸에 축적된 DDT는 여성 호르몬 Estrogen을 감소시켜 그 때문에 뼈의 칼슘저장을 감소시키고 난각선의 탄산탈수소효소가 저해되어 난각의 칼슘침작을 감소시키는 것이 알려지고 있다.

이 밖에도 여러 가지 농약이 생물군집에 여러 가지 장기적인 영향을 미치는 것으로 생각되나 아직 구명되지 않은 것이 많으나 농약류가 절지동물의 탈피나 생장과 관련된 곤충성장 호르몬류에 영향을 미치는 것이 새우류 등에서 보고되고 있다.

3) 유도다발성(격발현상)(Resurgence, 誘導多發性, 激發現象)

유도다발성이란 살충제 사용으로 천적의 감소나 기타의 원인으로 처리 후의 해충류 세력의 회복속도가 빨라지거나 그의 밀도가 종전보다 높아지며 잠재적인 2차 해충의 피해가 커지는 현상을 말하며 격발현상이라고도 한다.

Ripper(1956)는 합성살충제가 자연계의 균형을 파괴하여 해충류에서 일어난 유도다발성의 예 52종을 들고 그 이유로 ① 살충제에 의한 유력한 천적류의 파괴 ② 살충제의 해충에 대한 유리한 영향 ③ 살충제에 의한 유력한 경쟁자의 제거 등을 들었다.

미국 California주의 감귤 해충 붉은깍지벌레는 *Aphytis*류 3종의 기생봉 도입으로 생물적 방제에 성공한 유명한 예인데 다른 해충들을 방제하기 위하여 감귤원에 DDT를 살포하면서 천적이 영향을 받아 1960년대 이후에 발생이 크게 증가하였다.

또 목화에는 목화다래나방, 목화꽃바구미, *Lygus hesperus* 장님노린재 등 여러 가지 중요한 해충이 있는데 이들의 방제를 위하여 살충제를 사용한 결과 파밤나방(*Spodoptera exigua*)와 같은 2차 해충의 발생이 심해지고 저항성 계통도 발생하여 방제가 어려워졌다. Eveleens 등(1973)은 *L. hesperus* 장님노린재를 방제하기 위하여 사용한 Dimethoate가 파밤나방에 미치는 영향을 조사하여 살포횟수가 증가함에 따라 이 나방의 개체 수가 증가함을 밝혔다. 파밤나방에 대하여는 *Geocoris pallens* 노린재나 *Orius tristicolor* 꽃노린재 그리고 *Nabis americoferus* 쐐기노린재 같은 유력한 천적류가 있는데 Dimethoate는 이들 포식자에 큰 영향을 미쳐 파밤나방이 크게 증가한다고 하였다. 이런 예는 우리나라에도 사과원에서의 점박이응애나 담배거세미나방 등의 중요 해충에서 알려져 있다.

한편 살충제 처리가 작물체의 생리에 영향을 미쳐 그것이 해충 증식에 영향을 미치는 예가 알려져 있다. 인도의 Mani와 Jayaraj(1976)는 Phosphamidon 등 6종의 살충제를 종자처리 또는 유묘침지처리를 하였을 때 여기서의 *Zygina maculifrons* 매미충의 증식률이 약종에 따라 6~8배의 차가 있는데 이것은 처리된 벼의 탄수화물량과 칼슘량이 무처리 벼보다 적어지고 질소량과 인산량은 증가하기 때문이라고 하였다.

그리고 국제미작연구소의 Heinrichs 등(1992)은 Pyrethroid계 살충제인 Deltamethrine이나 기타 몇몇 유기인제를 아치사량농도로 논에 살포하면 벼멸구의 증식률이 증가하는 것을 밝혔으며 Chelliah 등(1980)은 이들 살충제를 최종령 유충에 국소처리 하면 생존 성충 암컷의 산란수가 Deltamethrine 처리구에서 무처리의 약 2배가 되었다고 하였다. 이 실험은 앞서의 실험과는 달리 충체에 직접처리 하였음으로 아치사농도의 살충제가 어떤 기구를 통하여 산란 수에 영향을 미쳤을 것이라고 생각되는데 Heinrichs 등은 이것을 호르몬성 작용에 의한 것일 것이라고 하였다. 그런데 Nakasuji(1989)는 Deltamethrine은 멸구류의 주요한 천적인 거미류나 깨알소금쟁이류 그리고 난기생봉류에 큰 타격을 주는 것을 밝혀 이 약제에 의한 유도 다 발생에는 생태적 원인도 관여하였을 가능성이 있음을 짐작 하게한다.

목화의 점박이응애도 합성 Pyrethroid인 Permetrine에 의하여 유도 다 발생현상을 일으킨다. Permetrine 처리로 산란 수가 최대 10% 증가하고 발육일수가 최대 20% 단축된다. 그리고 응애류는 *Geocoris* 노린재류나 *Orius tristicolor* 꽃노린재와 같은 천적류의 영향을 받는다. 따라서 살충제 살포는 이들 천적류의 영향을 감소시켜 생존율을 증가시킨다. Trichilo와 Wilson(1993)은 점박이응애 개체군동태에 관한 Simulation Model을 작성하고 Permetrine 살포에 따르는 응애의 생존율, 산란 수 그리고 발육기간과 같은 생활사 지표를 감안한 그의 개체군 밀도변동을 Simulation하여 산란 수나 발육기간의 변화에 비하여 생존율의 변화가 응애 밀도에 미치는 영향이 크다는 것을 밝혔다.

이와 같이 살충제는 해충의 천적류를 감소시킬 뿐 아니라 해충에 직접, 간접으로 영향을 미치며 작물체의 생리에 미치는 영향 등을 통하여 해충발생에 영향을 미친다.

4. 반농약주의 해충방제

제2차 세계대전 후에 등장한 유기합성농약은 농업생산의 증대와 안정성에 큰 공헌을 하였으나 여러 가지 부작용도 낳았다. 특히 초기에 등장한 살충제 중에는 Parathion와 같은 고독성인 것이 많아 농약=독이라는 인식을 일반에게 심어 주었으며 1962년 Carson 여사의 Silent spring의 출간으로 농약의 직접적인 독성뿐 아니라 먹이연쇄를 통한 간접적인 피해까지도 알려지게 되면서 반 농약 운동이 1960년대부터 일기 시작하였으며 이것이 자연, 유기농업이나 지속적 농업에 대한 관심을 더욱 높였다.

유기질 비료로 땅심을 증대시키면 작물이 건전하게 자라 병해충의 피해를 덜 받는다는 것은 일반적인 인식이나 대부분의 자연, 유기농법에서 가장 큰 문제는 병해충, 잡초의 피해라는 것도 잘 알려진 사실이다.

특히 이것은 현재 재배되고 있는 농작물이 병해충이나 잡초와의 경쟁을 무시한 다수 중심으로 육종되었고 재배법 역시 이런 문제를 도외시한 다수를 목표르 한 것이어서 더욱 심각하다고 하겠다. 그러나 최근의 재배기술 하에서도 유기농법에는 해충발생을 억제하는 기구가 있음이 과학적으로 구명된 것이 차차 늘어나고 있어 관행의 재배기술에 도입이 가능한 새로운 방법들이 알려지그 있다.

지속적 농업에서의 재배기술로는 유기질 비료, 윤작, 혼식, 피복식물, 비경운 재배, 생물적방제 등이 있다. 이것은 농업기술의 근대화에 따르는 석유에너지의 과다한 투입에 대한 반성이기도 하다. 우리나라 쌀 10a당의 수량은 1975년부터 1990년간에 1.56배 증가 하였는데 그간의 비료 소비량은 1.25배, 농약은 2.85배, 농업기계는 1980년부터 1990년 사이에 경운기가 2.61배, 트랙터가 15.5배, 이앙기가 12.5배가 증가하고 있어 생산의 전체 투입에너지에 대한 비율은 크게 낮아지고 있다.

강우량이 적고 전작이나 목축업이 주가 되어있는 서구에서는 기경재배, 화학비료나 농약의 연용과 방목에 따르는 토양침식, 경지의 사막화, 지하수의 오염 등이 광범위하게 일어나고 있어 농지의 생산력 감퇴가 일찍부터 문제가 되어 농지의 생산성 유지를 위한 지속적 농업이 모색되어 왔었다. 우리나라에서도 1980년대 후반부터 이런 문제에 관한 연구가 이어지고 있다.

어떤 해충의 숙주와 비숙주를 윤작하는 것은 기주특이성을 가진 해충이나 이동성이 없는 선충류 같은 작물에는 오래전부터 이용되어 온 방법이며 과수원이나 휴한지에서 콩과식물 등을 피복작물로 재배하여 토양침식을 막고 그것을 비료로 이용할 수도 있다.

혼작이나 간작은 농생태계의 생물다양성을 증대시켜 많은 주목을 받아 왔으며 열대아시아의 밭에서는 같은 포장 내에 옥수수, 콩, 카사바 등을 간작하는 재배방식을 흔히 볼 수 있다. 그러나 이것은 기계화 농업에서는 문제가 많다.

혼식이 단식보다 해충발생이 적어지는 이유에 관하여는 자원집중가설(Resource concentration hypothesis, 資源集中假說)와 천적가설(Natural enemy hypothesis, 天敵假說)이 있다(Root 1973). 전자는 단작이 해충의 증식에 유리하다는 것이고 후자는 다양한 식생하에서는 천적의 종류나 개체수가 많을 것이라는 가설이다.

5. 종합적 해충관리 시대

살충제는 농업생산에 큰 공헌을 한 것은 사실이나 이들은 살생명제이기도 하여 그의 과용 또는 오용은 위에서 설명한 바와 같은 여러 가지 부작용을 일으키기도 하였다.

이와 같은 살충제 사용에 따르는 부작용 문제를 해결하기 위하여 1차적으로 살충제 사용량 감소를 모색하게 된 것은 1940년대 후반부터였다. 즉 살충제를 해충의 발생시기를 바탕으로 살충효과 증대를 목표로 한 방제력에 따라 시기가 되면 발생량과는 상관없이 정기적으로 살포하는 것을 지양하고 해충밀도가 어느 수준이상이 되고 천적류의 활동으로는 억제가 불가능할 때에 한하여 살포하는 대응방제(Modified spray program, 對應防除)나 천적류를 이용한 생물적 방제의 장점을 최대한으로 살리기 위하여 살충제의 사용을 억제하고 살충제의 천적에 미치는 영향을 최소화하기 위하여 살충제의 살포 시기나 살포방법 그리고 약제의 종류나 제제를 선택하여 사용하는 생물적 방제와 화학적 방제의 조화를 도모하기 위한 조화방제(Harmonized spray program, 調和防除) 등이 1950년대에 활발하게 제기되었다.

1959년 미국 California 대학교의 Stern 등은 해충방제에 있어서의 경제적 방제의 개념의 중요성을 강조한 해충의 종합적 방제(Integrated pest control, 綜合的 防除)의 개념을 제기하였으며 이것은 Carson 여사의 농약사용에 따르는 환경문제를 중심으로 한 Silent spring의 출간으로 환경에 대한 일반의 인식의 고조와 더불어 그 후의 해충학 발전에 지대한 영향을 미치게 되어 종합적 해충관리(Integrated pest management, 綜合的 害蟲管理) 이론으로 발전하게 된다.

이 이론은 해충방제의 목적이 해충의 구제중심에서 해충밀도를 경제적 가해수준 이하로 억제, 유지한다는 개념으로 이를 위하여 여러 가지 방제수단을 전략적으로 도입하기 위한 체제의 수립을 목표로 하고 있다.

따라서 여기서는 해충문제를 개체나 개체군 수준의 문제로 인식하기보다는 작물과 해충 그리고 해충의 밀도변동에 관여하는 요인들 간의 상호작용의 결과로 보고 포장 내 모든 생물 즉 군집 나아가서는 무생물적 환경까지를 포함한 농생태계의 기능적 문제로 인식하여 그의 합리적 조절 방안을 모색하려 한다. 즉 재배작물의 품종, 재배 시기나 밀도 그리고 여러 가지 관리수단까지를 포함한 전체 계의 합리적이고 계획적인 관리를 목표로 각 구성 요소 간의 상호작용 양식이 분석되고 그것을 바탕으로 어떤 요인을 어떻게 변경시킬 것인가를 Total system control이라는 입장에서 생각하게 되었으며 이것은 System ecology 분야의 발달과 원격탐사기술 등의 도입으로 예측을 통한 On line system으로 발전하고 있다.

6. 종합적 해충관리체제 내용

해충의 종합적 관리가 목적으로 하는 것은 장기적으로 작물생산의 비용과 수익성을 극대화시키기 위한 생태학적인 해충관리체제의 수립으로 해충을 완전히 제거한다기보다는 해충개체군의 밀도를 어느 수준이하로 억제 유지하는 것이 목표가 되고 있다.

Huffaker와 Smith(1980)는 해충의 종합적 관리의 과제로 다음과 같은 것을 들고 있다.

① 작물의 생장, 해충과 천적 그리고 이들과 관련된 다른 여러 가지 요인들에 관한 생물학적, 생태학적, 경제학적 요인들의 파악과 그들 요인의 영향에 관한 깊은 이해

② 광역적 살생제의 사용을 줄일 수 있고 그들의 사용에 따르는 부작용을 줄일 수 있는 여러 가지 방제법 특히 경종적 방제법이나 생물적 방제법 그리고 저항성 품종의 이용과 같은 여러 가지 방제법의 개발

③ 중요한 생물학적, 기상학적 그리고 작물생산과 관련된 보다 효율적인 자료의 수집, 처리 그리고 해석 방법의 개발

④ Systems analysis 특히 일차적 목표나 부차적 목표를 추구하기 위한 통일성이 있으면서도 방향성 있는 모델의 개발과 이용

⑤ 작물생산과 해충관련 모델을 개발하고 이들을 경제성 분석에 활용하고 각각의 작물생산체제를 위한 검증시험의 실시

그리고 그들은 그의 실천방안으로 다음과 같은 여섯 가지를 들었다.

① 지역에 따라 살충제 사용 때문에 생긴 해충이 있는 고로 이것을 그렇지 않은 기본적 해충과는 따로 취급해야한다

② 이런 기본적인 해충에 대한 잠재적 방제 비를 감안한 현실적인 경제적 피해 수준의 결정

③ 이런 기본적 해충들을 관건종과 피해가 경미하거나 돌발적으로 발생하여 살충제를 이용하여 방제 가능한 종으로 상대적 중요성을 평가 할 것

④ 관건 종에 대하여 지배적이거나 잠재적 중요성을 가진 변동주요인(내충성 품종, 천적, 경종법 등)을 명백히 하고 그의 영향을 파악할 것

⑤ 지역에 따라 관건종이나 변동주요인이 다를 수 있는 고로 각 지역에서 그에 알맞은 방제체제를 검토할 것

⑥ 시기나 지역조건에 따라 그에 알맞는 방제체제의 개발과 새로 개발된 방법의 부단한 도입

이런 과정은 결국 작물해충 방제방법의 과학적 발전은 작물생산, 해충개체군, 그들 상호작용에 의한 피해 그리고 방제수단 등을 생산의 합리화라는 측면에서 종합되어야 함을 뜻하는 것이다. 생산문제에는 종래 생산생태학에서와 같이 식물전체의 현존량의 변화 추구와 같은 것만으로는 충분치 않고 해충이 공격하는 표적인 잎, 줄기, 열매, 뿌리, 꽃 등과 같은 각 기관의 량이나 생산과정까지도 포함된 것이어야 하겠다.

해충은 작물체에서 생활하며 시간과 더불어 여러 가지 생물학적 특성이 변동한다. 그리고 이런 변동과정은 기상조건이나 천적 기타 작물의 영양이나 방어반응과 같은 작물의 생리도 관계가 있으며 작물의 생산과정과 해충의 생물학적 특성간의 상호작용 결과이다. 그리고 작물은 해충의 가해에 대하여 보상작용 등과 같은 과정을 거쳐 최종수확물의 손실로 나타나게 된다.

이와 같은 작물-해충-피해 등의 관계는 사회, 경제적 요소를 제외하여도 극히 복잡한 것으로 그의 관리는 극히 어려움을 쉽게 알 수 있겠다. 고로 이와 같은 복잡한 계의 취급을 위하여 Dynamic programming이 이용되고 있다.

이런 Systems model을 이용하여 피해를 예측하고 해충밀도가 경제적 가해수준을 넘을 것이 예상되면 적절한 방제법이 적용되게 되겠다. 선택할 수 있는 방제수단에는 여러 가지가 있어 방제비용과 그에 따르는 손익관계를 감안하여 최적의 방제수단이 채택되겠다.

7. 우리나라 해충학의 발달사

우리나라 고무헌에는 해충이 황(蝗), 황충(蝗蟲), 비충(飛蟲), 충(蟲) 등으로 기록되어 있으며 Saigo(西鄕 1916)는 삼국사기에 기록된 해충의 예가 신라시대 20, 고구려시대 8 그리고 백제시대 4건 등이었다고 하였고 백운하 교수(1977)는 조선왕조실록에 기록된 해충까지를 조사하여 그의 피해상황, 발생시기와 지역, 피해

작물 그리고 그들의 형태나 생태를 참작하여 중요해충에 따르는 피해를 정리하고 솔나방, 멸강나방, 멸구 등 3종이 전체의 약 43%를 차지한다고 하였다.

이것은 이 해충들이 돌발적이고 피해가 심하여 사회적으로 문제가 되었던 것들로 만성적이고 해마다 비슷한 수준으로 발생하였던 것으로 생각되는 벼의 중요해충인 이화명나방 같은 해충에 관한 기술은 없거나 극히 적은데 이것은 이 문헌들이 행정적인 것이었던 것과 관계가 있겠다.

조선왕조시대까지의 해충방제 기술로는 쥐불이나 포장위생 그리고 포살과 같은 것이 주였으며 농사직설(農事直說)(정초(鄭招) 1429))에는 해충방제에 고삼이나 유황화의 이용이 기록되어 있으며 홍만선(洪万選 1643~1715)의 산림경제(山林經濟)에는 해충 방제법으로 상기방법 외에 종자소독과 포살법이 기록되어 있으며 과수해충에 대하여는 횃불, 볏짚의 줄기 감기, 감초분말의 뿌리처리, 가는 대나무를 이용한 재질부 해충의 자살, 벌레구멍에 유황화처리나 훈증법이 소개되고 있다. 그리고 서유거(徐有渠)의 임원경제 오해고(林園經濟 五害攷)에는 해충방제에 관한 일반적인 것 외에 메뚜기의 발생생태와 그의 방제법을 설명하고 이 해충이 중국에서는 농작물에 피해가 크나 우리나라에서는 그런 일이 드물다고 하고 그 이유는 풍토의 차이에 의한 것이라는 견해를 밝히고 있다.

19세기 말 일인들의 내왕이 시작되면서 그들의 저술을 근거로 한 농정섭요(農政攝要)(정병하 1886)나 농방신편(農方新編)(이각종 1909)등에서 병해충의 생태나 방제법이 소개되고 있다.

1905년 원예모범장이 서울근교의 뚝섬에 설립되고 1906년에는 일본 통감부가 권업모범장을 수원에 설립하였고 1909년 한일합방으로 원예시험장이 조선총독부로 이관된다. 1916년에는 권업모범장에 종예계, 축산계, 토지개량계 그리그 식물병리계가 생기게 되면서 해충에 관한 시험과 조사 그리고 구제나 예방을 같이 분장하게 된다.

1908년부터 1944년까지의 농사시험연구보고에서 해충관련연구를 보면 1930년까지 76편, 그 후 1944년까지 106편으로 1930년 이후 본격적인 연구가 있었음을 알 수 있고 그들을 작물별로 보면 벼와 과수해충 관계가 각각 39편과 34편으로 대부분이고 다음이 목화해충에 관한 것이 22편 있다. 그 내용은 대부분이 해충의 종류조사나 생활사 그리고 경종적 방법이나 물리적 방제법 그리고 화학적 방제법에 관한 것이다. 이 시기에 사용하였던 살충제로는 비산제, 니코틴제, 석회유황합제, 기계유제 등의 천연살충제로 이들은 대부분이 과수해충방제에 이용되었다. 그 밖의 방제법으로는 이화명나방의 유아등에 의한 유살, 멸구류에 대한 고래기름과 석유의 이용법이 소개되고 있다. 1934년부터 1937년까지의 농약소비량을 가격 기준으로 보면 그간에 80.8%가 증가하고 있으며 1937년의 경쿡 등 5개 도의 농약소비량을 보면 가격기준으로 경북이 전체의 44.0%로 가장 많고 다음이 경남으로 26.0%였으며 함북은 2.9%로 극히 적어 과수재배와 관련이 있음을 짐작할 수 있다(현, 1983, 한국의 해충학의 발달개관, 한국농업기술사 575~598 참조).

이 시기의 해충학과 관련 특기할 만한 것은 사과면충방제를 위한 사과면충좀벌의 도입사업이 아닌가 한다. 그의 경과에 관하여는 Nakayama 등(1943)이 권업모범장휘보(15(2):57~97)에 상세하게 보고하고 있다. 그들에 따르면 사과면충은 1904~1905년간에 일본 Kagawa현에서 묘목에 붙어 침입하였을 것으로 추정되는데 1930년경에는 황해도 황주나 평남의 진남포 등 사과 주산지에 급속히 분포를 확대하여 심한 피해를 주고 있었다고 한다. Nakayama는 1934년 일본 Aomori현의 사과시험장에서 사과면충좀벌을 경북종묘장에 도입하여 1935년부터 일반에 분양을 시작하여 1940년경에는 전국에 정착하였다고 한다. 이 사업은 우리나라에서 해충방제를 위한 천적의 적극적 도입의 최초의 시도였다는 점에서 뿐 아니라 이 해충의 침입으로 조선총독부는 1912년에 과수 및 앵두의 수입검사에 관한 규칙을 공포하게 되고 1913년에는 해충 구제 예방 규칙을 공포하여 농작물 병해충 담체의 이동을 법으로 제한하는 식물검역법 제정의 계기가 되기도 하였던 것이다.

한편 1922년에는 임업시험장이 설립되어 주로 소나무의 해충과 묘포에 발생하는 해충류를 대상으로 분류나 생태에 관한 연구를 Takaki, Murayama 등이 수행하였고 수원고농(서울대 농생대 전신)의 Saito는 수목해충의 피해에 따르는 임목의 피해에 관한 연구를 하였다.

우리나라 사람들에 의한 해충학 연구는 제2차 세계대전에서 일본이 패망하면서부터 시작된다. 해방 전 곤충학 분야에서 활약한 한국인은 조복성, 석주명, 백갑용 등 3명뿐으로 그 밖에 김헌규, 김장희, 우종인 등이 한 두 편의 보고서를 조선박물학 잡지에 실은 것이 있을 정도이고 해충학 분야의 연구발표논문은 전무하다. 현(2000)은 해방 전 곤충관련논문을 광범위하게 정리한 바 있다(농작물 해충관련 고문헌 데이터베이스 색인 농과원 2002).

1946년 서울대학교 농과대학에 농생물 학과가 신설된 것은 우리나라에서의 해충학과 식물병리학 발전에 중요한 계기가 되었다. 초기의 교과과정은 동식물학이 중심이 되어 일반대학교의 생물학과의 그것과 큰 차이가 없었으나 1951년 백운하 교수가 부임하면서 작물보호분야 인재양성의 중요성이 차차 인식되면서 교과과정의 개편이 논의되기 시작하였고 ICA 계획으로 1957년에는 내한한 Minnesota 대학교 곤충학과 과장 C. E. Mickel 교수와 식물병리학과 T. H. King 교수의 권유가 있었고 1960년을 전후하여 동 계획으로 미국에서 훈련을 받은 교수들이 귀국하여 교수진이 보완되게 되면서 교과과정이 곤충학과 식물병리학 중심으로 개편되었다. 1967년에는 농생물 학과가 응용곤충학전공과 식물병리학 전공으로 분리되어 식물보호분야 교육이 강화되면서 해충학 분야의 연구도 강화되었다. 이와 동시에 1960년대 후반 경부터 여러 대학에 응용생물학과 또는 식물보호학과 등이 생기고 일반대학의 생물학과에서도 곤충학이나 해충학 교과목이 신설되어 이 분야의 인재양성에 힘썼으며 1964년에는 고려대학교에 곤충연구소가 부설되기도 하였다.

해충학 연구기관으로는 1947년 중앙농사시험장에 곤충계가 생기고 이봉우(6.25때 납북)가 참여하게 되고 1949년에는 중앙농사기술원 시험 제2부 기초연구과에 곤충계가 생기고 1962년에는 농촌진흥청 식물환경연구소 곤충과로 개편되었다. 1980년에는 농약연구소가 발족하여 농약개발 분야를 전담케 되었으나 1994년 농업과학기술원으로 통합되었다. 1971년부터 1977년까지 UNDP 작물보호연구훈련사업이 있었는데 이때 지난날의 연구결과를 정리하고 많은 인원이 외국에서 재훈련을 받고 최신의 연구기자재가 도입되어 서울대학교 농과대학의 ICA 계획과 더불어 우리나라 작물보호학 발전에 중요한 역할을 하였다.

한편 해충에 관한 여러 가지 연구결과의 보급과 방제효과의 증진을 위하여 병해충발생 예찰사업이 병행되었는데 전국의 예찰소 수는 1962년 10개소이던 것이 1979년에는 150개소로 증가하였고 내용면에서도 도진흥원에 예찰포와 관찰포, 군지도소에는 기본예찰소와 간이예찰소가 운영되면서 예찰정보의 수집과 기술보급에 힘썼다. 그리고 예찰대상해충종수도 크게 증가하였고 예찰항목도 정량화 하면서 기상, 작황, 발생상황 그리고 농약수급상황 등 다변화하였다. 그러나 최근 병해충예찰사업은 경시되고 있어 변천하고 있는 농업생산체제에의 장기적 대응면에서 아쉬움이 있다.

해충학 관련 학회는 1937년 조선과수병해충연구회가 발족하여 1938년 창간호가 발간되었으며 해방 후 한국 농학회(1954)를 거쳐 1962년에 한국식물보호학회가 창립되었으며 1988년에는 한국응용곤충학회로 발전한다. 그리고 1972년에는 한국곤충학회가 창립되고 1998년에는 Journal of Asia-Pacific Entomology가 발간되어 아세아 곤충학자들의 활동의 장이 되고 있다. 현은 이문홍, 부경생 등과 1990년경까지의 해충과 관련된 우리나라 연구결과를 정리하고 앞으로의 전망을 제시한 바 있다(응용곤충학논총 1991).

1947년 유기합성제인 DDT를 이용한 사과해충 방제시험이 대구지방에서 있었으나 그 밖의 살충제가 본격적으로 도입된 것은 휴전 후인 1950년대 후반의 일인데 이때는 새로 훈련받은 신진 학자들이 교육기관이나 연구기관에서 의욕적인 활동을 시작한 때이기도 하다.

우리나라 초기 해충학은 선진국에서 개발된 새로운 살충제의 적용을 위한 기술개발이 주축을 이루었다. 그러나 1970년대에 들어서는 선진국에서 개발된 여러 가지 방제기술이나 이론의 도입 뿐 아니라 통일계 벼 품종의 육성, 보급이나 재배기술의 변화 그리고 강력한 식량자급정책에 힘입어 해충에 대한 일반의 인식이 높아지고 그간에 양성된 전문 인력의 활동으로 해충학 연구는 다방면으로 활발하게 이루어졌다.

박(1973)은 전국 예찰소의 유아등 유살해충류를 대상으로 발생상의 유형화를 시도하여 해충의 상대적 중요도를 지역별로 평가하고 해충문제가 고정적인 것이 아니고 역동적이고 가변적인 것임을 제시하여 해충류의 생태학적 특성의 파악이 중요함을 제기하였다. 또 살충제 사용이 일반화되고 그에 따르는 여러 가지 부작용에 관한 일반의 관심이 높아짐에 따라 보다 합리적인 이용을 위한 방제시기, 살포방법, 제제형태의 개발과 그의 안전한 사용을 위한 노력도 계속되었다.

살충제에 대한 저항성 해충문제는 이화명나방에서 최초의 보고가 있은 후(최 1965) 애멸구, 끝동매미충, 사과응애, 점박이응애, 기타에서 그 실태가 조사되었고 내충성품종에 관한 연구는 1975년경부터 국제미작연구소와 협력하여 많은 연구가 진행되었다(최 등 1979). 그 결과 벼멸구, 흰등멸구, 끝동매미충 등에 대한 저항성 유전자가 밝혀졌고 저항성과 관련 동위원소를 이용한 흡즙량의 차이(이 등 1981), 증식력에 미치는 영향(최 등 1973), 기타가 검토되었다.

한편 제주도에서는 감귤재배면적이 크게 증가하면서 루비깍지벌레가 문제가 되게 되었는데 1975년 일본의 Yasumatsu 교수의 협력으로 루비붉은좀벌이 일본에서 도입되어 정착에 성공하였고 귤나방이나 귤응애 등 감귤해충에 대한 종합적 방제체제가 확립되어 1970년대 말경부터는 약제방제 횟수를 약 30회에서 10회 내외로 감소시키는데 성공하였다(김 등 1979). 그리고 1980년대에 주곡의 자급이 달성되고 국민의 생활수준이 향상되면서 농업은 주곡생산중심에서 과일이나 채소 그리고 화훼작물생산의 확대로 이행하고 있다. 또 수출을 위한 원예작물재배도 증가하면서 시설재배나 비계절 생산의 비중이 커가고 있다. 이와 같은 농업 생산의 내용변화는 지금까지 자연 상태에서의 해충문제와는 다른 또 다른 복잡한 문제를 야기하고 있어 그에 대한 적절한 대책의 모색이 절실하게 요구되고 있다.

2편

해충의 생태

생물의 종은 각각 고유의 유전자형을 갖고 있으며 이것은 환경요인과의 상호작용을 통하여 형태적, 생리적, 생태적 특성을 구현하게 된다. 따라서 같은 종이라도 지역이 다르거나 같은 지역이라도 환경이 달라지면 생물학적 특성이 달라진다.

생물과 환경과의 관계에 관한 과학이 생태학인데 생물의 입장에서 보면 그의 생활에 관한 과학이라고 생각된다. 해충의 방제와 관련 종의 동정을 제외한 다른 정보는 기본적으로는 생태학적인 것이다. 어떤 해충이 어떤 작물을 먹으며 어떤 부위를 어떻게 얼마나 먹으며 언제 얼마나 있고 어떻게 어디로 이동하는지 등 해충방제를 위한 여러 가지 정보는 1차적으로 생태학의 문제들이다.

생태학이 대상으로 하는 것은 개체이상의 생물적 단위에서 일어나는 현상들로 그에 따라 개체생태학, 개체군생태학(동일종 집단), 군집생태학(두 종 이상의 지역 집단) 그리고 생태계생태학(어떤 지역의 군집과 그의 환경)으로 나눈다. 한편 개체의 행동이나 형질의 적응적 의의나 진화문제를 최적 전략 이론으로 설명하려는 행동생태학이나 진화생태학, 화학생태학, 기타 집단유전학 등 관점이나 수법에 의한 분화도 일어나고 있어 그 내용은 복잡하다. 그러나 해충학과 관련 가장 중요한 것은 개체군생태학으로 이것은 동물이나 식물의 수가 어떻게 결정되느냐를 대상으로 하는 것으로 해충화의 기구 이해나 해충발생예찰의 기초가 되는 개체수의 변동과 관련된 자료를 해석하는데 불가결의 분야이다.

제1장 곤충의 생활사

곤충의 생활사와 관련 중요한 것은 증식과 관련 생활사 과정에서 경과하는 과정 즉 각 발육단계와 불리한 환경에 대한 적응 즉 이동과 휴면에 관한 것이다.

생활사란 한 생물개체가 출생하여 죽을 때까지 겪는 과정을 말하며 생물의 생활과 그에 따르는 환경, 형태, 생리 등의 변화를 중심으로 생물의 일생을 이해하려는 것이며 생활환이란 세대마다 경과하는 발생, 생장의 경과를 뜻하는 것으로 그 종에 고유한 변태, 숙주전환, 핵상교대 등의 여러 가지 발육상의 계열적 표현인데 생활사와 생활환을 구별하지 않고 같이 이용되는 수가 많다. 따라서 여기서도 구별하지 않고 묶어서 생활사로 쓰려한다.

1. 곤충의 생식과 변태

대부분의 곤충은 양성생식을 하며 알을 낳는다. 그러나 곤충의 종류에 따라서는 생식방법에 그 밖에도 여러 가지가 있으며 같은 종내에서도 환경조건이나 시기에 따라 생식방법을 달리하는 것도 있다. 즉 좀벌레류 중에는 알이 암컷의 생식기관내에서 발생하여 유충으로 태어나는 난태생을 하는 것이 있으며 수면병 원충을 매개하는 *Gossina* 파리는 태생을 한다. 그리고 *Mycophila* 혹파리류는 유충기에 생식을 하는 유생생식을 하며 진딧물류는 여름철 한동안에 단성생식을 하고 부채벌레류는 한 개의 알에서 2마리 이상이 생기는 다배생식을 하는 등 여러 가지가 있다.

한편 곤충류는 부화하여 성충이 될 때까지 허물을 벗는 탈피(Ecdysis, 脫皮)를 하는데 대부분의 경우 5~6회 탈피하나 어떤 것은 30회 이상 탈피하는 것도 있다. 탈피 횟수는 종에 따라 대체로 정해져 있으나 극단적인 건조나 불리한 먹이 조건과 같은 외부조건에 따라 탈피 횟수가 증가하기도 한다. 한번 탈피한 후 다음 탈피까지의 기간을 령기간(Stadium, 令期間)이라 하고 그 때의 곤충을 령충(Instar, 令虫)이라고 한다.

곤충에는 톡토기류나 좀벌레류 같이 유충의 크기가 성충에 비하여 작을 뿐 형태적으로 차이가 없으며 자라면서 크기가 커지고 성충이 되면서 생식능력을 갖게 되는 무변태류(Ametabola , 無變態類)와 대부분의 곤충류와 같이 생장하면서 형태적으로 큰 변화를 하는 변태류(Metablola, 變態類)가 있으며 변태류에는 유충과 성충 사이에 번데기 시기가 있느냐 없느냐에 따라 완전변태류(Holometabola, 完

全變態類)와 불완전변태류(Hemimetabola, 不完全變態類)가 있다.

불완전변태류 곤충의 부화 직후 유충은 날개가 없고 생식기관이 덜 발달되어 있으나 외형이나 더듬이, 다리 그리고 먹이나 서식 장소 등은 성충과 같다. 이들 곤충은 탈피를 거듭하면서 형태적으로 성충의 그것과 점점 가까워진다. 유시(有翅) 불완전변태류에서는 최종 2~3령충에서 중흉과 후흉에 덜 발달하였으나 날개가 나타난다. 이들의 유충을 완전변태류의 유충과 구별하기 위하여 약충(Nymph, 若虫)이라고 하기도 한다. 또 불완전변태류 중 잠자리류나 하루살이류의 유충은 수중생활을 하면서 아가미로 호흡하며 번데기 시기는 없으나 최종령충과 성충은 형태적으로 큰 차가 있어 이들의 유충을 수서약충(Naid, 水棲若虫)라고 하여 구별하기도 한다.

완전변태류에서는 성충이 되기 직전까지도 밖에서 날개를 볼 수 없으며 성충이 되기 직전 날개주머니가 뒤집히면서 날개가 생긴다. 이들에서는 유충, 번데기 그리고 성충 등은 형태적으로 명백히 구별된다. 유충기는 섭식(攝食)과 성장이 일어나는 시기이고 밖에서는 날개의 흔적을 찾아 볼 수 없고 대부분의 경우 더듬이나 눈은 불완전하고 성충에는 없는 복각(배다리)을 갖는 것도 있다. 이들 유충의 생활조건 즉 먹이나 생활 장소가 성충의 그것들과는 완전히 달라 서로 다른 자원을 이용하고 있다. 이것은 이용자원의 다양화면뿐만 아니라 이들의 진화 전략면에서도 중요한 의의가 있다. 즉 이들의 유충과 성충은 별개의 진화전략을 가져 유충의 진화전략과 성충의 진화전략은 무관한 것이 보통이다.

그러나 최근에는 최종 약충 단계가 변형되거나 약충에서 성충으로 될 때에 두 개의 단계를 거치게 되면서 번데기 시기가 생긴 것이라고 생각하여 모두를 유충이라고 하고 있다. 즉 유충과 약충의 여러 단계는 비슷한 점이 많으며 어린 시기와 성충기간의 생태학적 지위가 달라지면서 그들간의 차가 생기게 되고 번데기는 이들 간의 중간적 단계라고 생각한다. 이것은 최종령충의 변화 또는 유충과 성충간에 특별한 단계 즉 번데기를 갖게 되면서 완전변태를 하게 되었다고 생각하는 것이다.

복숭아혹진딧물은 생활환에 단성생식과 양성생식 그리고 유시와 무시의 암컷 그리고 수컷 등이 생기며 숙주를 전환하는 복잡한 생활환을 갖고 있다. 복숭아진딧물은 알로 복숭아나 매화와 같은 장미과 목본류에서 월동하여 봄에 월동난에서 부화한 간모(Fundatrix, 幹母)가 출발점이 되어 그 이후 단성생식으로 암컷을 낳으며 유시암컷이 생겨 무우나 배추 또는 가지 등 여러 가지 초본류로 이동하여 단성생식으로 무시 또는 유시 암컷을 낳아 증식하다 가을이 되어 해가 짧아지면 유시태생 암컷과 수컷이 생겨 이것이 복숭아 등 월동 기주로 이동하여 교미하여 월동하는 양성생식 난을 낳는다(그림 2-1).

〈그림 2-1〉 복숭아혹진딧물의 생활환 (Danaka 1963).

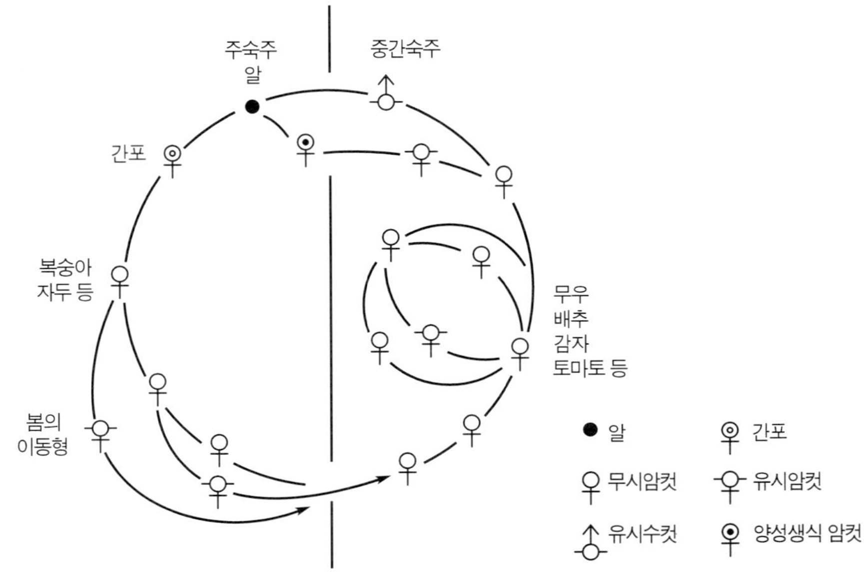

진딧물류 외에도 애멸구(맥류와 벼)나 흑다리긴노린재(띠, 산조물), 기타의 곤충에서 생활환 진행 중에 숙주전환을 하는 곤충은 많다. 진딧물류의 숙주전환에 관하여 숙주전환을 하는 것이 전환하지 않는 것에 비하여 유리하기 때문이라는 것과 여러 가지 표현형은 서로 다른 적응적 가치가 있어 다른 숙주를 이용하는데 제약이 있기 때문이라는 설이 있다.

전자는 두 숙주식물이 생장하면서 생기는 불리한 영양조건을 피할 수 있고 나아가서는 보완적으로 이용할 수도 있으며 월동기주로 이동하면서 여름동안 여러 가지 환경조건에서 생활하던 개체들이 한 숙주로 이동하게 되어 유전자 교환을 할 수 있어 유전자 풀의 다양성 유지에도 도움이 된다는 것이다. 진딧물류의 1차 숙주는 목본류이고 2차 숙주는 초본류인데 목본류는 봄에는 영양가가 높으나 계절의 진행에 따라 영양가가 떨어지고 유해한 2차 물질이 많아진다. 반면 초본류는 계속하여 생장하는 고로 흡즙성인 진딧물류에는 영양가가 높으나 가을이 되면 고사한다. 고로 진딧물류는 두 군 숙주를 상호보완적으로 이용할 수 있고 천적류도 피할 수 있겠다(새 숙주에는 천적류가 적을 확률이 크다).

또 다른 주장인 표현형 제약설은 간모는 다른 표현형과 달리 진화면에서 오래된 식물을 숙주로 하며 그의 숙주범위도 단성생식충들 보다 좁아 새로운 숙주이용에 제약을 받는다는 것이다. 이것은 진딧물류와 목본식물과의 관계는 시신세초 또는 그 이전이고 초본류는 대부분이 그 후인 제3기 지질시대에 진화하였다는 진화적 사실과 관계가 있다고 생각되고 있다. 또 단성생식충은 밀도가 높으면 유시충이 생기는 것이 보통이나 간모는 밀도가 상당히 높아도 유시충을 생산하지 않고 무시충을 생산하는 경향이 크다.

진딧물류의 생활사는 종에 따라 다양하여 숙주전환 여부에 따라 숙주전환종(Holocyclic species, 宿主轉換種)와 비전환종(Anholocyclic species, 非轉換種)으로 나뉘며 생식방법에는 단성생식(Parthenogenesis, 單性生殖)과 양성생식(Bisexual reproduction, 兩性生殖)이 있으며 형태적으로는 날개가 있는 것과 없는 것이 있어 대단히 복잡하여 그들의 분류군간의 계통학적 연구가 많은 관심을 끌고 있다(Moran 1992).

2. 곤충의 발생횟수

곤충이 알에서 깨어나 자라서 성충이 되어 알을 낳고 죽을 때까지를 한 세대라고 하며 1년에 몇 세대를 거치는가를 발생경과라고 한다.

곤충류에는 집파리나 진딧물류와 같이 조건이 좋으면 일주일 전후에 한 세대를 경과하는 것도 있으나 미국의 주기성 매미류와 같이 한 세대기간이 13년 또는 17년인 것까지 여러 가지가 있다. 그러나 대부분은 1년을 단위로 생활사를 완료하는 것이 보통이다.

1년에 1회 발생하는 것을 1화성곤충(Univoltine species, 1化性昆虫)이라고 하고 2회 이상 발생하는 것을 다화성곤충(Multivoltine species, 多化性昆虫)라고 한다. 곤충의 화성(化性)은 일차적으로는 유전적이어서 종에 따라 대처적으로 정해져 있어 솔나방은 1화성이고 이화명나방은 2화성이다.

그러나 같은 종이라도 환경에 따라 년간 세대 수에 차가 생기기도 한다. 곤충은 변온동물인 고로 그의 발육속도는 온도의 영향을 받으며 일정 온도 범위 내에서는 고온일수록 발육이 빨라진다. 곤충의 발육속도와 관련하여 유효적산온도(Effective accumulative temperature, 有效積算溫度)의 법칙이 있다. 이것은 어떤 발육단계를 경과하는데 필요한 시간(알 기간, 유충기간 등) *D*와 그 기간동안의 평균온도(*t*)간에는 다음과 같은 관계가 있다는 것이다.

$$D(t-t_0)=K \cdots\cdots (1)$$

여기서 t_o는 그 생육단계의 발육한계온도(발육영점)(Developmental zero, 發育限界溫度), K는 유효적산온도를 말하며 보통 일도(Day degree)로 표현한다.

D의 역수 즉 발육속도를 V라고 하면 (1)식은

$$V=\frac{1}{D}=\frac{1}{K}(t-t_o) \cdots\cdots (2)$$

로 되어 발육속도는 발육유효온도 (t-t_o)에 비례하게 되며 비례계수는 유효온도량의 역수가 된다.

실제로 발육영점온도 t_o나 유효온도량 K를 구할 때는 몇 가지 온도조건에서 곤충을 사육하여 각 생육단계를 경과하는데 요하는 기간 D를 조사하여 (2)식으로 발육속도 V를 구하고 그것을 사육온도 t에 대한 최소자승법을 이용한 회귀식 즉

$$V=a+bt \cdots\cdots (3)$$

를 구한다. 여기서 a는 직선이 x축에 대한 절편 즉 V=0인 때의 t의 값이며 발육영점온도 t_o가 되는 것이다. b는 회귀선의 기울기로 종에 고유한 것이다.

여기서 유의해야 할 점은 V와 t의 직선관계는 일정 온도 범위 내에서만 성립하는 고로 그 범위를 넘는 고온이나 저온에서는 발육이 저해되어 발육속도는 직선관계를 벗어나 고온에서는 낮은 값이 되고 저온에서는 반대로 기대값보다 커지는 수가 있다는 점이다.

따라서 이런 방법으로 얻은 발육한계온도는 엄밀한 의미의 발육정지온도와는 반드시 일치하는 것은 아니나 연간 세대수나 발생시기를 추정하는 데에는 도움이 된다. 그리고 여러 가지 종이나 계통간의 발육한계온도를 비교하는 것은 비교생태학적으로 의미가 있는 것이다 표 2-1은 여러 가지 기후대에 분포하는 곤충류의 발육한계온도인데 일반적으로 한대에 분포하는 종보다 열대에 분포하는 종이 발육한계온도가 높은 경향이 있다

〈표 2-1〉 분포권이 다른 여러 가지 곤충류의 발육한계온도 (Ito 1975, Kiritani 1983)

한국명	학명 발육단계	발육단계	발육한계 온도 ℃	연구자
아한대 · 냉온대				
털날개모기의 일종	*Culiseta inornata*	발육기	3.8	Hane and Brust 1967
감자수염진딧물	*Macrosiphum euphorbiae*	출생 → 산자	−0.03	Rarlow 1962
짚시나방	*Lymantria dispar*	알 → 4령	3.6	Ali 1932
무당벌레의1종	*Coccinella novemnotata*	발육기	8.9	Mcmullen 1967
난온대				
기장테두리진딧물	*Rhopalosiphum padi*	발육기	5.[illegible]	Tanaka
풀색노린재	*Nezara antennata*	발육기	11.9	Karitami
끝동매미충	*Nephotettix cincticeps*	발육기	13.3	K[illegible]smoto 1959
미국흰불나방	*Hyphantria cunea*	유충,번데기	10.9	Ito et al. 1968
배추좀나방	*Plutella xylostella*	발육기	9.5	Umeya · Yamada 1973
진디벌의1종	*Praon palitans*	발육기	10.9	Force and Messenger 1964
아열대				
남쪽풀색노린재	*Nezara viridula*	발육기	13.3	Karitami 1971
오이과실파리	*Dacus cucurbitae*	발육기	9.4	Koizumi 1933
귤과실파리	*Dacus dorsalis*	발육기	10.0	Koizumi 1934
담배거세미나방	*Spodoptera litura*	발육기	10.3	Miyashita 1971
매매의1종	*Mogannia minuta*	알	15.8	Nagamine · Teruya 1973
긴노린재의 1종	*Cavelerius saccharivorus*	알	13.9	Tamaki

그런데 같은 종이라도 지역개체군간에는 온도에 대한 반응에 차가 있다. 예를 들면 우리나라의 이화명나방은 남방계와 북방계가 있는데 엄 등(1986)은 몇 개 지역 월동유충을 채집하여 1월 15일과 2월 15일부터 25℃에서 사육하여 용화까지의 일수를 조사하여 그림 2-2와 같은 결과를 보고하였다.

〈그림 2-2〉 이화명나방 유충을 1월 15일과 2월 15일부터 가온사육(25℃) 하였을 때 용화전 기간의 산지 위도와의 관계. ●: 1월 15일, ○: 2월 15일 가온개시 (엄 등 1986).

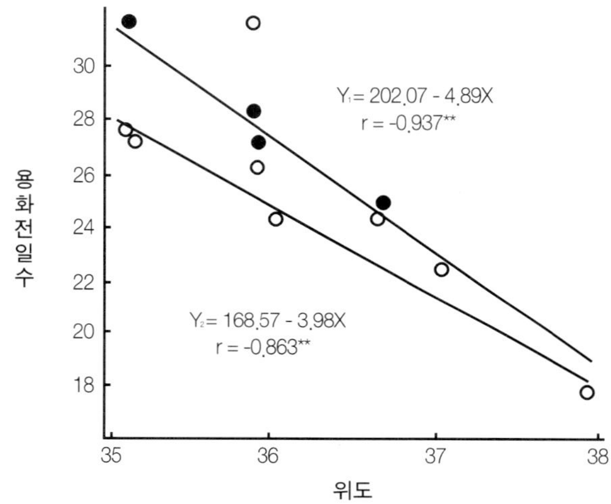

가온개시 시기와 관계없이 용화전기간은 높은 위도에서 짧아 유효적산온도량이 낮은 위도의 것들보다 적음을 알 수 있다. 이화명나방 유충이 휴면에서 깨어나는 것은 12월 중순경인 고로 이들 가온시기는 휴면 발육기간 중이라고 할 수 있겠다. 용화전기간은 2월 15일 가온 개시군에서 1월 15일 개시군에서 보다 전체적으로 짧아지고 있어 한달 동안에 휴면발육이 있었음을 알 수 있으나 용하전기간의 가온시기 군간 차이가 저위도 군에서 고위도 군보다 커서 계통에 따르는 온도에 대한 반응 차이를 시사하고 있다. 이것은 회귀선의 기울기에도 알 수 있을 뜻하다.

〈표 2-2〉 우리나라 이화명나방 50% 유살일까지의 유효적산온도 (윤과 현 1989)

	수원	이리	광주	해남
1966~1970	360.4 (7.2)	-	474.2 (10.4)	-
1971~1975	288.9 (8.6)	277.9 (41.9)	246.3 (27.3)	375.2 (18.4)
1976~1980	323.6 (11.5)	303.4 (34.5)	407.9 (12.8)	316.9 (22.1)
1981~1986	351.4 (16.9)	387.4 (58.4)	355.2 (51.3)	313.1 (43.9)
평균	319.2	330.2	388.3	331.0

( )안은 변이계수.

표 2-2는 우리나라 이화명나방의 50% 유살일까지의 유효적산온도를 10° 발육영점으로 하였을 때의 몇 개 지역에서의 연차적 변화이다.

앞서 설명한 바와 같이 우리나라에 분포하는 이화명나방은 남방계통과 북방계통이 있어 남방계통은 발육영점온도가 북방계통보다 높은 것으로 알려져 있다. 이런 관계는 표 2-2에서도 짐작할 수 있어 수원지방의 것은 319.2일도이고 광주지방의 것은 388.3일도로 차가 있다. 그리고 봄 나방의 50% 유살 일을 보면 남부지방에서는 지역에 따라 차는 있으나 1970년대 초에 비하면 2~10일 정도가 빨라진데 반하여 수원 지방에서의 그것은 2일 정도가 늦어지고 있는데 특히 1981년 이후 봄 나방의 50% 유살일은 약 20일 빨라지고 있다. 이것은 우리나라에서 1970년대 후반부터 이앙기(모내기)가 6월 중순에서 5월 중순으르 약 1개월 빨라진 것을 감안하면 짐작할 수 있을 듯하다. 그리고 유효적산온도의 변이계수는 최근 15년간에 증가하고 있으나 그 값은 수원 지방에서 가장 적고 광주나 해남에서 커서 수원지방의 개체군이 내적 균질성이 큼을 알 수 있다. 따라서 발육유효적산온도를 이용한 발생상황의 예측에는 이와 같은 사실들도 충분히 고려해야 하겠다.

3. 휴면과 이동

생물을 둘러싸고 있는 환경조건은 그것이 이화학적이거나 생물학적이거나를 막론하고 정도의 차는 있으나 변화가 있어 이것은 생물에 중요한 영향을 미친다. 환경조건의 변화에는 단기적이고 국지적(局地的)인 것과 장기적이고 광역적(廣域的)인 것으로 대별할 수 있으며 전자에 대하여는 그것이 비주기적인 경우에는 주로 행동이나 생리적인 순응(Adjustment, 順應)을 하고 밤낮이나 조수 간만과 같은 주기적인 변동에 대하여는 행동이나 생리적 리듬을 통한 생물시계적 기작으로 대응한다. 후자의 경우 그것이 비주기적인 경우에는 일시적인 휴지나 형태적 변화, 기타와 같은 그 종에 고유한 생리적 적응으로 대응하며 규칙적인 경우에는 계절적 다형(Seasonal polymorphism, 季節的 多型)이나 이동 또는 휴면과 같은 호르몬이 관여된 특이한 현상으로 불리한 조건을 해결한다.

이동과 휴면은 곤충이 불리한 조건을 피하기 위한 적응으로 이동이 공간적 도피라면 휴면은 시간적 도피이다. 즉 이동은 불리한 환경조건을 피하여 좋은 환경으로 이동하는 것으로 일장이나 온도 등 어떤 계절적인 환경요인이 촉진요인이 되는 수도 있으나 박을댐(고밀도)이나 먹이의 질이 나빠지는 것과 같은 보다 직접적인 요인이 관련되어 있는 수가 많다. 이것은 메뚜기류나 멸구류의 이동에서와 같이 계절적이고 규칙성이 없는 환경조건의 변화에 대응하여 일어나는 수가 많으나 호르몬이 관여된 휴면성 이동과 같이 계절성을 갖는 수도 있다. 이에 대하여 휴면은 겨울철의 도래와 같이 그 변화가 넓은 지역에 걸쳐 일어나며 미리 그것이 다가올 것을 정확하게 알 수 있는 환경적 징후에 반응하여 일어난다. 휴면은 온대나 아한대 지방에 분포하는 곤충에서 겨울철을 지내기 위한 생리적 적응으로 발달하는 수가 많으나 열대지방의 곤충 중에도 휴면현상이 알려져 있으며 온대지방의 곤충류 중에는 여름이나 봄에 휴면하는 종들이 알려져 있다.

휴면과 이동은 실제현상 면에서는 차이점이 있으나 양자간에는 공통점이 많다. 그 하나는 휴면 중에는 물론 이동하는 동안 성충은 생식력이 억제되어 있어 생식휴면(Reproductive diapause, 生殖休眠)의 상태에 있는 수가 많다. 이것은 미국에서 월동을 위하여 계절적으로 장거리 이동을 하는 *Danaus plexippus* 왕나비나 *Oncopeltus fasciatus* 긴노린재에서 잘 알려진 사실이다. 그리고 휴면과 이동은 양자택일적인 전략은 아니어서 겨울철 휴면을 하는 종들이 보다 따뜻한 월동장소로 이동하거나 여름철 휴면하는 것이 서늘한 곳으로 이동하는 것은 흔한 일이다.

Tauber 등(1986)은 휴면(Diapause, 休眠)이란 "신경홀몬에 의하여 유도된 대사활동이 억제된 탄력적인 상태를 말하며 이때에는 형태적 변화는 감소되고 불리한 환경조건에 대한 저항성이 증가하며 행동이 변화하거나 감소한다. 휴면은 종에 고유한(따라서 유전적인) 발육단계에서 일어나며 불리한 환경조건에 앞선 어떤 환경조건의 자극을 받아 일어나는데 그것은 종에 따라 차이가 있다. 일단 휴면에 들어가면 대사활동은 발육에 유리한 조건이 주어져도 상당한 기간 억제 된다"고 하였다.

휴면과 휴지(Dormancy, 休止)는 불리한 조건하에서 활동이 억제되는 점에서는 같으나 휴면은 조건이 호전되어도 곧 대사활동이 회복되지 않는다는 점이 다르다. 그리고 흔히 일어나는 계절에 따라 춘면(Vernal dormancy, 春眠), 하면(Astivation, 夏眠), 추면(Autumnal dormancy, 秋眠), 동면(Hibernation, 冬眠) 등으로 부르는데 이 경우에는 휴지도 포함되는 수가 있다.

따라서 휴지는 불리한 환경조건이 직접적 원인이 되어 일어나는 일시적인 생리적 적응상태이고 휴면은 불리한 환경 조건에 대비하여 일어나는 생리적 변화가 호르몬의 영향을 받아 일어나는 현상으로 행동적 변화까지도 포함된다. 그리고 하면이나 동면 등은 계절을 중시한 현상에 대한 것이라고 하겠다.

곤충의 휴면 발육단계는 종에 따라 정해져 있다. 1화성곤충류는 휴면 발육단계에서 반드시 휴면하나 여러 가지 곤충류에서는 환경조건에 따라 휴면할 수도 있고 않을 수도 있다. 전자를 내인성 휴면(Obligatory diapause, 內因性 休眠), 후자를 외인성 휴면(Facultative diapause, 外因性 休眠)이라고 하나 연구가 진행되면서 그 구별은 본질적인 것은 아닌 것이 밝혀지고 있다.

Ishii(1988)는 1화성 따라서 내인성 휴면을 하는 것으로 알려진 벚나무모시나방(*Elcysma westwoodi*), 노랑털알락나방(*Pryeria sinica*) 그리고 애호랑나비(*Luehdorfia sarpedon*)의 휴면에 관한 연구를 통하여 휴면의 유기는 내인성(유전적)이나 휴면의 유지와 타파는 외적요인의 영향을 받음을 밝히고 휴면의 유기와 휴면타파는 따로 생각해야 한다고 하였다.

아열대성 곤충의 휴면에는 응시적이고 변이성이 큰 것이 특징인데 사탕수수의 해충인 *Cavelerius saccharivorus* 긴노린재는 가을에 휴면난을 낳으나 이 휴면은 25℃ 이상의 고온으로 쉽게 타파된다(Fujisaki 1992). 이런 경우 온도에 대하여 응시적 반응을 일으키는 고로 응시적 휴면(Opportunistic diapause, 應時的 休眠)이라고 한다. 그러나 휴면심도에 변이가 심하여 이런 경우에는 불규칙하게 변하는 조건에 대한 양다리 걸치기식 적응이라고 하겠다.

휴면은 고온이나 저온, 건조 또는 먹이의 부족과 같은 불리한 환경조건에서 이것을 견뎌내는 동시에 같은 종에서는 같은 발육단계에서 휴면하고 같은 환경조건으로 휴면에서 깨어나기 때문에 결과적으로 개체군내의 개체의 발육을 고르게 하는 기능이기도 하다.

휴면에 관련된 환경요인에는 일장, 온도, 먹이 등의 조건이 관계가 있으나 가장 중요한 것은 일장으로 온대지방에 분포하는 곤충은 대부분이 일장의 영향을 받아 휴면에 들어간다. 온도도 발육에 영향을 미치나 이것은 해에 따라 장소에 따라 변동이 커서 계절적 신호로써의 유용성이 크지 못하나 한 지역의 일장은 정해져 있어 일장은 믿을 수 있는 계절적 신호가 되겠다.

일반적으로 겨울철에 휴면하는 곤충은 장일조건에서 발육을 하다 단일조건을 맞으면 휴면에 들어간다. 그러나 여름에 휴면하는 곤충류는 단일조건에서 발육을 하고 장일조건에서 휴면을 한다. 전자를 장일곤충, 후자를 단일곤충이라고 한다. 곤충의 광주반응에는 이 밖에도 장일이나 단일에 휴면하며 그 중간의 특정 일장 범위에서만 비휴면 발육을 하거나 또는 특정 일장 범위 내에서만 휴면하는 것도 있다. 일장과 휴면율과의 관계를 보면 대체로 특정 일장범위에서 급격히 휴면율이 변화하는 광주반응곡선을 나타낸다. 이와 같이 급격한 반응 변화영역에서 약 50%의 개체가 휴면에 들어가는 일장을 임계일장(Critial photoperid, 臨界日長)라고 하며 대표적인 예는 그림 2-3과 같다.

〈그림 2-3〉 대표적 광주기 반응 (Beck 1980)
I. 장일반응, II. 단일반응, III. 중일반응, IV. 장일, 단일반응.

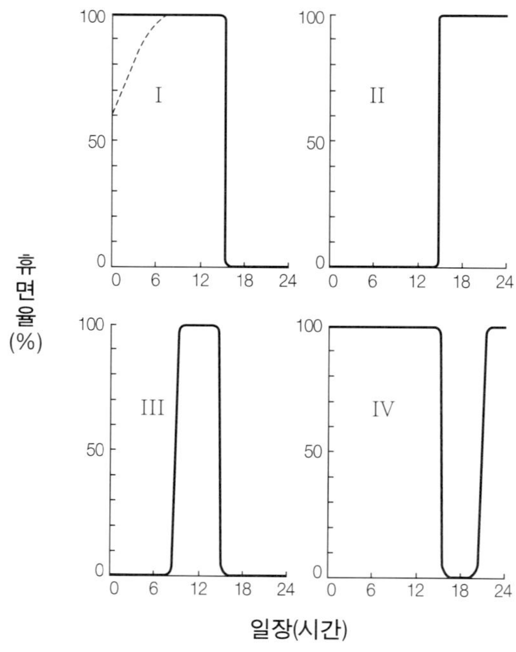

임계일장은 어떤 곤충개체군이 언제 휴면에 들어가는가를 예측하는데 중요한 정보이기는 하나 온도에 따라 변화하는 수도 있다. 예를 들면 번데기로 휴면하는 배저녁나방(*Viminia rumicis*)은 임계일장이 25℃에서는 약 16시간이나 5℃가 낮아짐에 따라 1.5시간씩 길어진다. 따라서 기온이 일찍 떨어지는 해나 장소에서는 빨리 휴면에 들어갈 가능이 있다(Danilevsky 1966).

임계일장은 기본적으로 생활사의 진행과정을 결정하는 것인 고로 지역개체군에서는 극히 안정되어 있는 것이 보통이다. 그러나 넓은 지역에 분포하는 종에서는 지리적 변이가 있을 수 있겠다. 그림 2-4는 일본에서의 이화명나방 임계일장의 지역적 특성이다.

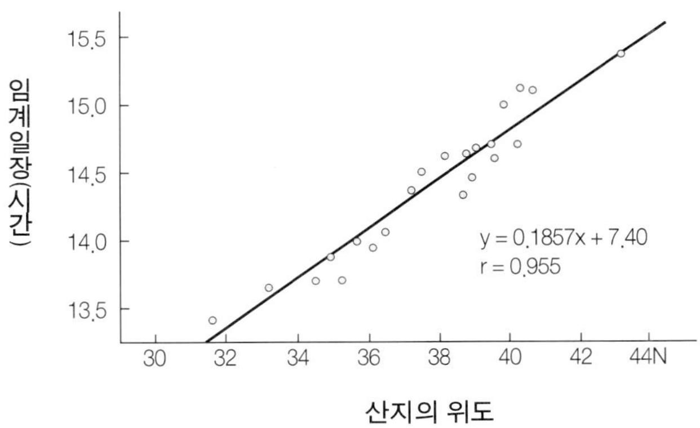

〈그림 2-4〉 이화명나방의 임계일장과 산지의 위도와의 관계 (Kishino 1974).

그림에서 보는 바와 같이 위도가 높은 지역의 이화명나방의 임계일장은 길어지고 있다. 이것은 고위도 지방일수록 여름의 명기(Photophase, 明期)가 길고 겨울의 암기(Scotophase, 暗期)는 짧은 것을 반영하고 있는 것으로 보인다. 곤충류는 자연선택의 결과 각각의 지역의 기후적 특성에 적응하게 되는데 휴면에 들어가는 시기도 지역의 일장에 반응하여 결정되고 있음을 짐작할 수 있다.

곤충류의 휴면발육단계는 종에 따라 유전적으로 정해져 있다. 즉 누에는 알, 이화명나방은 유충, 배추흰나비는 번데기 그리고 칠성무당벌레는 성충기에 휴면한다.

그리고 휴면발육단계와 휴면유기자극에 대한 감응발육단계는 같은 발육단계인 수도 있으나 그보다 앞선 발육단계인 수가 대부분이며 봉숭아혹진딧물 같은 경우는 산란암컷의 어미세대 즉 2세대 앞에서의 자극이 알의 휴면을 결정하기도 한다.

곤충류의 이동에는 서식처를 중심으로 한 일상적 이동 외에 비교적 장거리를 이동하는 이동(Migration, 移動) 또는 분산(Dispersal, 分散)이 있다. 북미의 *Danaus plexippus* 왕나비는 가을이 되면 3,000~4,000km나 떨어진 멕시코까지 이동하며 진딧물류는 여름 숙주와 겨울 숙주간을 오고 간다. 이들의 경우는 정향적이다. 분산도 서식처간을 이동하나 정향성이 아니고 환경조건이 불리해지면 유리한 환경으로 이동한다. 벼멸구나 흰등멸구의 예는 장거리 이동을 하나 방향성은 없어 이런 뜻에서는 분산이라고 할 수 있겠다.

이동이나 장거리 분산과 일상적인 이동과의 차이점은 전자가 나는 데에 적응한 특유의 형태적, 생리적 특성을 갖고 있다는 점이다. 예를 들면 풀무치류는 수세대 고밀도 하에서 증식하면 군서상(Gregarious phase, 群棲相)이 생겨 이것은 저밀도 하에서 생활한 고독상(Solitary phase, 孤獨相)의 개체와는 행동이 상당히 다르다. 또 많은 곤충류에는 분산다형현상(Disperal polymophism, 分散多型現象)이 있어 비상근이나 날개형이 다르다. 진딧물류의 유시형(Alate, 有翅型)과 무시형(Aptera, 無翅型), 멸구류의 장시형(Macroptera, 長翅型)과 단시형(Brachyptera, 短翅型) 등은 잘 알려진 사실이다.

이동 암컷 성충의 난소는 이동전에는 미성숙 상태이고 이동 후에 비상근이 조직분해하면서 난소가 성숙하는 것이 많다. 이런 과정을 난소형성-비상증후군(Oogenesis-flight syndrome, 卵巢形成-飛翔症候群)이라고 하며 그 과정은 유약호르몬의 지배를 받는다. 물론 예외적인 경우도 있다.

Southwood(1977)는 불안정한 서식처에서 생활하는 종류에 분산다형성인 수가 많다고 하였다. 그리고 Roff(1986)는 이동성 개체들은 비상근이나 날개를 위한 에너지 투자와 생식간에 맞교환(Trade-off) 관계가 있다고 하였다. 그리고 무시나 단시형은 증식능력이 커 이동한 곳에 정착하였을 때 증식력이 크다고 한다. 이와 같이 유시 형이나 장시 형은 이동과 정착에 적응하고 무시 형이나 단시형은 정착 후의 증식에 적응한 특성을 갖고 있어 시간, 공간적으로 불안정한 서식처를 효율적으로 이용할 수 있는 생활사적 적응을 하고 있다.

물론 Dingle(1986)이 지적한 바와 같이 이동 형이 환경의 악화를 피하기 위하여 증식력을 희생하고 이동하는 소극적인 면만이 아니고 보다 적극적으로 새로운 서식처를 찾기 위한 것일 수도 있겠다. Nakashuji와 Ishii(1988)은 여러 가지 분산 형 곤충류에서 이동 형과 비이동형의 내적자연증가율을 비교하고 밀도의존성 이동 종에서 이동형의 증가율 감소정도가 적고 계절적으로 이동하는 종에서 이동에 비교적 큰 에너지 비용을 쓰는 경향이 있다고 하였다.

제2장 개체군 생태학

해충학에서 가장 중요한 기초가 되는 것은 아마도 해충개체군의 밀도와 그의 작물에 미치는 영향 즉 피해문제일 것이다. 야외 해충개체수의 파악과 그의 변동에 관여하는 요인에 관한 지식은 방제여부나 방제법의 선택과 밀접한 관계가 있으며 이런 개체군의 변동기구는 개체군 생태학의 중요과제이다.

개체군(Population, 個体群)이란 "어떤 지역에 살고 있는 같은 종 개체의 집합"을 말하는데 이것은 단순한 개체의 집합이 아니고 구성 개체들은 상호교잡을 통하여 유전자를 교환하고 먹이나 서식장소와 같은 자원을 통하여 서로 간에 영향을 주고받으면서 생활하는 공동체이다.

1. 개체군의 밀도

개체군 밀도는 지역적으로나 한 지역에서도 시기에 따라 차이가 있으며 그의 변동문제는 정확한 밀도 조사를 토대로 여러 가지 환경과의 관련성을 이해하게 한다.

해충 조사를 광역적 조사(Extensive survey, 廣域調査)와 집중적 조사(Intensive survey, 集中調査)로 대별하는 것이 보통이다. 전자는 넓은 지역을 대상으로 한 조사로 보통 곤충류의 분포 또는 피해와 곤충밀도와의 관계를 통하여 방제여부나 시기 등을 결정할 목적으로 이루어진다. 이것은 한 두 차례에 걸쳐 특정 생육단계를 대상으로 조사하는 것이 보통이다.

집중적 조사는 어떤 지역을 대상으로 정기적으로 일정한 간격을 두고 계속하여 조사하는 것으로 생명표 작성을 위하여 발육단계별로 개체군 밀도를 조사하여 개체군 밀도의 변동에 미치는 주요 환경요인을 구명하는 것을 목적으로 하는 경우가 많다.

단위면적당의 개체수를 절대밀도(Absolute density, 絕對密度)라고 하는데 치사요인의 연구 같은 경우에는 절대밀도를 기준으로 비교하는 것이 필요하게 된다. 즉 곤충류는 발육단계에 따라 서식처를 달리하는 것이 있기 때문에 치사요인의 평가는 절대밀도를 기준으로 해야 하겠다.

잎이나 가지 또는 식물체를 단위로 한 밀도를 서식처 밀도(Population intensity, 棲息處 密度)라고 하는데 이것은 가장 흔한 밀도조사의 예로 개체군 밀도 수준을 식물의 피해와 관련시켰을 때 의미가 크다고 하겠다. 그리고 과수나 나무의 경우에는 가지의 가상적 면적(예; 소나무가지의 잎이 있는 첫 번째 작은 가지 부위의 직경에 그 이원의 길이를 곱한 것)이나 사과의 가지를 기준으로 한 개체 수가 이용되기도 하는데 이것을 기본개체군(Basic popula-tion, 基本個体群)이라 한다. 그리고 유아등이나 포충망 또는 유인제에 잡힌 개체수를 밀도의 지표로 이용하기도 하는데 이것은 광역적 조사에서 흔히 이용되는 것으로 상대적 밀도(Relative density, 相對的 密度)라고 한다. 또 곤충을 직접 조사하지 않고 그들의 산물(예; 똥, 집 등) 또는 식물이 받은 피해를 조사하여 밀도를 가늠하는 경우가 있는데 이것을 개체군 지수(Population index, 個体群 指數)라고 한다.

야외에서 개체군 밀도를 조사하는 방법에는 어떤 단위 면적내의 개체를 직접 조사하는 방법과 포충망, 밑에 일정한 크기의 면포를 깔고 털어서 잡는 방법, 여러 가지 Trap을 이용하는 등 간접적인 방법이 있으며 먼저 채집한 개체들을 특수한 방법으로 표식한 후 놓아 주었다 일정한 시간이 지난 다음에 다시 포획하여 그 중의 표식충을 이용하여 추정하는 표식-재포법(Mark-recapture method, 標識再捕法) 등 여러 가지가 있다. 이런 방법의 이용법에 관하여는 Ecological methods (Southwood 1978)나 Ecological methodology (Krebs 1999) 기타의 저서를 참고하기 바란다.

2. 표본조사법

야외에서 해충의 개체수를 모두 조사한다는 것은 불가능한 일인 고로 표본조사를 통한 추정을 하는 것이 보통인데 이것은 조사노력(즉 인원과 시간)에 대하여 최대한의 효율을 얻을 수 있는 방법이 선택되어야 하는 고로 조사 시에는 표본 채취의 위치, 표본의 크기와 수에 대한 적절한 배려가 있어야 하겠다.

표본 수는 목표로 하는 정도 즉 오차율에 따라 변화하며 이것은 조사 목적과 노력과의 관계에 의하여 결정된다. 즉

$$n = \left(\frac{s}{E\overline{X}} \right)^2$$

여기서 n=표본 수, X:평균밀도, E:목표정도, s:표본오차

해충의 야외조사에서 문제가 되는 것은 해충의 공간분포이다. 한 프장에서도 포장의 가장자리와 중앙부위, 식물체의 방위나 부위, 기타에 따라 해충의 분포에 차이가 있으며 생육단계에 따라서도 달라진다. 예를 들면 *Archips argyrospilus* 잎말이나방의 사과나무에서의 분포는 알, 유충, 번데기 모두가 연 중 거의 임의분포를 하는 고로 한 수준만을 대상으로 표본조사를 하여도 무방하다(Paradis와 LeRoux 1962). 그러나 *Choristoneura fumiferana* 잎말이나방의 가문비나무에서의 분포를 보면 알과 유충은 나무의 윗부분에 아랫부분보다 명백히 많이 분포하며(Morris 1955), *Populus tremuloides* 사시나무를 가해하는 전체 곤충류의 경우는 수관의 상, 중, 하 세층을 조사해야 한다고 한다(Henson 1954). 또 캐나다의 Nova Scotia 지방에서 코드링나방(*Laspeyresia pomonella*)의 경우 이른 봄에는 사과나무의 동남쪽에 대부분의 알을 낳으나 후기에는 이런 경향은 사라진다고 한다(MacLellan 1962). 이런 방위에 따르는 차이는 감귤의 *Pseudococcus adoniduim* 가루깍지벌레(Browning 1959), 참나무의 *Archips* 잎말이나방류, 기타 응애류 등에서도 알려지고 있다. 솔나방의 경우 알이나 부화 직후의 유충은 상층부에 많으나 월동 후에는 거의 임의분포를 한다(현 1967).

따라서 한 식물체에서의 최적 표본 수(n)를 결정하려면 한 식물체내에서의 변이계수(Ss^2)와 식물체간의 변이계수(Sp^2)가 고려되어야 하겠으며 이것은 한 나무에서의 조사비용(Cs)과 나무사이를 이동하는 비용(Cp)과 다음과 같은 식으로 추정할 수 있겠다.

$$n_s = \sqrt{\frac{Ss^2}{Sp^2} \times \frac{Cp}{Cs}}$$

일반적으로 변이계수는 지역 간, 지역 내 조사구간, 나무 간 그리고 나무내의 위치의 순으로 작아지는 것이 보통이다.

표본단위와 관련하여 표본조사 시 참작해야 할 문제는 다음과 같은 것이 있다.

① 모든 공간이 같은 확률로 조사되도록 할 것

② 안정되어 있을 것 (그렇지 않을 때는 그의 변화를 화본과 식물의 얼자 수 증가와 같이 쉽게 측정 할 수 있을 것)

③ 서식처로 이용하는 표본단위 해충개체군의 전체에 대한 비율은 변하지 않을 것

④ 표본단위는 면적단위로 쉽게 환산될 수 있을 것

⑤ 표본단위는 포장에서 손쉽게 파악될 수 있을 것

⑥ 표본단위는 변이와 비용간의 관계를 합리적으로 나타낼 수 있을 정도의 크기일 것

⑦ 표본단위는 지나치게 작지 않을 것

⑧ 이동성인 곤충에 대한 표본단위는 개체들의 활동범위를 고려할 것

한편 생물의 공간적 분포 양식에는 기본적으로 임의분포(Normal distribution, 任意分布), 집중분포(Clumped distribution, 集中分布) 그리고 균일분포(Uniform distribution, 均一分 布) 등 세 가지가 있다. 일반적으로 곤충류의 야외개체군은 정도의 차이는 있으나 ① 개체들간의 유인 ② 서식처의 불균질성 ③ 분산성이 없거나 적은 개체군의 증식 등으로 정도의 차이는 있으나 집중분포를 하는 것이 보통이다.

Fujisaki(1980)는 꽈리허리노린재(*Acathocoris sordidus*) 성충의 꽈리와 고추에서 주를 단위로 한 공간분포를 조사하여 주를 단위로 하였을 때 암컷은 강한 집중도를 보였으나 수컷은 암컷과 달리 균일분포를 하는 경우가 많았다고 하고 이것은 암컷에서는 집합성 때문이고 수컷에서는 세력권과 같은 배타성 때문이라고 하였다. 또 그는 이 곤충의 꽈리에서의 발육에 따르는 꽈리 주당의 공간분포의 변화를 조사하여 발육이 진행되면서 집합도 지수가 작아지는 것을 밝히고 이것은 난괴를 출발점으로 한 콜로니의 크기가 발육의 진행에 따라 집합성의 약화로 점점 작아지기 때문이라고 하였다.

또 Naha(1995)는 출수기가 고른 논들과 다른 논들에서 끝동매미충 유충과 성충분포형을 조사하여 출수기가 고른 논들에서는 유충과 성충은 거의 임의분포를 하는데 출수기가 다른 논들에서는 유충과 성충 모두가 집중분포를 하고 있었다고 하고 이것은 벼의 생육단계가 달라 이 해충의 먹이에 대한 선호도 차이 때문에 선호하는 벼로 집중하기 때문이라고 하였다.

이상에서 보는 바와 같이 곤충류의 분포는 종류나 생육단계, 기타의 여러 가지 환경조건에 따라 달라지는 수가 있어 표본조사를 할 때에는 먼저 조사목적에 따라 밀도단위를 정하고 곤충의 공간적 분포양식을 조사하여 주어진 조사비용(인력과 조사시간)으로 최대의 정(밀)도를 가진 방법이 선택되어야 한다.

3. 우리나라 벼 해충류의 발생상황

해충의 개체군 밀도는 여러 가지 환경요인의 영향을 받아 공간적으로나 시간적

으로 차이가 있다. 우리나라에서는 1950년대에서부터 해충의 발생상황을 조사하고 있는데 벼의 중요해충류의 전국적 발생상황을 보면 표와 같다.

〈표 2-3〉 우리나라 주요 벼 해충류의 발생추이

해충	1950년대	1960년대	1970년대		1980년대		1990년대
			전반	후반	전반	후반	
이화명나방	+++	++	++	+	+	−	+
혹명나방	+	+	++	++	+	−	+
벼멸구	+	++	+++	+++	+++	+−+	+++
흰등멸구	+	++	+++	+++	+++	+−+	+++
애멸구	+	+++	+	++	+	−	+
끝동매미충	+	+	++	+	+	−	+
물가파리류	+	+	++	+++	+	−	+
벼잎벌레	+	+	++	++	++	−	+
벼물바구미					+	+−+	+++

(농진청 1997).

표에서 보는 바와 같이 벼 해충의 발생량은 종류에 따라 1950년대 이후 상당한 차이가 있다. 벼물바구미는 새로 침입한 해충으로 단시일 내에 발생량이 크게 증가하고 있으며 저온성해충류인 벼잎벌레는 모내는 시기가 빨라진 1970년대 경에서부터 발생이 많아지고 있으며 멸구류는 1970년대 이후 발생이 계속 많다. 그리고 1960년대에 많이 발생하였던 줄무늬잎마름병의 매개충인 애멸구는 1970년 후반부터 감소하고 있으며 그런 관계는 이화명나방의 발생상황에서도 볼 수 있다. 이와 같은 변화는 우리나라 벼 재배법이 1970년대에 통일계 벼 품종의 육성보급이나 모내는 시기 그리고 비배관리법이 변한 것과 깊은 관계가 있는 것으로 생각되고 있다. 그림 2-5는 전국 39개 예찰소의 유아등에 유살된 이화명나방의 유살수의 변동추세이다.

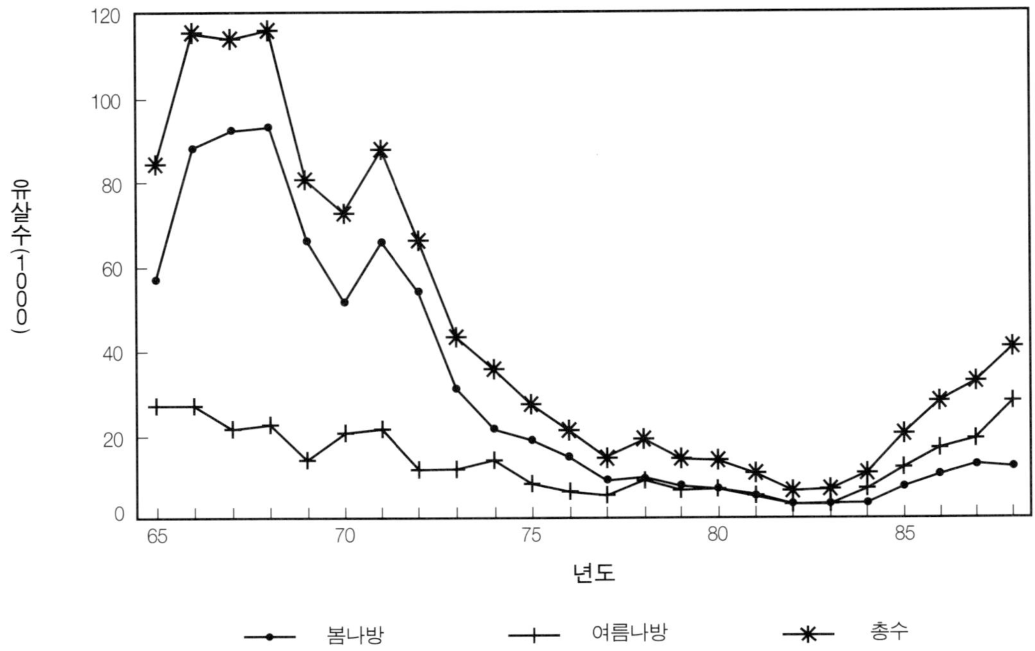

〈그림 2-5〉 전국 39개 예찰소의 유아등에 유살된 이화명나방 유살수 (윤과 현 1989).

그림에서 보는 바와 같이 유살총수는 1960년에는 11만 마리 정도였던 것이 1970년대 초반부터 급격히 감소하여 1970년대 후반에는 약 10,000마리로 감소하였으며 1985년 이후에 약간 증가하고 있다.

이화명나방은 유충태로 월동하며 연간 2세대를 거치는 해충으로 봄 나방과 여름나방의 유살상에는 큰 차이가 있다. 즉 여름나방의 유살량 변동을 보면 1970년경까지는 총 유살량에 대한 비율이 약 20%정도이고 1970년대 말경부터는 약 45%로 증가하였고 1984년경부터는 오히려 봄 나방의 유살량보다 많아져 1980년대 말경에는 60%를 넘고 있다.

전국적인 총 유살량에 대한 봄 나방의 비율을 보면 대체로 1970년대 초까지는 약 70%였으나 그 후 감소하여 최근에는 40% 이하로 감소하고 있다. 여름 나방의 그것은 30% 이하던 것이 점차로 증가하여 최근에는 총 유살량의 60% 이상이 되고 있다.

한편 봄 나방과 여름 나방의 비율변동을 지역적으로 보면 1976년경까지는 지역에 따라 차이가 컸으나 그 후에는 지역에 따른 차이가 감소하고 있는 반면 여름나방에 있어서는 1980년까지는 지역 간에 차이가 적으나 최근에는 그 차이가 커지는 경향이 있다. 그리고 봄 나방의 유살 수 비율은 충북내륙과 서해중부에서는 크게 감소하고 있으나 서해남부와 남해안 그리고 영남내륙지역에서는 비교적 안정된 비율을 보이고 있다. 그리고 여름 나방의 유살 수 비율은 충북내륙, 서해남부, 영남내륙 그리고 서해중부지역에서 1980년대 이후 현저히 증가하고 있다.

이와 같이 우리나라 이화명나방의 발생상은 1960년대 이후 큰 변화가 있었으며 그 변동의 내용은 연차적으로는 물론 세대나 지역에 따라 차이가 있는데 이것은 벼의 재배법 전반에 걸친 서식환경의 변화가 이 해충의 생물학적 특성에 영향을 미친 결과라고 할 수 있겠다.

따라서 해충문제의 합리적 해결을 위해서는 해충의 발생에 영향을 미치는 구생물적 요인과 생물적 요인을 구명하고 해충발생에 미치는 그들의 영향을 조절하여 해충발생을 억제 또는 조절하는 것이 대단히 중요하다고 하겠다.

4. 개체군 밀도의 변동양식

어떤 지역의 곤충 개체 수는 시간에 따라 변동한다. 어떤 지역의 개체군 밀도는 출생률(b)와 이입률(i)에 의하여 증가하고 사망률(d)와 이출율(e)에 의하여 감소하게 되는 고로 자원량이 증가율(r)에 영향을 미치지 않을 정도로 충분하다면 개체 수의 변동률은

$$\frac{dN}{dt} = \{(b+i)-(d+e)\}N = rN \cdots\cdots (1)$$

가 되며 이것은 시간 t에 대하여

$$N_t = N_o e^{rt} \cdots\cdots (2)$$

가 될 것이다. 여기서 N_o = 최초의 밀도, e = 자연대수의 기수이다.

(2)식은 지수함수적인 증가를 나타내는 것이나 자원이란 소비성인 것이어서 개체당의 증가율 그 자체가 개체군 밀도(N)의 함수가 되겠다. 따라서

$$f(N) = r - hN \cdots\cdots (3)$$

가 되며 이것을 (1)식에 대입하면

$$\frac{dN}{dt} = N(r - hN) \quad \cdots\cdots(4)$$

가 되며 여기서 h를 Verhurst-Pearl 계수라 하며 한 개체의 존재가 개체군의 순간 증가율에 미치는 영향의 정도 즉 한 개체의 다른 개체에 대한 간섭정도를 나타내겠다. $r/h = K$라고 하면 (4)의 식은

$$\frac{dN}{dt} = rN(\frac{K - N}{K})$$

가 된다. 여기서 K는 그 개체군이 도달할 수 있는 상한밀도(최대밀도, r_{mac})이며 이것을 그 환경의 수용력(Carrying capacity, 收容力) 또는 포화밀도(Saturation density, 飽和密度)라고 한다. 이것은 개체군 밀도 N이 ≒ 0일 때는 (1)식이 되고 개체군 밀도가 K가 되었을 때는 증가율은 0이 된다는 것을 뜻한다. 이 로지스틱 곡선을 도시하면 그림 2-6과 같은 S자 모양의 곡선이 된다.

〈그림 2-6〉 개체군의 지수함수적 증가와 로지스틱 생장.

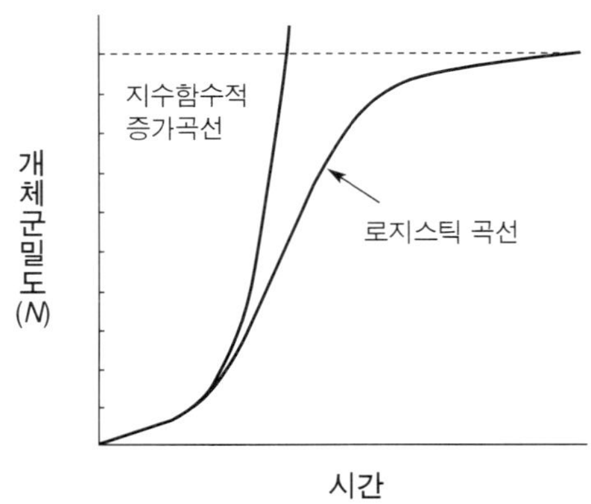

(3)식의 h와 관련 밀도에 영향을 미치는 요인들에는 실제로 개체군 밀도(N)와 관계없이 일정한 비율로 작용하는 기후적 조건과 같은 밀도 독립적요인(Density independent factor, 密度 獨立的要因)과 생물적 요인들과 같은 밀도 의존적요인(Density-dependent factor, 密度 依存的要因)이 있겠으며 그 밖에도 밀도가 높아지면 개체 수의 억제작용이 약해지는 밀도 역 의존적요인(Inversely density-dependent factor, 密度 逆 依存的要因)도 있다.

로지스틱 이론은 개체군 밀도 자체가 개체군의 증가율에 영향을 미쳐 자율적으로 증가율이 감소하는 것으로 생각한다. 이와 같은 개체군에 대한 밀도의 영향을 일반적으로 밀도효과(Density effect, 密度效果)라고 한다. 밀도효과란 개체군 밀도가 개체군의 생존율, 증식율, 평균발육속도, 평균개체중 등과 같은 개체군의 생물학적 특성에 미치는 영향을 뜻하나 일반적으로는 고밀도가 미치는 불리한 영향 즉 과밀효과(Overcrowding effect, 過密效果)를 말하는 경우가 많은데 이것은 밀도가 높아지면 개체간의 간섭이나 환경의 생물적 조절(Biological conditioning, 生物的 調節) 등이 크게 작용하기 때문이다. 예를 들면 팥바구미를 실내에서 사육하면 성충의 밀도가 증가함에 따라 산란 수가 감소하는데 이것은 산란행동의 방해에 의한 것이며 성충의 활동으로 알이 상처를 많이 받기도 하여 난기의 사망률이 높아지기도 한다. 그리고 유충(특히 종령유충)과 번데기의 높은 사망률은 발육이 늦어진 개체가 받는 배설물이나 먹이의 양이나 질이 나빠지는 것과 같은 생물적 조건조절의 영향도 원인이라고 한다(Uchida 1941).

그러나 밀도가 지나치게 낮으면 암수의 교미율이 감소하여 증가율이 떨어지는 과소효과(Undercrowding effect, 過疎效果)도 있겠다. 따라서 개체군의 로지스틱 성장은 과소영역에서도 성립하지 않겠다. 또 많은 집합성 곤충류는 집합체의 크기가 어느 정도로 되어야 정상적인 발육이 일어난다. 또 풀무치류나 밤나방류에서는 다상현상(Polyphase, 多相現象)이 있어 개체군의 밀도가 증가하면 고독상에서 이동상으로 상의 전환이 일어나는데 이들 각 상의 개체들은 형태, 생리, 행동 등에 큰 차이가 있다. 이런 상의 전환에는 개체들 간의 상호작용이 중요하여 이것 역시 또 다른 형태의 밀도 효과라 하겠다. 따라서 밀도효과는 과소(Undercrowding, 過疎), 과밀(Overcrowding, 過密), 적정밀도(Moderate crowding, 適正密度) 등을 포함한 집합효과로 보아야 하겠다. 로지스틱 생장 모델식은 일정한 비율로 출생과 사망이 일어나 개체군의 연령 구성이 안정되어 있는 것을 전제로 하고 있다. 그러나 곤충류의 경우 대부분이 세대가 중복되는 일이 없고 이와 같은 연령구조를 갖는 일은 드물다. 그리고 이 식은 환경조건이 일정하여 r이나 K가 일정함을 전제로 하고 있으나 실제로 자연조건은 그렇지 않다. 따라서 이 이론은 자연계에서의 개체군 성장을 설명하는 데에는 어려움이 많아 어디까지나 단순화된 기본형으로 생각해야 할 것이다.

5. 생명표와 개체군 파라메터

개체군 밀도 변동양식을 분석할 때 인구학에서 개발된 생명표를 이용하는 것이 효과적이다. 생명표(Life table, 生命表)는 원래 인간의 생명보험사업에서 기대수명을 추정하기 위하여 발전되었는데 곤충의 생명표에는 산란 수 또는 기대 산란수(우화암컷의 개체 수, 암컷당의 장란 수)에서 출발하여 영기 또는 발육단계의 진행에 따라 일어나는 개체수의 감소를 원인 별로 나타낸다.

생명표에는 시간별 생명표(Time specific life table, 時間別 生命表)와 영별 생명표(Age specific life table, 令別 生命表)가 있으며 전자는 시간단위로 개체군의 연령분포를 바탕으로 한 생명표로 개체군의 크기가 일정(출생률과 사망률이 같아 증식율이 1인 경우)하고 안정연령분포(Stable age distribution, 安定年令分布)(제한 조건이 없는 환경하에서 일정한 출생률과 사망률을 유지하면서 지수함수적으로 증가하는 개체군의 연령 분포)를 가진 개체군을 전제로 하고 있어 사람이나 포유류 같은 것에서 적용된다. 후자는 동시출생군(Cohort)의 사망과정을 추정하여 작성하는 것으로 곤충에서와 같이 각 세대가 불연속적이고 각각의 발육단계도 별로 겹쳐지지 않은 발육과정을 밟는 것에 적용된다.

곤충류의 생명표는 다음과 같은 것을 내용으로 하고 있다.

- x(시간) : 적당한 시간 단위로 구분된 연령군으로 발육단계나 영기를 이용하나 알, 월동 전 유충, 월동 후 유충, 번데기, 성충 등과 같은 생활사 과정에서 나타나는 특별한 생육 단계로 표시할 수도 있다. Hughe와 Gilbert(1968)는 양배추가루진딧물의 개체군 변동연구에 생리적 시간을 이용한 바 있는데 이것은 한 발육단계를 완료하는데 필요한 발육하한온도 이상의 온도량(일도, 유효적산온도)를 이용한 것으로 그 후 많은 학자들이 이용하고 있다.
- l_x(연령초의 생존 수) : 각 연령군(발육단계)의 최초의 개세 수를 실수로 표현하는 것이 보통이나 최초 출채율을 1000으로 하고 각 연령군의 생존 수를 최초개체수로 환산하여 표기하기도 한다.
- dx(영기내 사망 수) : 연령군 x에서의 사망 개체 수, 사망 요인별로 조사 한다
- S_x : 연령군 x에서의 생존율
- $100qx$(사망률) : 연령군 x에서의 사망률 즉 $dx/l_x \times 100$
- dxF(사망요인) : 사망요인을 각 연령군 별로 조사 한다

표 2-4는 수원지역의 3개소에서 4년간에 걸쳐 솔나방 야외 개체군을 조사한 것 중 칠보산에서의 1964년 세대 솔나방의 생명표의 예이다(현 1968).

〈표 2-4〉 1964년 세대 솔나방 생명표 (칠보산) (현 1968)

연령군 (x)	생존수 (1x)	치사요인 (d_xF)	치사수 (d_x)	치사율 ($100q_x$)	생존율 (S_x)
알	203.69	기생	39.801	19.54	
		기타	6.701	3.29	
		계	**46.502**	**22.83**	77.17
부화 유충	157.19	기생	0	0	
		기상요인 및 분산	154.99	98.60	
		계	**154.99**	**98.60**	1.40
월동 유충	2.20	기생	0	0	
		기상요인 및 기타	1.153	52.43	
		계	**1.153**	**52.43**	47.57
월동 후 유충	8.15	이입	7.10	-	
		기생	0.265	3.25	
		기상요인 및 기타	5.365	65.83	
		계	**5.630**	**69.08**	30.92
용	2.52	기생	0.488	19.35	
		기상요인 및 기타	0.3954	15.65	
		계	**0.883**	**35.04**	64.96
성충	1.64				
(성비 0.57)					
암컷 2	1.87	생식력 감소	0.32	17.24	81.28
정상암컷 2	1.55				
세대				99.38	0.62
기대난	369.68	성충분산	209.478		
실측난	220.85		148.73		

개체군동향지수 : 기대치 175.38 실측치 108.48.

생명표를 이용한 개체군 밀도 변동조사에서 중요한 것은 밀도는 공통된 단위로 표현되어야 하며 야외개체군의 경우에 있어서는 표본조사의 정도(精度)가 높아야 한다는 것이다.

표 중의 밀도는 조사지를 지형이나 임상의 특성에 따라 10개 조사구로 구분하고 각 조사구에서 임의로 소나무 10본을 택한 다음 상층과 하층 동서남북 4개 방향의 가지를 택하여 개체 수를 조사한 것이다. 미리 조사한 결과 표본오차는 20% 내외로 임업해충의 개체군 동태연구에는 무리가 없는 오차범위였다. 밀도는 송지면적(松枝面積)(소나무 가지에서 잎이 있는 최초의 작은 가지가 생긴 곳의 직경과 그 이원의 송지 길이로 계산한 값) 1000cm^{2}당의 개체수로 하였다. 표에서 기생 수는 조사시 채집한 개체들을 실내에서 시육하면서 기생곤충과 미생물기생수를 조사한 것이며 부화유충밀도는 8월 중에 조사한 난수에서 기생된 것과 미부화한 것을 제외한 추정치이고 월동유충은 9월 중의 밀도이고 월동 후 유충은 5월 중의 밀도이며 성충밀도는 용밀도에서 우화에 성공한 성충밀도이다. 성비는 용밀도 조사시 성비를 조사하였고 정상 암컷이란 유충밀도가 높은 곳의 번데기는 무게가 감소하고 따라서 암컷의 산란 수가 감소하는 고로 이를 참작하여 정상적 암컷으로 환산한 것이다. 성충분산 수는 기대난수와 실측난수로 추정한 것인데 이것은 유충기의 밀도와 상당히 깊은 관계가 있는 것으로 보였다. 즉 같은 해에도 피해가 적었던 광교산이나 지지대의 경우 분산 수는 36.39와 34.67로 칠보산의 148.73에 비하여 적으며 같은 칠보산에서도 밀도가 낮았던 1965~1966년 세대에서는 성충분산 수는 65.16으로 크게 적었다.

한편 솔잎혹파리와 같이 서식처가 수상(월동 전)과 지중(월동 중)인 경우에는 각각의 서식처에 따라 생명표를 따로 만들고 수상과 지중의 개체군 밀도간의 관계를 이용하여 하나의 생명표로 이용할 수도 있겠다(박과 현 1977). 그런데 솔잎혹파리의 경우 수상에서의 치사율은 극히 안정되어 있는데 반하여 지중의 유충기 특히 땅속의 전용기의 치사율이 높을 뿐 아니라 변이도 크기 때문에 사실상 밀도 변동은 이 시기의 치사요인이 문제가 된다(후술 표 4-3). 실제로 생명표를 만들려면 발육단계별로 초기 개체 수가 추정되고 사망개체수가 치사요인 별로 조사되고 암컷당의 산란 수, 성비, 이입과 이출개체수가 추정되어야 하는데 이런 것들은 종에 따라 다를 뿐 아니라 환경조건에 따라서도 차이가 있어 그들의 조사에는 여러 가지 문제가 많이 있겠다.

연령과 생존 수의 관계를 나타낸 것이 생존곡선이다. 생존곡선에는 일정한 수명을 다한 후에 사망하는 I형(예 실험조건하의 곤충류), 연령의 진행에 따라 균일한 사망 수를 갖는 II형(이소후의 새) 그리고 초기 사망률이 극히 높고 일정 연령에 달하면 사망 수가 적은 III형 등이 있는데 곤충류의 경우에는 특정 발육단계에 사망률이 높아 생존곡선이 계단모양을 나타내는 수가 많다(Ito 1961).

생존곡선형은 같은 종 개체군에서도 장소나 시기에 따라 차이가 있을 수 있다. 이것은 사망요인의 종류나 강도가 장소나 시기에 따라 차이가 있기 때문이다. 고로 여러 장소나 여러 해에 걸친 생명표를 만들어 서로 비교하는 것은 개체군 밀도에 미치는 각 요인의 영향을 평가하는데 대단히 중요한 일이다. 그리고 해충학적 입장에서는 방제에 의하여 I형이나 II형 생존곡선을 가진 것을 III형으로 변화시키는 것도 의미가 있는 일이라 하겠다. 이것은 해충의 섭식량이 큰 것은 노령유충인 고로 그의 밀도 감소는 피해를 크게 감소시킬 수 있는 것이 되기 때문이다.

한편 앞서의 개체군 증가식에서 내적자연증가율(Intrinsic rate of natural increase, 內的自然增加率) r은 다음과 같이 생명표의 값을 이용하여 추정한다.

$$\sum_{X=O} e^{-rx} 1_x m_x = 1$$

여기서 1_x는 x령까지 살아남은 암컷의 생존율이고, m_x는 x령에서 한 마리의 암컷이 낳는 암컷수이다.

r의 계산을 위하여 먼저 순증가율(Net Reproductive rate, R_o, 純增加率)을 알아야 한다. 순증가율이란 암컷 한 마리가 죽을 때까지 낳는 평균 암컷수로

$$R_o = \sum_{X=o} 1_x m_x$$

로 표현되겠다. 여기서 m_x의 계산에는 수컷은 포함되지 않는 고로 성비가 1:1인 경우에는 낳은 알 수의 반을 암컷의 수로 한다.

평균세대기간 T는 새끼를 낳았을 때의 어미의 평균연령으로 그것은

$$T = \frac{\sum_{X=O} x 1_x m_x}{R_o}$$

로 구할 수 있겠다. 따라서 r의 값은

$$r = \frac{1_n R_o}{T}$$

로 추정할 수 있겠다.

이 식에서 순증식율 R_0가 크면 클수록 또 평균세대수 T가 짧으면 짧을수록 r의 값은 커질 것을 짐작할 수 있겠다. 또 산란 수를 증가시키는 것보다 번식연령을 앞당기는 것이 r을 크게 하는 데에는 더욱 효과적임도 알 수 있다.

내적자연증가율은 종에 고유한 것이나 종 내의 다형현상이나 계통에 따라 같은 종 내에서도 r의 값은 변화 할 수 있다. 또 r은 단위시간당의 산자(난)율이나 발육속도에 따라 결정되는 고로 변온동물인 곤충류에서는 당연히 온도에 따라 변화하겠다. 표 2-5는 몇 가지 곤충류의 내적자연증가율이다.

〈표 2-5〉 몇 가지 곤충류의 내적자연증가율 (r) (1일 증가율) (Shiga 1970)

종 명	순번식율 R_0	1세대 평균일수 T	내적 자연증가율 r	e^r	문 헌
복숭아혹진딧물 *Myzus persicae*	69.75	9.8	0.433	1.542	Barlow, 1962
감자수염진딧물 *Macrosiphum euphorbiae*	24.43	14.7	0.217	1.242	Barlow, 1962
알파알파진딧물 *Therioaphis maculata*	111.9	14.5	0.325	1.384	Messenger, 1964
거짓쌀도둑 *Tribolium castaneum*	275.0	80.0	0.101	1.106	Leslie and Park, 1949
어리쌀바구미 *Sitophilus zeamai*	113.6	58.1	0.109	1.115	Birch, 1948
이 *Pediculus humanus*	30.9	30.9	0.111	1.117	Evans and Smith, 1952

R_0는 한 세대에 몇 배로 증가하는가 이고 e^r는 하루에 몇 배가 되는 가를 말함.

표에서 보는 바와 같이 진딧물류와 같이 발육이 빠르고 평균 세대기간이 짧은 곤충류에서는 r의 값이 크다는 것을 알 수 있다.

생물의 개체군 증가 양상은 그 종의 고유한 내적증가율과 서식처의 수용능력 간의 관계에 의하여 달라진다고 할 수 있겠다. MacArther와 Wilson(1967)은 외딴 섬과 같이 폐쇄된 환경에서는 처음 침입한 생물의 개체군 밀도가 환경의 수용력에 비하여 낮은 경우에는 내적증가율이 큰 종들이 유리하나 여러 가지 경쟁자가 있고 자신의 밀도가 높은 경우에는 내적증가율이 큰 것 보다는 한정된 자원을 보다 효율적으로 이용할 수 있어 적지만 확실한 자손을 남길 수 있는 종이 유리하다고 하고 이것을 개체군 증가식과 관련 *r* 선택적 종과 *K* 선택적 종으로 구별한 바 있다. 이것은 외딴섬에서의 정착 종에 대하여 제기된 것이나 개체군의 일반적 동태에도 중요한 의미를 갖고 있다고 하겠다.

Pianka(1970)는 이 *r-K* 선택이론을 확대하여 기후조건의 급격한 변화와 같은 파멸적 사망이 일어나는 환경에서는 *r*-선택의 결과 발육이 빠르고 번식력이 크며 알의 크기는 작지만 산란 수는 큰 특성이 진화하나 기후조건이 안정되어 있거나 환경조건이 규칙적으로 변화하여 예측이 가능한 조건에서는 개체군은 포화상태가 되어 *K*-선택을 받게 되어 천천히 발육하며 큰 알을 적게 낳는 특성을 가진 종이 유리하다고 하고 *r*-선택과 *K*-선택 진화 전략의 특성을 표 2-6과 같이 정리하였다.

〈표 2-6〉 *r*-선택과 *K*-선택과 관련된 생물학적 특성 (Pianka 1978)

	r-선택	*K*-선택
기후	변화가 심하거나 또는(그와 동시에) 불규칙적으로 변화	안정 또는(그와 동시에)규칙적으로 변화
사망률	파멸적인 수가 많음, 밀도 의존적이 아님	밀도 의존적이다
생존곡선	대부분이 III형	I 형과 II 형이 많음
개체수	변화가 심하여 평형상태가 적고 보통 환경의 수용능력보다 낮은 수준이며 미표화군집 또는 그런 상태의 경우가 많음 따라서 생태학적 공백이 많으며 매년 다시 침입함	안정적인 평형상태로 환경수용력의 한계에 가까운 고밀도상태, 포화상태이며 재침입은 필요치 않음
종내, 종간경쟁	변이가 있으나 심하지는 않다	심한 것이 보통이다
진화방향	1. 빠른 발육 2. 높은 최고내적자연증가율 3. 초기 생식 4. 몸 크기 작음 5. 한번에 모두 산란 6. 작은 자식을 많이 낳음	1. 느린 발육 2. 경쟁력이 크다 3. 늦게 번식 4. 몸 크기 크다 5. 여러 번 생식 6.큰 자식을 적게 낳음
수명	짧으며 보통 1년 이하	길고 1년 이상이 많다
결과	생산력	효율
천이단계	초기단계	후기단계, 극상

r-선택적 진화를 하는 대표적 생물이 곤충류이며 *K*-선택적 진화를 하는 대표적 생물은 척추동물들이다. Southwood 등(1974)은 *r*-전략적 생물과 *K*-전략적 생물 개체군의 증가곡선을 비교하고 *r*-전략적 생물은 일반적으로 불안정한 서식처(예; 일시적 서식처)에서 생활하는 생물에서 흔하며 큰 증식력 때문에 평형밀도 수준을 넘는 일이 흔하다고 하였는데 *r*종은 생식처가 번식에 유리한 상태로 지속되는 시간이 그 곤충의 세대기간에 비하여 긴 곳에서 생활하는 종들로 세대기간이 짧고 몸의 크기가 작으며 산란능력이 크고 분산력이 큰 것이 특징이다. 농경지와 같이 교란이 심한 일시적인 환경에서 발생하는 해충류에서는 흔한 현상이다. 그러나 *r-K* 선택을 바탕으로 한 생물들의 이와 같은 유형화로는 설명 할 수 없는 현상도 있다. 종간의 비교에서는 분산력과 산란능력간에는 (+)의 상관이 있으나 날개 다형과 같은 종 내의 이동형과 비이동형을 보면 이동형이 산란 수가 적은 것이 보통이다. 또 종간 비교에서도 이동력이 큰 종이 정착 종 보다 몸의 크기가 큰 경향이 있는 것도 알려지고 있어 이런 사실들은 *r-K* 선택 이론과는 맞지 않는다.

r-K 선택설은 그 후의 해충생태학에 상당한 영향을 미쳤으나 문제는 이것을 자연선택 양식의 문제로 보느냐 아니면 종이 갖는 적응전략의 문제로 보느냐에 따라 견해에 차이가 있을 수 있겠다. 즉 r은 조건에 따라 변화할 수 있고 *K*는 생명표의 지수로써는 측정할 수 없다. 따라서 이 문제는 어떤 조건에서는 어떤 생활사 전략이 보다 유리할까를 밝히는 것이 중요하다고 하겠다.

6. 개체군 밀도변동 주 요인

곤충의 발생량은 종, 계절, 년도, 장소 등에 따라 차이가 크며 이런 변동의 실체와 그에 관여하는 요인을 밝히는 것이 개체군 동태학의 중요한 과제의 하나이다.

곤충의 개체군 밀도 변동에 관련된 요인은 기상요인 등과 같은 무생물적 요인과 먹이나 천적, 종내경쟁이나 종간경쟁 등과 같은 생물적 요인으로 크게 나뉘며 개체군의 밀도와 관련하여서는 밀도 의존적요인(Density-dependant factor, 密度依存的要因)과 밀도 독립적요인(Density independant factor, 密度 獨立的要因)으로 나누는데 생물적 요인은 밀도의존적인 경우가 많고 무생물적 요인은 밀도 독립적으로 작용하는 수가 많으나 토양의 물리 화학적 요인이 숙주식물을 통하여 곤충의 개체군 밀도에 영향을 미치는 경우 등에서는 그 구별은 명백하지 않다.

물리적 요인과 생물적 요인의 어느 것이 보다 중요한 것이냐를 놓고 1950~1960년간에 곤충학자들 간에 많은 논쟁이 있었다. 이 논쟁은 다른 면에서는 곤충개체군이 밀도 의존적 조절기구에 의하여 안정적(평균적) 밀도를 중심으로 조절되느냐 그렇지 않느냐의 논쟁이기도 하였다. 생물적 요인을 중시하는 Nicholson(1954)을 비롯한 여러 생물학파 학자들은 밀도 의존적 조절 없이는 개체군은 영속할 수 없다고 주장 하였는데 생물적 방제학자들도 천적으로 해충개체군을 억제할 수 있다는 입장을 취하였다. 한편 물리적 요인을 중요하게 생각하는 학자들은 곤충류와 같은 작은 동물들의 개체군은 기상요인으로 직접 또는 숙주식물을 통하여 영향을 받는다고 주장한다(Andrewatha나 Birch 1954, 기타의 기후학파). 이런 논쟁은 Milne(1962)의 포괄설로 일단 결말을 보게 되나 그 후에도 야외 곤충개체군에 밀도 의존적 조절기구가 실제로 작용하고 있는지 또는 그 작용이 엄밀한 의미에서 밀도 의존적인지 등과 관련 논쟁은 이어지고 있다(Kuno 1987, Den Boer 1988, Stiling 1988).

어떤 곤충의 한 세대의 총치사율은 각 충태에서의 사망률의 총계이다. 곤충류의 사망률은 충태에 따라 변화하며 그 때 관여하는 치사요인은 여러 가지가 있다. 이런 관계는 생명표를 이용하여 추구할 수 있다. 해충의 치사에 관여하는 요인은 여러 가지가 있으나 그들의 개체군 밀도 변동에 미치는 영향력에는 차이가 있다. 여러 가지 치사요인 중 가장 중요한 요인을 변동주요인(Key factor, 變動主要因)이라고 하며 그 과정을 분석하는 것을 변동주요인 분석(Key factor analysis, 主要因 分析)이라고 한다. 변동주요인이란 밀도와 가장 밀접한 관계가 있는 치사요인을 말하며 Morris(1957)가 처음 제기한 것으로 그는 이것은 치사율이 커야하는 동시에 그의 변동 폭이 큰 것이어야 하며 해충학적인 면에서는 피해가 큰 충태와 직접관계가 있는 것이어야 한다고 하였다.

변동주요인 분석과정은 다음과 같다. i령의 개체 수를 Ni, $(i+1)$령의 개세 수를 $N(i+1)$이라고 하면 $ki = logN_i - logN_{(i+1)}$이 되겠고 이것을 통하여 한 세대를 통한 전체의 K의 값은$K = k_1 + k_2 + k_3 \cdots\cdots k_{n\text{-}1}$($n$는 최종령)가 되겠고 각 연령군 별 k의 값은 생명표의 자료를 이용하여 구하게 되며 k_i의 값에는 표본오차가 포함되어 있어 그 결과의 해석에는 이 점이 고려되어야 하겠다.

여기서 k와 K의 값을 세대나 연차 또는 지역별 개체군에 대하여 따로따로 그래프를 그리거나(Varley와 Gradwell 1960) 또는 K에 대한 k의 회귀계수의 크기를 비교(Podolar와 Roger 1975)하여 변동요인을 비교할 수 있겠다. 그리고 영별 생존율을 이용하여 다음 세대에 달하는 개체군의 변동경향지수(Trend index, I)를 이용한 요인분석을 할 수도 있다(Morris 등 1963). 즉

$$I = \frac{N_{t+1}}{N_t} = S_E,\ S_1,\ S_2 \cdots\cdots S_p,\ S_{Sex},\ F$$

로 표현할 수 있다.

이 때의 $S_E, S_1, S_2 \cdots\cdots S_P, S_{Sex}$ 등은 알, 1령, 2령 …… 번데기의 생존율과 성비 그리고 F는 암컷 한 마리의 산란 수를 말한다. 이 식을 대수로 전환하면 우변의 각 생존율은 대수합이 되는 고로 그래프법으로 $\log I$에 대한 각 $\log S$의 변동을 비교하여 요인의 중요도를 비교할 수 있겠다.

Stiling(1988)은 야외 곤충개체군에 관한 1969년부터 1987년까지의 개체군 동태학적 연구결과를 정리한 바 있으며 그 결과를 보면 표 2-7과 같다.

〈표 2-7〉 야외 곤충 개체군의 밀도변동 주요인 (Stiling 1988)

	치사요인					작용충태			
	천적	먹이의 질, 량	이동 분산	산란수 감소	기후 밀도비의존	알	유충 번데기	성충	
밀도의존성 예	13	5	8	6	23	3	14	16	55
%	23.6	9.0	14.5	10.9	41.8	9.1	42.4	48.5	
변동주요인 예	20	5	12	12	6	10	30	22	55
%	36.4	9.1	21.8	21.8	10.9	16.7	48.4	35.5	

밀도변동에 영향을 미치는 요인은 다양하며 기후적 요인 등과 같은 밀도비의존성요인이 전체 55예 중 23예로 41.8%를 차지하고 있고 다음이 포식자나 기생자 등의 천적에 의한 것이 13예로 23.6%를 차지하고 있으며 그들의 작용충태는 대부분이 성충기(48.5%)와 유충 또는 번데기시기로 42.4%이다. 먹이의 질이나 량은 산란수와 밀접한 관계가 있으며 이동과도 관계가 있다. 예를 들면 솔나방의 경우 용중(蛹重)과 포란 수(抱卵數)간에는 $y=87.951x+357.49$의 관계가 있는데 용중은 피해의 정도와 밀접한 관계가 있고 피해가 심한 곳에서 자란 이 해충의 용중은 작고 그에서 우화한 성충은 분산성이 높다고 한다(현 1968).

개체군 밀도변동에 미치는 주요인으로는 55예 중 천적류가 20예로 36.4%를 차지하였고 이동분산과 산란 수 감소가 21.8%로 다음으로 중요한데 이것은 위와 같은 관계를 감안할 때 먹이의 질이나 양과 관련되어 있다고 하겠다. 이것은 작용충태에서 알과 유충 또는 번데기 시기가 전체적으로 65.1%로 대부분을 차지하고 있는 것과 관련이 있다.

밀도변동의 주요인에 관한 정보는 개체군 밀도변동을 예측하는데 이용할 수 있다. 자연상태하에서의 개체군 밀도는 여러 가지 조건의 영향을 받게 되나 그들의 영향 정도에는 차가 있다.

표 2-8은 솔나방의 연령군별 치사율 분산의 전체분산에서 차지하는 비율이다.

〈표 2-8〉 솔나방의 연령군별 치사율 분산의 전체분산에 대한 비율 (현 1963)

	평균치사율	분산	전분산에 대한 %
알	26.94	7.80	18.82
부화유충	68.30	40.24	97.13
월동유충	2.65	4.02	9.71
월동 후 유충	1.92	0.85	2.04
번데기	0.88	0.81	1.96
총치사율	99.35	4.29	

이것은 1964년과 1965년 세대 솔나방을 수원근교 3개 지역에서 조사하여 얻은 결과를 정리한 것이다. 표에서 보는 바와 같이 부화유충의 치사율 변이는 전분산에 대하여 97.13%로 가장 커서 전체 치사율의 지역이나 연차적 변이의 대부분을 차지하고 있어 어떤 세대의 전체 치사율이 이 생육단계의 치사율에 의하여 거의 결정됨을 뜻하고 있다.

한편 부화유충의 치사율(8월의 난밀도에 대한 9월의 유충밀도 %)은 8월 중의 강우량 특히 강우강도(일당 강우량)와 밀접한 관계가 있어 그간의 관계는 $y = 28.6398 - 1.0128x(r = -0.91)$이며 이것은 부화유충의 분산행동과 깊은 관계가 있으며 이것은 실내에서 인공강우(관수량)로도 증명이 되었다(현 1968).

또 이와 같은 관계는 각 충태밀도와 번데기 밀도간의 상관관계로도 알 수 있다. 즉 각 충태밀도와 번데기 밀도간의 상관계수 *r*을 보면 알, +0.038, 부화유충, +0.28, 월동유충(10월) 0.44 그리고 월동 후 유충(5월) 0.81로 상관관계가 부화유충에서 가장 낮고 월동유충에서 가장 높아 월동 후 유충밀도는 비교적 안정되어 있음을 알 수 있다.

이 해충의 전체 피해량은 90% 이상이 월동 후 특히 7월의 노숙유충(7~8령충)에 의하여 일어나는 고로 월동 전 유충밀도에 의한 월동 후 유충밀도의 예측은 방제대책 수립에 극히 중요하다. 월동 전인 9월 중의 밀도와 다음해 5월 중의 밀도간 관계를 보면 상관계수가 +0.75이고 전년도 10월 중의 밀도와 5월의 그것과의 상관계수는 +0.98로 대단히 높아 10월 중의 밀도 조사로 다음해의 피해유충밀도를 거의 확실하게 예측할 수 있음을 알 수 있겠다. 이런 결과를 토대로 1969년부터 솔나방 발생량 예측을 위한 전국적인 솔나방 밀도를 10월에 조사하고 그 밀도가 송지면적(솔잎이 있는 첫째 작은 가지의 분 지점 직경 송지길이) 1000cm^{2}당 4 이상이면 심, 2 내외면 중, 2 이하이면 경으로 규정하고 그에 대응한 방제수단을 강구하게 되었다.

해충 개체군 밀도변동 주요인에 관한 정보는 개체군의 시간적 변동을 예측하는데 유용할 뿐 아니라 방제수단이나 시기 등의 선택에도 중요한 정보가 된다. 예를 들면 Kuno(1968)는 야외 벼멸구 개체군의 밀도 동태를 조사하여 비래세대 이후의 내적자연증가율(대수치) *r*를 각 세대에 대하여 추정하여 1세대 1.722, 2세대 0.873, 3세대 0.567이라고 하고 실제 피해가 나타나는 것은 9월 이후이나 그 근원은 7월 중의 제1세대와 제2세대에 있다고 하고 초기방제의 중요성을 지적하였으며 이와 현(1987)은 이런 증식력의 차가 벼의 생육단계에 따르는 벼 체내의 동화물질 이동특성과 관계가 깊다고 하였다. 배와 현(1987)은 이와 같은 벼멸구의 개체군 밀도증식 특성을 감안하여 침투성 살충제의 이앙 전 토중처리에 의한 보험적 방제를 중심으로 한 방제체계를 제기한 바 있다. 또 이와 현(1980)은 애멸구가 매개하는 줄무늬잎마름병의 문제는 월동 후 제1세대와 본답 침입 제1세대(즉 제2세대)가 중요함을 감안하여 본답증식세대에 한 세대 앞선 맥전에서의 침투성 살충제에 의한 방제를 제기한 바 있다. 그리고 주요인이 천적류 등과 같이 인위적으로 조절이 가능한 것일 때는 그의 활동을 강화하는 수단을 강구할 수 있겠으며 주요인이 기상요인과 같이 인위적으로 조절할 수 없을 경우에는 전기 솔나방의 경우와 같이 밀도에 따라 살충제를 선택적으로 이용하는 방법을 택할 수도 있겠다.

개체군 밀도 변동동태 분석에 있어서 생명표의 이용은 중요한 수법의 하나임은 틀림없으나 이것은 같은 개체군을 대상으로 장기간 여러 가지 조건(예; 지역 또는 다른 조건)하에서 이루어져야 하는 고로 연구에 많은 시간과 노력이 필요하다. 또 환경조건이 변하면 한 조건에서 추출된 밀도변동주요인이 변하는 수도 있겠다. 예를 들면 전기 솔나방의 경우 과거에는 전년도 강우강도가 주요인이었으나 현재 솔나방의 발생량 감소는 강우에 의한 것이라기보다는 임상의 변화가 주원인으로 생각된다. 그리고 이런 접근은 개체군을 구성하고 있는 개체들이 유전적으로 동일한 것임을 전제로 하고 있는데 이것은 수학적 처리의 간편성 때문에 어쩔 수 없는 것이겠으나 실제로는 생존이나 증식과 관련된 생물학적 형질 발현이 표현형이나 유전자형의 특성에 따라 변이가 있는 것이 보통이다. 예를 들면 일본에 비래하는 벼멸구는 비래 후 장시형 발현성이 유전적으로 차가 있는 계통으로 되어 있어 어떤 계통은 밀도가 높아져도 장시형이 좀처럼 생기지 않으나 어떤 계통은 장시형이 곧 생기는 것이 알려지고 있다. 따라서 전자의 경우는 단시형이 쉽게 생겨 비래 후 시간의 경과와 더불어 지수함수적인 개체 수 증가를 하여 가을에 큰 피해를 줄 것이다. 그러나 후자의 계통에서는 비래 후의 제1세대에서 밀도가 낮을 때도 장시형을 낳아 이동하게 되어 개체군 밀도의 증가는 전자에서와는 다를 것이다. 이 때문에 비래세대의 단순한 평균밀도 만으로 그 후의 발생량 예측은 문제가 있을 수 있겠다(Sawada 1996).

그림 2-7은 일본 Saga현 식물병해충 방제소에서 조사한 1985년도와 1986년도의 벼멸구 발생밀도 변동 상황이다.

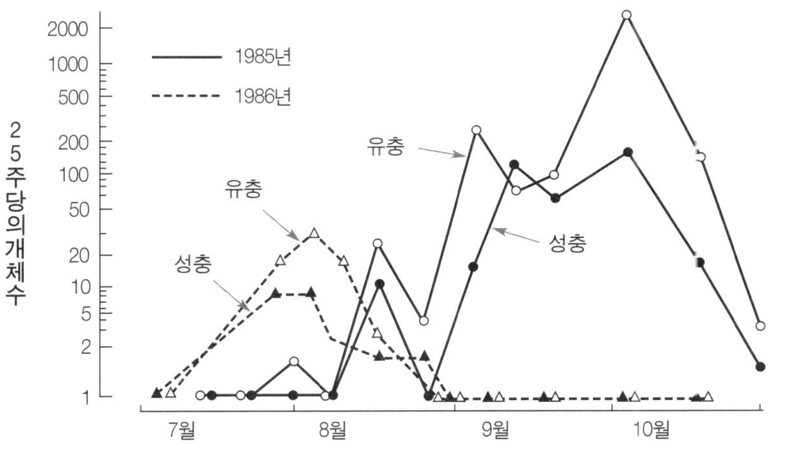

〈그림 2-7〉 1985년도와 1986년도의 벼멸구 가체군밀도 변동 (Saga현) (Tɔjo 1988).

그림에서 보는 바와 같이 1985년도에는 초기 비래량이 1986년도에 비하면 극히 낮아 8월 초순까지 성충이나 유충을 거의 발견할 수 없었다. 그러나 2개월 후인 10월에는 200배에 달하여 집중고사 현상을 일으켰다. 그런데 1986년에는 상당의 많은 양의 비래가 계속되어 8월 중순에는 대 발생이 예측되었으나 예상과는 달리 무방제 논에서도 8월말 이후 벼멸구 밀도가 크게 감소하였다.

이와 같은 발생량의 차이가 생긴 원인으로는 물론 기상요인이 생각될 수 있으나 그것만으로는 설명이 어려울 듯하다. 그들을 채집하였을 때 1986년도 개체군은 흑색도가 비교적 강한 장시 형 발현성 또는 준장시형 발현성의 개체들이었다고 한다. 따라서 이런 개체군이 1986년도에 비래하였다면 다음 세대에도 상당히 높은 비율의 장시형이 생겨 이동하였을 것을 생각할 수 있어 이것이 1986년도 밀도 동태와 관계가 있었을 수 있겠다(Tojo 1988).

그림 2-8은 인도네시아, 필리핀, 말레이시아에서 채집한 벼멸구 개체군의 사육밀도가 단시형 출현율에 미치는 영향이다.

〈그림 2-8〉 동남아시아 3개국에서 채집한 4개 개체군 벼멸구의 단시형 출현율에 미치는 밀도의 영향 (Iwanaga 등 1987).

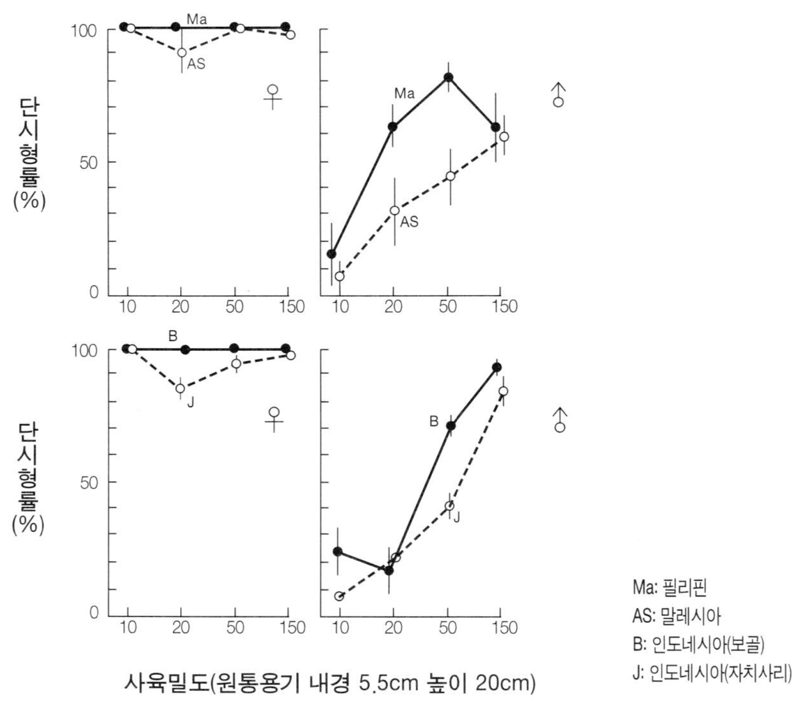

모든 개체군에서 단시형이 출현하는 것은 주로 암컷이며 수컷은 밀도가 높아질수록 단시형 출현율이 높아지나 그 양상은 지역 개체군에 따라 차이가 있다.

Tojo 등(1988)은 일본에서 벼멸구 개체군의 날개형-밀도관계를 광범위하게 조사하고 동남아시아와 같이 벼멸구의 연중 발생지에서는 단시형 발현성이 강한 군이 주가 되게 되며 여기서 멀리 떨어짐에 따라 장시형 발현성이 강한 군의 비율이 높아진다고 하고 동남아시아와 같이 연중 발생하는 지역에서는 장시형 발현성이 강한 군일수록 다른 지역으로 이동할 가능성이 높으며 그들이 제자리로 돌아오지 못하면 단시형 발현성의 군이 점점 우세하여 질 것으로 생각되어 이동한 곳에서는 연중 발생지에 비하면 장시형 발현성이 강한 군의 비율이 증대하게 될 것이라고 하였다.

벼멸구와 같이 장거리 이동을 하는 해충류에서는 비래원이 다른 개체들이 섞여 있어 행동, 생리, 형태 등과 같은 개체의 특성을 생존이나 증식 과정에 관련시킨 행동생태학적 접근이 필요하다 하겠다. 그리고 해충의 종합적 관리라는 입장에서 볼 때 단순히 표적이 되는 해충의 생태뿐 아니라 같은 자원을 이용하는 경쟁종이나 천적류를 포함한 군집구조나 동태와 같은 군집생태학적 측견 또한 중요하다 하겠다.

제3장 개체군 밀도변동에 미치는 외적요인

1. 천적류

해충류는 척추동물, 병원미생물, 거미류 그리고 여러 가지 다른 곤충류의 공격을 받는다. 여기서는 해충의 포식성 곤충류와 기생성 포식 곤충류를 중심으로 설명하려 한다.

Starý와 Rejmánek(1981)가 구북구의 진딧물류에서 기생포식성 곤충류(벌류)를 조사한 것을 보면 종당 기생벌 종수는 많은 것은 20종이었으나 대브분은 1~2종이었고 3종 이상인 경우는 극히 적었다. 그러나 영국의 혹벌류나 가느나방에 대한 기생벌류를 보면 종당 기생벌 종수는 6~15종으로 진딧물의 경우와는 상당한 차이가 있다. 이와 같이 해충류에는 종류에 따라 천적의 종수에 차이가 있다.

먹이동물과 포식자간의 상호작용계(Prey-predator interaction)에 관하여 Lotka-Volterra(1926)는 다음과 같은 모델을 제기한 바 있다.

$$\frac{dN_1}{dt} = r_1N_1 - P_1N_1N_2$$
$$\frac{dN_2}{dt} = P_2N_1N_2 - d_2N_2$$

여기서 N_1, N_2는 먹이동물과 포식자의 개체 수, r_1은 먹이동물의 증식율, d_2는 포식자의 자연 사망률, P_1과 P_2는 각각 피식자가 포식을 피하고 또 포식자가 먹이를 잡아먹는 효율에 관한 지수이다. 이것은 포식자와 피포식자의 개체 수가 그림 2-9와 같은 시차를 갖고 주기적 변동을 일으키는 안정된 상호진동을 예측하게 한다.

〈그림 2-9〉 먹이(N_1)와 포식자(N_2)간 관계의 Lotka-Volterra 모델(1926).

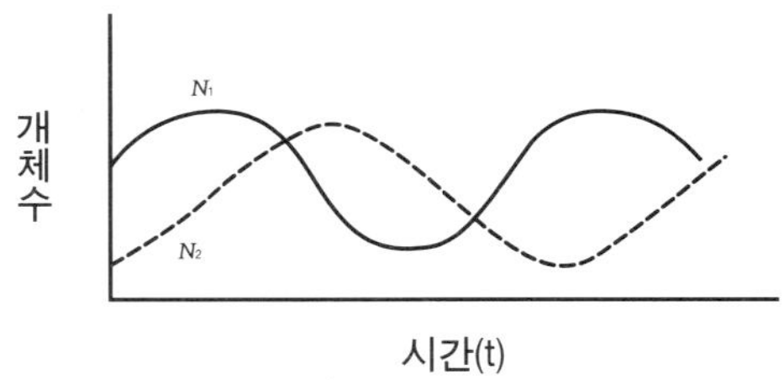

이런 이론식은 천적이 해충개체군을 억제 할 수 있을 가능성을 보여주고 있으며 실제로 외지에서 도입한 천적으로 해충의 생물학적 방제에 성공한 예에서는 표적해충밀도를 오래 동안 극히 낮은 밀도로 억제하고 있는 예도 많아 야외에서도 피식자-포식자가 효과적으로 작용하고 있음을 짐작할 수 있다.

이것은 전기 Stiling(1988)이 종합한 예에서 보는 바와 같이 야외 해충개체군의 밀도변동주요인으로 천적류가 중요한 경우가 상당히 있다는 것에서도 짐작할 수 있다. 그런데 같은 해충에 대하여도 지역에 따라 밀도변동주요인이 달라지는 경우가 있다. Varley 등(1973)은영국에서 *Quercus robur* 등 참나무류의 해충인 겨울물결자나방(*Operophtera brumata*)에 관한 개체군 동태학적 연구로 이 해충의 밀도는 월동 중인 번데기 시기의 치사율이 중요하며 이때의 치사요인은 주로 뒤

쥐이고 그 밖에 딱정벌레류가 작용한다고 하고 유충기생파리인 *Cyzenis albicans* 기생파리는 분포는 하나 별로 영향이 없다고 하였는데 이 해충이 침입한 캐나다에서는 이 기생파리의 도입으로 방제에 성공하고 있다(Embree 1971). 이와 같은 관계는 여러 가지 해충류에서 나타나는 현상으로 천적류의 영향은 지역이나 개체군에 따라 영향력에 차이가 있으며 천적류에는 미생물류에서부터 척추동물에 이르기까지 다양하여 그들이 기능에도 차이가 있을 수 있겠다.

천적류에 의한 해충방제의 성공 예에서 천적이 해충개체군을 엄밀한 의미에서 억제하고 있는지 여부와는 별문제로 해충밀도를 낮은 밀도로 억제하고 있는 예는 많다. 침입해충은 침입지에서 토착의 천적류를 포함한 동물군집과의 사이에 상호작용관계의 역사가 짧아 효과적인 천적이 도입되면 실험실내에서와 같은 피식자-포식자간 상호작용계가 성립할 수 있을 가능성이 크겠다. 이것은 앞서의 겨울물결자나방의 캐나다에서의 경우가 이것을 짐작케 하고 있다. 그러나 이 나방의 원산지인 유럽에서는 천적간의 상호작용이 극히 복잡하게 엉켜있어 이 해충과 유력한 천적간의 상호작용이 엄밀한 상호작용계를 이룩하지 못하고 있는 것이 아닌가 생각된다. Kiritani와 Nakasuji(1972)는 관행방제 사과원과 조방관리사과원에서 가루깍지벌레(*Pseudococcus comstocki*)의 천적 가루깍지깡충좀벌(*Pseudaphycus malinus*)을 10,000마리/10a를 방사하였을 때 기생률이 관행관리구에서는 68.8%였고 조방관리구에서는 12.9%로 관행관리구에서 기생률이 높았으나 토착기생봉의 기생률은 2.8%와 72.9%로 반대로 조방관리구에서 극히 높았는데 총체적 결과인 피해과율은 32.3%와 18.7%로 조방관리구에서 낮았다고 하여 위와 같은 추론을 뒷받침하였다.

일찍이 Elton은 "복잡한 군집일수록 그의 구성종개체군의 변동은 안정되어 있다"고 하였는데 해충-천적계의 변동에 관련된 군집생태학적 연구가 현재 많이 이루어지고 있다. *Aonidielle aurantii* 깍지벌레에 대한 *Aphytis melinus* 좀벌 등 3종의 기생벌 도입은 생물적 방제에 성공한 좋은 예가 되고 있는데 Murdoch 등(1995)은 그레이프프루트 과수원에서 이 깍지벌레와 *A. melinus* 기생봉 개체군간의 상호관계를 조사한바 그레이프프루트의 수관부 외측과 수관 내부에서의 깍지벌레 밀도를 보면 수관 내부가 수관부 외측보다 100배 이상이나 높았다고 한다. 이것은 수관 내부에는 개미가 있어 *A. melinus* 기생벌의 기생활동에 영향을 미치기 때문에 기생률이 영향을 받게 되어 기생벌의 기생률은 수관부 외측이 수관 내부보다 약 10배 높았다. 즉 수관 내부에는 개미류 때문에 깍지벌레의 피난처(Refuge)가 생긴 셈으로 이렇게 되어 높아진 개체군에서 수관부 외측으로 깍지벌레가 공급되어 기생봉의 숙주가 계속 공급되는 셈이다. 이런 방법으로 깍지벌레 개체군 밀도는 낮으나 숙주-기생자계가 오래 지속될 수 있겠다. 깍지벌레 개체군 밀도의 변동은 기생벌의 기생율이 낮은 수관 내부에서 수관부 외측보다 안정되어 있는 반면 숙주-기생벌계가 효율적으로 작용하고 있는 수관부 외측에서는 숙주개체군의 밀도 변동의 불안정 한 것이다. 그런데 개미를 제거하면 수관

〈그림 2-10〉 그레이프프루트의 과수원내의 수관부 외측(a)과 수관부 내측(b)에서의 개미류 제거 처리에 따르는 *A. aurantii* 깍지벌레 밀도변동. 화살표: 처리일, 밀도: log값 (Murdoch 등 1995).

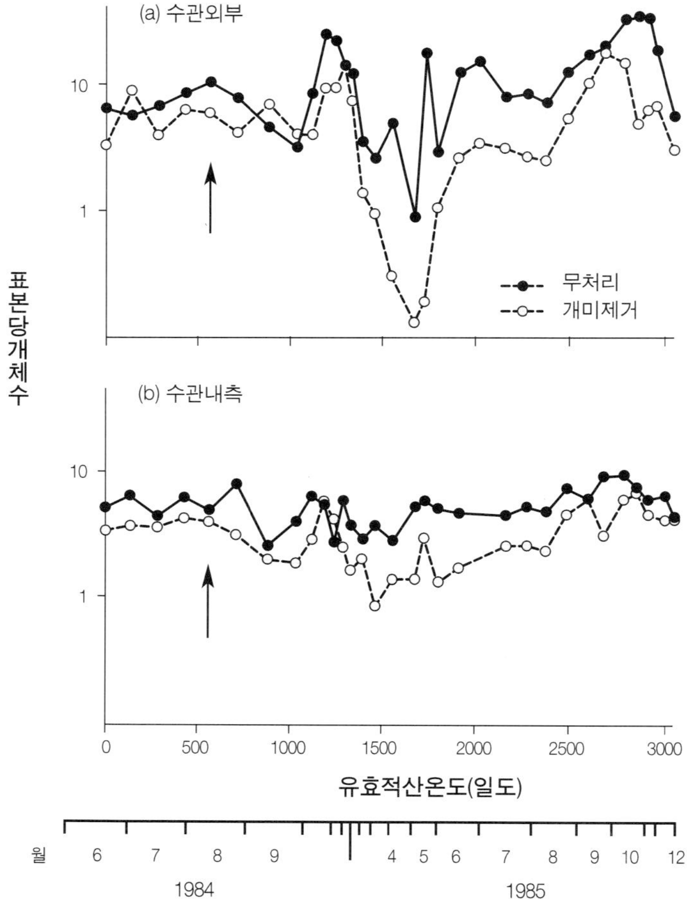

부 외측과 수관 내부 모두에서 깍지벌레의 개체군 밀도의 변동이 불안정해지는 경향이 있어 개미의 존재가 깍지벌레-기생벌계의 안정에 도움이 되고 있는 가능성을 보여주고 있다. 이런 사실은 군집구성이 2종계에서는 불안정하나 3종계에서는 안정화하는 경향이 있음을 짐작하게 한다(그림 2-10).

한편 Ohsaki와 Sato(1994)는 *Pieris* 흰나비 3종의 먹이 선택에 미치는 기생봉과 먹이의 종류 관계를 군집구조와 개체군 동태와 관련시켜 연구하였다. *Pieris* 흰나비류의 유충은 배추흰나비고치벌(*Cotesia glomerata*)과 *Epicampocera succincta* 기생파리의 기생을 받는다. 배추흰나비(*P. rapae*)는 새로 형성된 서식처에서는 두 종의 기생곤충의 기생을 피할 수 있으나 오래된 서식처에서는 두 종 기생곤충의 심한 기생을 받았다. 그런데 큰줄흰나비(*P. melete*)와 줄흰나비(*P. napi*)는 기생곤충 활동의 확률이 높은 오래된 서식처에서 서식한다고 한다. 큰줄흰나비는 고치벌의 알을 혈구의 피낭현상(Encapsulation)으로 죽여 기생을 면할 수 있으나 기생파리의 기생은 받는다. 반면에 줄흰나비는 기생곤충류의 활동이 적은 *Arebis* 장대류를 선호하여 행동적으로 기생을 피하는 경향이 있다고 하였다. 그들은 이런 연구를 통하여 이들 3종 흰나비류의 먹이식물에 대한 선호성을 기생곤충류에 대한 방어문제와 먹이식물의 질 사이의 주고 받기식 관계라고 하였다.

이상에서 보는 바와 같이 해충류와 천적간의 상호작용관계는 극히 복잡하여 피식자와 포식자간의 직접적인 관계뿐만 아니라 공존하는 다른 생물들이나 물리, 화학적 요인이 직접 간접으로 관련되어 있어 앞으로 군집생태학 나아가서는 생태계 생태학적 연구를 통한 그들간의 역동적 관계 구명이 중요하다 하겠다.

2. 물리, 화학적 환경요인

물리, 화학적 환경은 직접 또는 작물을 통하여 간접적으로 해충의 분포나 개체군의 밀도변동에 큰 영향을 미치며 기상조건의 지역적 차이는 여러 가지 생물의 분포와 밀도를 결정한다. 즉 일장, 온도, 강우 등의 계절적 변동은 그곳에 서식하는 곤충류의 생활사상의 적응에 영향을 미쳐 그들 종의 분포나 개체 수 변동에 영향을 미친다.

Andrewartha와 Birch(1954)는 호주에서 장미에 기생하는 *Thrips imagines* 총채벌레의 개체군 밀도 변동을 15년간 조사하여 그의 조사치와 당년의 유효적산온도, 봄의 강우량, 전년도의 유효적산온도 등간의 중회귀 모델을 이용한 이론치와 비교한 바 있다(그림 2-11).

〈그림 2-11〉 장미꽃의 *Thrips imagines* 총체벌레 개체수의 년차적 변동(막대그래프)와 기상 요인을 이용한 중회귀에 의한 예측치(점선)와의 관계(Andrewartha와 Birch 1954).

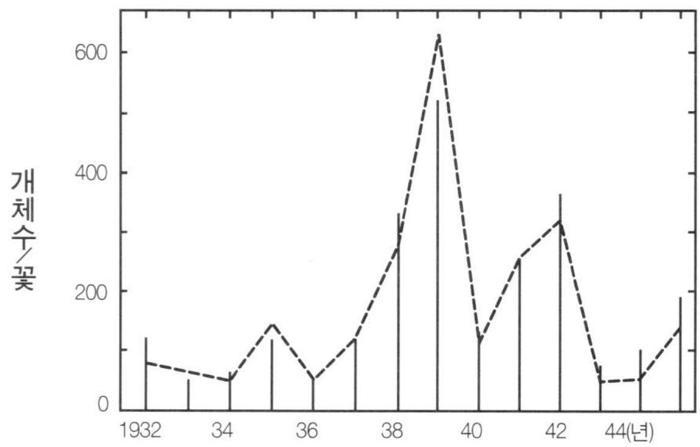

위의 그림에서 보는 바와 같이 *T. imagines*의 개체수의 실측치와 이론 치는 거의 일치한다. 여기서는 천적이나 종내경쟁과 같은 생물적 요인은 포함되어 있지 않다. 그들은 이런 결과를 토대로 동물 개체 수는 임의적으로 변동하는 기상조건에 의하여 결정된다는 기후설을 제기하고 동물의 개체 수는 밀도조절기구(밀도의존적 작용)에 의하여 조절되는 것이 아니고 확률적으로 변동하는 것이라고 하였다. 이에 대하여 조절 기구를 주장하는 생물학파 등은 이런 확률적 변동은 전멸할 확률이 커서 영속 할 수 없다고 반박한다. 그 후 많은 서식처를 가정하고 그의 환경조건의 이질성과 서식처간의 이동분산을 감안 환경의 확률적 변동에도 불구하고 개체군은 장기간 절멸하지 않고 유지될 것이라는 것을 Simulation을 통하여 증명하였다(den Boer 1968).

〈그림 2-12〉 광주지방에서의 솔나방 발생량이 다른 해의 온도-기상관계 (현 1966).

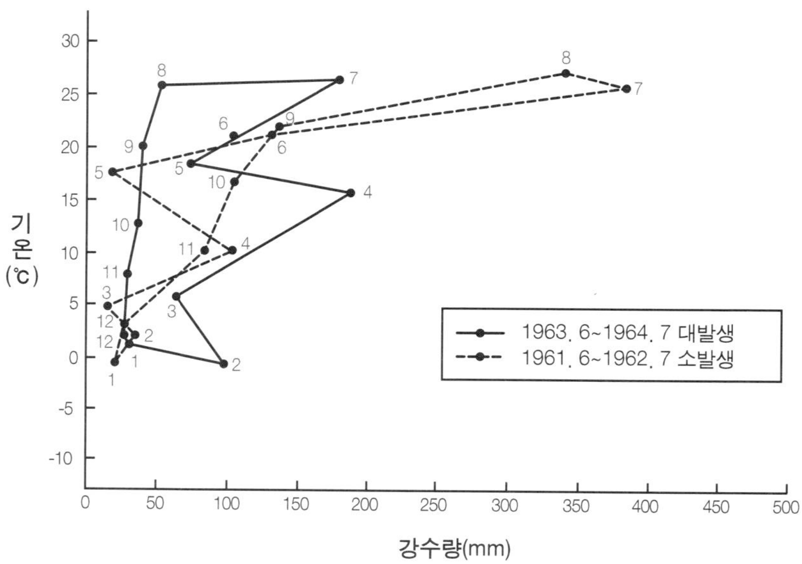

한편 그림 2-12는 광주지방에서의 솔나방의 발생이 많았던 1963~1954년 세대와 발생이 적었던 1961~1962년 세대에서 세대기간 중의 월평균 기온과 강우량과의 관계이다.

솔나방은 7월 하순~8월 초순에 우화하여 5령충으로 월동한다. 그림에서 보는 바와 같이 대발생한 해에는 전년도 8월 중의 강우량이 적고 다음해 4월 중의 평균 기온이 높으나 발생이 적었을 때에는 전년도 8월 중의 강우량이 많고 다음해 봄 4월 중의 평균 온도는 낮음을 알 수 있다. 이것은 알에서 부화한 유충은 실을 토하면서 분산하는데 이 때 강우가 많으면 물리적인 교란 작용이 유충을 땅에 떨어지게 하여 치사율이 높아지며 월동 후 4월의 저온은 월동유충의 수상으로의 이동을 지연시켜 지상에서의 미생물(특히 백강균)이나 포식자들의 영향을 더 많이 받아 월동유충의 치사율이 높아지기 때문일 것이라고 한다(현 1968). 현(1968)은 수원지방 3개 지역에서 3개년에 걸친 조사를 통하여 8월 중의 강우일당 강우량(즉 강우강도)과 9월 중의 생존율간에는 −0.91의 높은 상관관계가 있다고 하였다.

이와 같은 관계는 개체군의 안정성이나 영속성에 관한 이론과는 별문제로 해충의 발생이나 개체군 밀도 변동이 온도나 습도와 같은 기상요인의 영향을 크게 받는 것을 말해주는 것이다. 우리나라의 병해충발생예찰사업은 거의가 기상조건을 바탕으로 이루어지고 있다. 그러나 이것은 대부분이 발생시기의 예찰로 기상요인에 의한 발생량의 예찰은 거의 안 되고 있다.

한편 최근 비닐하우스나 온실 등의 시설재배가 많아지고 있는데 여기서 문제가 되고 있는 해충의 대부분은 단일조건하에서 휴면이 없는 다화성 곤충들로 열대나 아열대가 기원인 것들이다. 또 온대지방에 분포하는 응애류나 진딧물류의 경우도 개체군내에는 휴면, 비휴면 또는 숙주전환의 유무 등 생활사가 다양하여 일부 계통은 온실 내에서 큰 문제가 되고 있다. 이런 해충은 야외에서는 월동이 불가능하나 온실재배에서는 겨울동안에도 개체군이 잔존 또는 증식하여 봄이 되면 야외에서도 큰 문제가 된다. 최근의 담배거세미나방이나 기타의 해충류가 시설재배의 보급과 깊은 관련이 있음은 잘 알려진 사실이다. 그리고 시설재배에서의 유용곤충류의 이용에서도 문제가 되고 있다. 즉 시설재배 하에서는 자연조건과는 달리 화분매개곤충이 없거나 활동이 부족하여 꿀벌이나 뒤영벌 또는 머리뿔가위벌 등과 같은 화분매개곤충을 이용하고 있는데 시설내의 온도나 습도 그리고 광선 등은 이들의 활동과 밀접한 관계가 있다. 또 단일조건하에서 휴면하게 되는 천적류는 겨울철의 시설재배에서는 이용할 수 없는 고로 꽃노랑총채벌레의 유력한 포식천적인 꽃노린재류의 이용을 위하여 열대나 아열대의 비휴면성 꽃노린재의 도입이나 그의 비휴면계통의 육성에 관한 연구가 진행되고 있다.

또 최근 온실효과에 의한 지구온난화가 여러 가지로 문제가 되고 있는데 우리나라와 같은 온대지방에서 중요한 해충류의 발생상에도 적지 않은 영향을 미칠 것으로 생각된다. 일본의 Kiritani(1991)는 여러 가지 곤충류의 발육영점과 한 세대의 유효적산온도를 검토하여 온난화가 가장 큰 영향을 미칠 것은 진딧물류로 이들이 매개하는 바이러스병 등이 앞으로의 농업생산에 큰 문제가 될 것이라고 한 바 있다.

3. 숙주식물의 해충에 대한 대응

식물들이 해충류의 가해에 대하여 대응하는 양식에는 식물이 유전적으로 해충의 가해를 어렵게 하는 형태적, 생리적 특성에 의하는 경우와 가해로 유도되는 여러 가지 특성변화에 의한 것으로 크게 구별된다. 전자를 저항성(Resistance, 抵抗性)라고 하고 후자를 유도저항성(Inducible resistance, 誘導抵抗性)라고 할 수 있겠다.

1) 저항성 품종

북미 원산의 포도뿌리혹벌레(*Viteus vitifolii*)가 1860년경 프랑스에 침입하여 유럽의 포도재배를 위기에 몰아넣었으나 미국 동부의 이 해충에 대한 저항성 야생포도 대목의 도입으로 해결한 예는 유명하다. 그리고 국제미작연구소가 육성한 소위 녹색혁명의 주역을 이룬 IR8의 보급 후 몇 해 안되어 벼멸구의 피해가 심해지면서 벼멸구에 대한 저항성 육종이 동남아에서는 물론 아시아 각국에서 많은 연구가 이루어져왔다. 이와 같은 저항성 품종의 육성은 농약사용의 경감이나 생산비 절감을 위하여 큰 역할을 하였다.

Painter(1957)는 작물의 저항성에는 산란이나 섭식에 대한 비선호성(Nonpreference, 非選好性), 섭식하였을 때 해충의 생존율이나 증식력을 감소시키는 항생성(Antibiosis, 抗生性), 그리고 같은 정도의 가해를 받았을 때 수량감소나 품질저하 정도가 다른 것에 비하여 덜한 내성(Tolerance, 耐性) 등 세 가지 범주가 있다고 하였다. 그런데 비선호성과 항생성은 유전적이나 내성은 재배법이나 환경조건과 깊은 관계가 있는 작물의 보상작용(Compensation, 補償作用)이나 유도저항성(Inducible resistance) 또는 계절적 회피(Phenological evasion, 季節的 回避) 등과 관련이 있는 경우도 있어 전자가 곤충의 반응인데 반하여 내성은 식물의 반응에 관한 것이어서 작물저항성과 구별하기도 한다.

작물의 대응방식에는 침상체, 강모, 털, 경피조직, 기타와 같은 주로 형태적 특성이 해충류의 공격을 어렵게 하는 경우와 체내에 생기는 물질의 종류나 그 양이 곤충류의 생리에 영향을 미쳐 생존이나 생식에 영향을 미치는 경우 등이 있다. 콩의 경우 꼬투리에 털이 적은 품종에 콩나방(*Leguminivora glycinivorella*)의 산란수가 적은 예나 벼에서 줄기가 굵은 것에서 이화명나방의 유충생존율이 높은 것 같은 것은 전자의 예가 되겠다.

식물체에는 그들의 생리작용과는 직접적인 관계가 없는 여러 가지 물질이 존재한다. 그런 물질들을 2차 대사물질이라고 하는데 동물체에도 존재하나 80% 이상은 식물을 기원으로 하고 있다. Harborne(1977)은 약 30,000종의 2차 대사물질을 보고하면서 그들에는 질소화합물, Terpenoid, Phenol 화합물 기타가 있다고 하였다. 식물은 고착생활을 하는 고로 이와 같은 다양한 물질들은 그들의 형태적 특성과 더불어 적의 공격을 피하는데 중요한 역할을 할 것이다.

식물이 생산하는 동물에 유해한 물질에는 수산이나 시안산화합물과 같은 비교적 간단한 것에서부터 시안화배당체, 알카로이드류, 유독성지질류, 테루펜류, 사포닌류, 후라보노이드류, 탄닌류 그리고 리그닌류 기타와 같이 복잡한 물질까지 다양하다. 이런 물질 중에는 니코틴이나 피레드린과 같이 살충제로 이용하는 것도 있다. 이런 물질들에는 그것이 본질적으로 유독한 것과 양에 따라 소화작용을 저해하여 해가 되는 것이 있다. 전자는 알카로이드류나 시안화배당체와 같이 소량으로도 유해한 것들을 말하며 그의 영향은 실무율(All or none law, 悉無律)적이다. 그러나 곤충류 중에는 이런 유독성 물질을 무독화 시킬 수 있는 것이 있다. 또 어떤 곤충은 먹이식물을 찾는데 이런 물질의 존재를 길잡이로 하거나 이런 물질을 체내에 축적시켜 포식자로부터 자기를 보호하는데 이용하는 것도 있다. 소화저해물질로는 탄닌류, 수지류, 규소류 등이 있으며 양이 많을수록 그 영향은 커진다. 이런 소화저해물질은 곤충류의 생장에 영향을 미쳐 내병성을 약화시킬 수도 있는데 이것은 서로가 별개의 작용이라기보다는 연관된 작용이라고 하겠다. 예를 들면 유충의 생장량 감소는 성충의 크기를 감소시켜 생식력의 감퇴로 이어진다. 그러나 소화가 잘 되지 않는 먹이를 먹을 때는 더 많이 먹어 성충의 크기에는 차이가 없는 경우도 알려져 있다. 그러나 이런 경우에는 생육기간이 길어져 천적류에 노출되는 확률이 커져 유충기 치사율이 높아지는 수도 있을 수 있어 그 관계는 대단히 복잡하다.

Price(1980) 등이 식식성 곤충류와 천적류간의 상호작용에 미치는 식물의 영향에 관한 Bouton의 연구 결과를 정리한 것을 보면 표 2-9와 같다.

〈표 2-9〉 저항성 품종과 감수성 품종 콩에서의 *E. varivestis* 무당벌레의 섭식량과 생존율 (Price 등 1980)

	품 종	상대적 섭식량	상대적 생존율	상대적 총 섭식량
포식자 무	Harosoy normal	1.00	1.00	1.00
	PI 80837	1.26	0.88	1.11
포식자 유	Harosoy normal	1.00	1.00	1.00
	PI 80837	1.26	0.23	0.29

포식자는 노린재류인 *Podiscus maculiventris*.

표에서 PI 80837 품종은 *Epilachna varivestis* 무당벌레의 생장을 저해하고 섭식효율을 저하시키는 소화저해물질을 함유하는 저항성 품종이며 Harosoy normal 품종은 대조품종이다. Bouton은 망실내에 한 품종 또는 두 품종을 같이 심고 각 망실에 같은 수의 무당벌레 유충을 접종하고 그 중 일부 망실에는 이 해충의 유충 포식자인 *Podiscus maculiventris* 노린재를 접종하였다.

표에서 보는 바와 같이 포식자가 없는 경우 두 품종에서의 이 해충의 상대적 생존율은 1.00과 0.88로 고농도 탄닌류 물질을 함유하는 PI 80837 품종에서 낮다. 그러나 상대적 유충 섭식량은 두 품종에서 1.00과 1.26으로 고농도 탄닌류 물질을 함유하는 품종에서 높아 상대적인 섭식총량에서 각각 1.00과 1.11로 저항성 품종인 PI 80837에서 커지고 있다. 이것은 포식자가 없는 경우에는 PI 80837 품종이 피해가 크다는 것을 뜻한다. 그런데 포식자를 접종하였을 때는 PI 80837 품종에서 유충의 상대적 생존율은 0.88에서 0.23으로 감소하여 상대적인 섭식총량이 1.11에서 0.29로 크게 감소하고 있어 포식자에 의한 유충 치사율 증대가 큰 영향을 미치고 있음을 알 수 있다.

결국 이것은 이 경우 식물의 소화저해물질의 이 해충에 대한 저항성은 천적류의 이 해충에 대한 영향을 같이 생각하였을 때 비로소 의미가 있다는 것이 되어 소화저해물질이 해충의 피해를 감소시키는데 가장 효과적인 경우란 해충의 생육기간을 연장시켜 발육기간 중의 천적류 활동을 증가시켜 준 경우라 하겠다. 그리고 이 경우 섭식하지 않는 전용기나 용기에 작용하는 천적류는 식물의 피해감소에는 직접적인 효과는 없어 소화저해물질에 의한 저항성 품종의 육성에는 의미가 없다고 하겠다.

물론 소화저해물질의 효과는 천적류의 개입 없이 직접적인 경우도 있겠다. 예를 들면 수지류가 많이 포함된 잎을 먹으면 발육이 느려지거나 생존에 불리한 곳에서 섭식을 하게 되는 경우도 있다. *Pinus resino* 소나무가 *Matsucoccus resinosae* 깍지벌레의 기생을 받으면 다음 해에는 상처에서 수지가 배출되는데 McClure

(1977)에 따르면 이런 가지에서 자라는 이 깍지벌레의 유생은 수지 분비가 적은 가지에서 자라는 것에 비하면 발육이 2~3주 늦어지고 산란수도 현저히 감소한다고 한다. 또 많은 수지가 분비될 때에는 유충이 충분히 자라지 못한 어린 1령층으로 1년지나 2년지에서 월동하게 되는데 이것은 충분히 자란 것이 선호하는 3년지(가지)에서 월동할 경우보다 월동 중의 치사율도 높아진다고 한다. 따라서 이 경우는 앞서의 무당벌레의 경우와는 달리 수지 생산이 유충의 발육을 직접 저해하고 불리한 1년지 또는 2년지에서 월동하게 하여 월동 중의 치사율이 증가하는 셈이다. 한편 다년생식물을 숙주로 하는 정착성 곤충류의 경우 해충류는 한 숙주에서 여러 세대를 거치면서 적응하고 특수한 군이 발달할 수도 있겠다. 이런 경우 소화저해물질이 해충의 개체군 증가율을 크게 감소시키는 수도 있겠다. 따라서 다년생식물에서 소화저해물질이 발달하면 그 식물에 적응한 해충류의 새로운 계통 발생률을 저하시켜 결국 방어능력에 도움이 될 수도 있겠다.

한편 곤충류는 숙주식물과의 상호작용을 통하여 공진화하는 과정에서 이와 같은 식물의 화학적 방어를 극복할 수 있는 적응을 하게 되는데 저항성 품종과 해충 간에도 비교적 짧은 시일에 이런 현상이 생기게 된다(표 2-10).

밤나무혹벌(*Dryocosmus kuriphilus*)는 밤나무 눈에 혹을 만드는 단성생식성 해충인데 일본에서는 1940년대에 여러 가지 저항성 밤나무 품종을 재배하게 되었는데 그들의 저항성 지속기한은 품종에 따라 차는 있으나 1979년경에는 대부분의 품종이 30~40%의 피해를 입고 있다. 이것은 밤나무혹벌에 효소다형(Isozyme 다형)의 변이로 생태형(Biotype, 生態型)이 생긴 것이 밝혀지고 있다(표 2-10 참조).

〈표 2-10〉 밤나무혹벌에 대한 저항성 품종의 저항성 변화 (Umeya 1981)

품종명 *	1959	1969	1979
석 정	0%	< 10%	< 10%
풍다마조생	0	〃	〃
삼조생	0	〃	〃
은 령	0	〃	30~40
을 원	0	〃	〃
은 기	0	〃	〃
안 근	0	〃	〃
축 파	0	30~40	30~40
이 취	0	30~40	30~40
단 택	0	30~40	30~40

* 8년 이상의 성목에서의 관찰로 수치는 피해눈비율.

표에서 보는 바와 같이 1959년경에는 조사대상 품종 모두가 저항성이었으나 그의 저항성 유지기간은 품종에 따라 차는 있으나 1979년경에는 많은 품종이 상당한 피해를 받고 있다.

헤씨안파리(*Mayotiola destructor*)는 혹파리과에 속하는 맥류의 해충으로 특히 밀에 대한 피해가 크다. 이것은 유럽에서 북미나 뉴질랜드에 침입하여 큰 피해를 주고 있다. 이 해충에 대한 저항성 유전에 관하여는 많은 연구가 있었으며 지금까지 7개 우성 저항성 유전자와 1개의 열성 저항성 유전자가 밝혀져 있고 이 해충에서는 4개의 저항성 극복 열성인자가 알려지고 있다. 파리에서의 4개 열성극복인자는 밀에서의 4개 저항성 우성인자에 대응한 것이다(Gallun과 Khush 1980). 헤씨안파리의 여러 가지 생태형과 밀의 저항성인자간의 관계는 표 2-11과 같다.

〈표 2-11〉 저항성 밀품종의 저항성 유전자와 헤씨안파리의 극복유전자와의 관계 (Gallum과 klaush 1980)

밀 품종 (저항성 유전자)	헤씨안파리 생태형 (감염 유전자)							
	GP(무)	A(s)	B(s,m)	C(s,k)	D(s,m,k)	E(m)	F(k)	G(m,k)
Turkey(무)	+	+	+	+	+	+	+	+
Seneca(H7, H8)	−	+	+	+	+	−	−	−
Monon(H3)	−	−	+	−	+	+	−	+
Knox 62(H6)	−	−	−	+	+	−	+	+
Abe(H5)	−	−	−	−	−	−	−	−

+: 감수성, −: 저항성.

Turkey 밀 품종은 저항성인자가 없어 모든 생태형 헤씨안파리에 대하여 감수성인 반면 GP 헤씨안파리 생태형은 극복인자를 갖고 있지 않아 저항성인자를 가진 모든 품종을 가해할 수 없어 저항성인자를 갖지 않는 Turkey 품종만을 가해할 수 있다. 헤씨안파리 생태형 A는 동형접합 열성인자 s를 갖고 있어 Seneca 품종의 저항성을 극복할 수 있다. 그리고 생태형 E와 F도 각각 동형접합 열성인자 m과 k를 갖고 있어 각각 Monon과 Knox 62의 저항성을 극복할 수 있다. 생태형 B와 C 그리고 G는 동형접합 열성인자를 두개 갖고 있어 그에 해당하는 두개 품종을 공격할 수 있으며 생태형 D는 Seneca, Monon, Knox 62등이 갖고 있는 저항성인자들을 극복할 수 있는 3개의 극복인자를 갖고 있어 이들 3개 품종과 저항성인자를 갖지 않는 Turkey 품종도 공격할 수 있다. 그리고 Abe 품종을 공격할 수 있는 생태형은 아직 출현하지 않고 있다. 이와 같은 식물과 곤충간의 관계는 병원체와 식물간의 관계에서도 많이 알려져 있어 단순히 분류학적 측면에서의 문제보다는 상호작용 양식의 문제가 이들의 공진화에서는 중요하다는 것을 달하고 있다.

벼의 벼멸구에 대한 저항성 품종에 관한 연구는 다 수성 품종인 IR8을 필리핀의 국제미작연구소에서 1964년 육성 보급한 바 1973년에는 이 해충의 대 발생을 보게 되면서 활발하게 이루어졌으며 우리나라에서도 밀양 30, 삼강벼, 가야벼 기타의 여러 가지 저항성 품종이 육성 보급되었다. 표 2-12는 여러 가지 벼멸구 생태형에 대한 몇 가지 품종의 반응이다.

〈표 2-12〉 벼품종과 여러 가지 벼멸구 생태형과의 관계 (Mochida 1980)

벼품종과 저항성인자		생태형		
		1	2	3
IR8			S	S
IR-26	Bph 1	S	S	R
IR-36	Bph 2	R	R	S
IR-46	Bph 1	R	MR *	R

R : 저항성 S : 감수성 * MR : 종저항성.

위의 표에서 IR-26, IR-36, IR-46 등은 벼멸구에 대한 저항성 품종으로 육성 보급되었으나 보급 후 벼멸구의 생태형 발달로 그의 저항성이 무너졌으며 3개 생태형에 대한 저항성 품종으로 IR-64가 육성되었으나 최근에는 저항성 정도가 저하하고 있다고 한다.

한편 저항성품종으로 유도되는 생태형과는 별도로 벼멸구나 흰등멸구에는 장시형과 단시형 출현 특성에 지역적인 개체군간 차이가 있음이 알려지고 있다. 즉 이들 멸구류의 시(날개)형은 주로 약충기의 밀도나 벼의 생리적 상태에 따라 결정되며 유전적인 차이는 없는 것으로 알려져 왔으나 Nagata와 Masuda(1980)는 1979년 동남아 여러 지역의 이들 멸구를 조사하여 태국, 필리핀산이 일본산에 비하여 단시형 출현성이 높은 특성이 있음을 밝혔다. 그 후 Chu 등(1982)도 대간산 벼멸구에서 같은 결과를 얻고 시형발현성에 관한 종내변이 즉 지리적 변이 계통의 분포 가능성을 제시하였다. 그 후 Iwanaga 등(1987)과 Morooka 등(1988)은 대만산 3군, 중국산 3군, 필리핀, 인도네시아, 말레이시아 등 열대산 6군 등 12군의 밀도-시형 발현관계를 조사하여 그림 2-13과 같은 특성을 밝히고 ① ②와 같은 암컷은 단시형을 압도적으로 많이 출현시키고 수컷도 단시형을 고율로 출현시키는 단시형발현성군, ③과 같이 수컷의 단시형 발현율이 뚜렷하지 않은 준단시형발현군, ④와 같이 암컷은 고밀도하에서 단시형율이 저하하는 밀도의존형 그리고 ⑤-1과 같이 암컷 단시형율이 약간 높은 준장시형 군, ⑤ 그리고 ⑤-2와 같이 암수 모두가 장시형을 출현시키는 장시형군 등으로 분류한 바 있다. 이와같이 지역군에 따라 밀도에 대한 반응에는 큰 차이가 있다.

〈그림 2-13〉 일본 여러 지역산 벼멸구의 밀도-시형발현반응 (Tojo 1988).

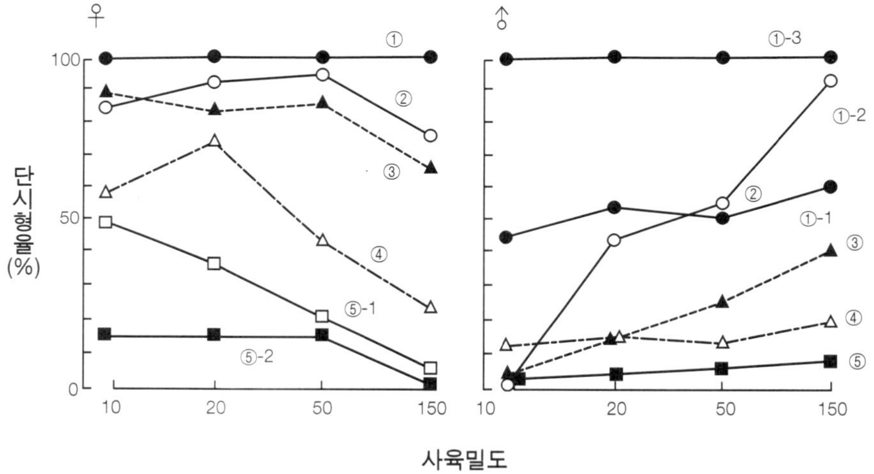

그들은 열대 아시아산은 모두가 그림에서의 ①형 반응을 보여 암컷은 밀도와 관계없이 거의가 단시형을 낳았으며 대만산은 ④의 밀도의존성과 ③의 준단시형 발현성이었으나 중국연안부의 것은 준단시형 발현성이었다고 하였다.

지금까지 벼멸구의 발생예찰에는 주로 그의 비래시기와 기상조건을 이용하였으나 이와 같은 벼멸구의 지역적 특성의 차이가 밝혀지게 되어 그의 예찰에는 비래해충의 유전적 특성이 감안되어야 함을 알게 되어 최근 일본에서는 비래다음 세대의 5령충의 시형을 조사하여 비래충의 유전적 특성을 조사하여 그것을 발생예찰에 반영하는 방향을 모색하고 있다. 흰등멸구에 대하여도 같은 사실이 알려지고 있다.

Flor(1942)는 아마와 *Melampsora lini* 녹병균과의 관계를 인자대인자관계(Gene for gene, 因子對因子關係)로 설명한 바 있는데 이와 같은 인자대인자간 상호관계를 보면 대부분의 경우 식물의 저항성 인자들은 유전적으로 우성으로 몇 개의 복수대립유전자좌에 같이 몰려있는 수가 많고 기생자의 극복인자는 유전적으로 열성으로 비대립인자좌의 형태인 수가 많다. 이와 같은 식물과 기생자간의 관계는 주로 재배작물에서 많이 알려져 있으나 야생식물과 기생자간에도 유전적 다형형태로 유지되는 수도 상당히 알려지고 있다.

2) 식물의 유도저항성

식물이 동물이나 병원체의 공격을 받았을 때 생기는 방어현상에 대하여 면역(Immunication), 유도저항성(Inducible resistance), 유도전신저항성(Induced systemic resistance) 그리고 획득전신저항성(Systemic acquired resistance) 등 여러 가지로 불리며 유도저항성이란 말은 곤충학에서 많이 쓰이며 다른 것들은 식물병리학에서 많이 쓰이고 있다. 병균에 대한 유도저항성의 예는 30여종의 식물에서 알려져 있으며 곤충에 의한 유도저항성도 100여종의 식물에서 알려지고 있다(Karban과 Kuć 1999). 이것은 병원체나 식식성동물의 가해나 그들의 생산하는 물질 또는 여러 가지 물질들에 의하여 유도되는데 이것은 항생작용과는 달리 이런 원인이 식물로 하여금 다음에 공격하는 병원체나 동물에 대하여 저항성이 강화되게 하는 것이다.

그림 2-14는 목화 자엽에 *Tetranychus turkestani* 응애 9개체를 접종 5일간 흡즙시킨 후 응애 약을 처리하고 약효가 없어질 무렵인 14일 후에 3개체의 점탁이응애를 접종 14일간 증식시켰을 때의 여러 가지 처리구에서의 증식수이다.

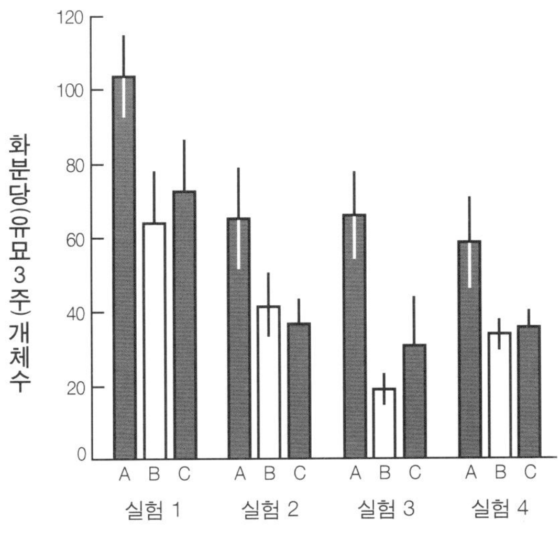

〈그림 2-14〉 여러 가지 처리구에서의 *Tetranychus urticae* 증식 개체수 (Karban 1985) A: 무처리 B: 응애피해구 C: 인위적 손상구

여기서 인위적 손상이란 카보란담을 이용하여 자엽에 인위적 손상을 가한 것이다. 실험에서 보는 바와 같이 접종전에 응애의 가해를 받은 목화에서 응애의 증식율이 비접종구에서 보다 낮으며 이것은 인위적 가해구에서도 정도의 차는 있으나 마찬가지여서 이때의 유도저항성은 응애에 의한 가해가 있을 때에만 생기는 것이 아님을 알 수 있다.

한편 Green과 Ryan(1972)은 감자의 해충인 *Leptinotarsa decemlineata* 잎벌레의 가해를 받은 감자에서는 단백질분해효소인 Proteinase의 작용을 저해하는 물질의 생산이 촉진된다고 하였는데 식식성 곤충류가 유도하는 방어물질에는 이외에도 조섬유량이 증가한다든지 미나리류에서는 Furanocoumarin, 담배에서는 Nicotin 등의 생산이 촉진되는 것이 알려지고 있다.

Haukiioja 등(1985)은 자작나무에서 인위적 손상을 받은 잎이 *Epirrita autamnata* 자나방 유충의 발육을 지연시키고 용중(蛹重)을 감소시키는 것을 밝히고 그 영향은 적어도 3년은 계속 되어 이 해충에 미치는 영향이 크다고 하였다. 그리고 그 영향은 피해로 떨어진 잎이나 해충의 똥을 통하여서도 생긴다고 하였다.

3) 식물을 통한 간접적 상호작용

식식성동물은 식물을 죽이는 일은 거의 없으나 가해를 받은 식물은 위에서와 같은 유도저항성 물질을 생산할 뿐 아니라 생장이 영향을 받아 형태적으로 여러 가지 변화를 일으켜 간접적으로 절지동물 군집의 구성내용이나 그들의 밀도에 영향을 미친다.

Ohgushi(2005)는 *Salix miyabean* 버드나무를 중심으로 한 곤충군집의 동태에 관하여 다음과 같이 설명하고 있다. 이 버드나무에 특이종인 *Aphrophora pectoralis* 거품벌레는 그해의 새 가지에 생기며 가해를 받은 버드나무에는 잎이 더 많이 생긴다. 이렇게 생긴 새 가지에는 초봄에 23종의 잎말이나방이 발생한다. 잎말이나방류가 우화하고 나면 말린 잎 대부분에는 다른 곤충류 특히 이런 말린 잎을 선호하는 대륙털진딧물(*Chaitophorus saliniger*)의 기생을 받게 된다. 이런 진딧물류는 그들에서 감로를 수집하는 3종 개미류의 보호를 받는데 개미류가 많아지면 버들꼬마잎벌레(*Plagiodera versicolora*) 유충의 생존률이 감소한다. 한편 이들 식식성 곤충류에 있어서는 직접적인 종간경쟁은 없는 것으로 생각된다(버드나무에서 곤충류가 소비하는 잎의 양은 20% 이하로 낮다). 더욱이 거품벌레의 약충이나 잎벌레 유충은 활발한 이동력을 갖고 있어 피해 잎에서 마음대로 떠날 수 있어 종간경쟁의 가능성은 적다. 이와 같은 일련의 복잡한 상호관계는 거품벌레의 산란이

식물의 반응을 통하여 유기된 것으로 이와 같은 복잡한 상호작용관계의 이해는 군집구조의 특성을 이해하는데 극히 중요함을 말하는 것이다.

해충의 가해를 받은 식물은 형태적으로나 생리적으로 영향을 받게 되어 이런 영향이 그 후에 발생하는 해충류에 여러 가지 영향을 미친다.

Harrison과 Karban(1986)은 초봄에 *Platyprepia virginalic* 불나방의 피해를 받은 *Lupinus arboreus* 루우핀에 기생하는 *Orgyia vetusta* 독나방의 유충이나 번데기는 체중이 작아져 증식율이 감소한다고 하였다.

이와는 반대로 *Malacosoma californicum* 텐트나방의 가해를 받은 오리나무에서 자라는 8~9월의 미국흰불나방의 번데기 체중은 커지고 산란 수도 12.5%가 증가하였다고 하며(Williams와 Myers 1984) *Rhus glabra* 슈막(옷나무과)이 초봄에 *Blepharia rhosis* 밤나방의 가해를 받으면 맹아가 많이 생겨 어린 식물은 두눈하늘소(*Oberea ocellata*)의 피해를 많이 받게 된다고 한다(Strauss 1991).

한편 식물이 초봄에 잎이 가해를 받으면 꽃의 수나 크기, 화분의 양과 질 그리고 꿀의 생산량이 영향을 받게 되는데 이것은 화분매개곤충류에 영향을 미치게 된다. Strauss 등(1996)은 배추흰나비의 피해를 입은 야생의 *Raphanus raphanistrum* 무우는 꽃의 수나 크기가 감소하여 이 나비의 방화횟수나 꽃에 머무는 시간이 짧아지고 벌류나 꽃파리류와 같은 다른 방화곤충류의 활동도 영향을 받는다고 하였다. 그리고 직접적인 접촉은 없으나 어떤 식물의 잎이나 뿌리를 가해하는 종들 간에는 식물의 생리작용의 변화를 통하여 서로 영향을 미칠 수 있겠다. 명아주진딧물(*Hayhurstia atriplicis*)는 명아주 잎에 충영을 만들며 *Pemphigus betae* 면충은 뿌리에 기생하는데 이 면충은 명아주의 생육에 별 영향을 미치지 않으나 명아주진딧물은 뿌리의 생장량에 영향이 커서 면충의 증식에 큰 영향을 미친다(Moran과 Whitham 1990). 반대로 냉이(*Capsella bursa-pastoris*)의 뿌리를 가해하는 구북구다생풍뎅이(*Phyllopertha horticola*)의 유충은 숙주의 지상부 생장에 큰 영향을 미쳐 숙주에 수분부족을 초래케 하여 가용성 질소함량을 증가시키게 되어 지상부에 기생하는 *Aphis fabae* 진딧물의 밀도를 증가시키나 진딧물은 풍뎅이에 아무런 영향을 미치지 않는다고 한다(Gange와 Brown 1989). 그러나 방가지똥(*Sonchus oleraceus*)에서의 이 풍뎅이와 *Chromatomyia syngenesiae* 잎굴파리와의 관계는 이와 달리 뿌리의 피해는 이 잎굴파리의 번데기 체중을 증가시킨다고 한다.

식물을 자원으로 이용하는 생물은 곤충류 외에도 포유류나 병원미생물류 등 여러 가지가 있어 그들 간에는 상당히 복잡한 관계가 있다. 예를 들면 사슴이나 그 밖의 초식성동물의 피해를 받은 식물들은 새로 잎을 자라게 하거나 맹아를 생장시켜 기생곤충류의 종류나 밀도 증가에 영향을 미친다. 또 병원미생물이나 내부기생성미생물도 곤충류와 깊은 관계가 있다. 예를 들면 *Tetranychus* 응애류의 피해를 입은 목화유묘는 *Verticillium dahliae* 갈색무늬병균의 피해를 덜 받는데 이 병에 걸린 목화는 이 응애류의 피해도 덜 받는다(Karvan 등 1987). 반대로 *Marssonina betulae* 곰팡이병에 걸린 자작나무는 *Euceraphis betulae* 진딧물이 선호하며 밀도증가도 커진다.

병원미생물들 중에는 숙주식물에 독소를 생산케 하는 것이 있어 가해 해충은 여러 가지 불리한 영향을 받는 수가 있다. 예를 들면 곰팡이는 창질경이(*Plantago lanceolata*)에 Aucubin이나 Catalpol 같은 섭식저해물질을 생산케 하여 잠엽성 곤충류의 발생을 억제한다(Gange와 Went 1994). 그러나 복숭아혹진딧물에 대하여는 체중을 증가시켜 증식율을 높인다(Gange 등 1999).

자연계에서 생물적 또는 무생물적 자원의 이화학적 특성을 변화시켜 다른 생물의 자원이용에 직접 또는 간접적인 영향을 미치는 생물들을 Jones 등(1994)은 생태계 조작생물(Ecosystem engineer)라고 하였다. 이것은 식물에 외형적 변화를 일으켜 종간의 상호작용관계에 영향을 미치는 것으로 위에서 설명한 예에서와 같은 식물의 외형적 변화 없이 일어나는 영향과는 다르다.

생태계 조작의 예로는 충영형성, 잎말이, 주머니만들기, 천공성가해 등과 같이 다른 식식성 곤충류나 천적류에 새로운 서식처를 마련하는 곤충류들이다. 미소나방류, 바구미류, 잎벌류 그리고 메뚜기류 등은 숨을 곳을 만든다. 이들이 만든 숨을 곳을 차지하는 곤충류는 천적류의 공격을 피할 수 있고 불리한 미기상조건으로부터 보호 받을 수 있으며 유리한 먹이 조건에 쉽게 접할 수 있는 등의 유리한 점을 갖게 된다. 앞서 버드나무의 잎말이나방류에서 보는 바와 같이 이와 같은 생태계 조작곤충류는 다른 곤충류에 복잡한 영향을 미쳐 이 분야의 연구는 야외생물군집의 실상을 이해하는데 많은 도움이 될 것이다.

식물의 형질변화를 통한 식식성 동물들의 간접적 영향은 지상 식물군집에서는 극히 흔한 현상이다. 형질변화를 통한 군집에서의 간접적 영향에 관하여는 오래전부터 그의 중요성이 인식되어 있었으나 포식작용이나 영양단계 또는 경쟁과 같은 밀도와 직접적인 관계가 있는 영향에 비하면 상세한 연구가 많지 않다. 이것은 한 영양단계에서의 상호작용관계는 서로 유연성이 큰 종들간이나 또는 같은 자원을 동시에 이용하는 종들간에서 가장 심하다는 생각과 또 하나는 종간경쟁과는 달리 식물의 형질변화를 통한 상호작용관계는 보통 식식작용이 심하지 않은 곳에서 흔히 일어나기 때문에 관심을 덜 가져왔기 때문이라고 생각된다.

Ohghushi(2005)는 지상 식물들에서 식식성 동물들이 일으킨 변화 때문에 생기는 상호작용관계를 시간, 공간 그리고 생물분류군을 바탕으로 검토하고 같은 숙주를 이용하는 식식성 동물들 83개 쌍들 중 47%는 서로 도움을 주고 있었다고 하였다. 이와 같은 관계는 가해를 받은 식물의 보상적 생장 때문에 식물의 영양가가 증가하거나 생체량이 증가하기 때문이라고 한다. 지상 생태계에서 식식성 곤충류와 식물간의 관계에서는 형질변화에 의한 간접적 영향이 크고 식식곤충류와 그의 천적류간의 상호작용에서는 밀도를 통한 간접적 영향이 클 것으로 생각된다. 이것은 천적류는 식식성 곤충류를 죽이나 식식성 곤충류는 식물은 죽이지 않고 식물체의 일부만을 소비하기 때문이다. 물론 형질변화를 통한 간접적 영향이 식식자의 행동변화를 일으켜 그것의 영향을 받는다는 것이 상당히 많이 알려지고는 있다. 그러나 식식성 곤충류의 행동변화로 생기는 간접적 영향은 포식자가 잡아먹기 전부터 있는 것이고 식물을 통한 간접적 영향은 식물이 가해를 받은 다음에 생기는 결과라는 점에서 큰 차가 있다. 즉 식물을 통한 간접적인 영향은 가해 후의 일이나 식식곤충과 천적간의 상호작용은 식물을 먹기 전 또는 먹는 것과는 관계없이 일어나는 현상이다.

한편 자연계에서 식식성 곤충류들간의 종간경쟁관계는 별로 중요하지 않다고 Lawton과Strong(1981)을 비롯한 여러 학자들은 주장한다. 경쟁은 자원이 한정되었을 때 일어나는 현상인 고로 식식성 곤충류간의 직접적 종간경쟁은 가해가 심할 때에 일어난다고 하겠다. 그런데 식물의 형질변화를 통한 간접적 상호작용은 가해가 심하지 않을 때도 일어날 수 있다. 이것은 식식성 곤충의 간접적 상호작용관계로 생기는 식물의 방어력은 식물이 죽기 전 낮은 정도의 가해로도 곧 생기는 것도 한 이유가 되겠다. 고로 심한 가해는 간접적 상호작용을 일으킬 가능성을 감소시키게 되겠다.

생물군집학에서는 군집구조를 에너지 이동과 관련 식물연쇄를 이용하여 이해하려는 것이 보통이다. 그런데 식물연쇄에서는 영양단계간의 직접적인 상호작용을 대상으로 할 뿐 영양단계와 직결되지 않는 그 밖의 상호관계는 포함되지 않는다. 앞서 설명한 바와 같이 영양단계 에 직접 포함되지 않는 식식성 동물들에 의하여 유도된 간접적인 상호작용관계는 여러 가지 식식성 동물을 변화된 식물의 형질을 통하여 연결시킨다. 따라서 지상식물군집의 영양단계의 문제를 생각할 때 비영양단계적 간접적 연관을 무시한 연구는 동물군집의 연구에는 적절치 못함을 짐작할 수 있을 듯하다. 그리고 영양단계에서의 영양단계간 상호작용이론은 생태계 조작과 관련된 문제의 이해에는 별로 도움이 되지 않는다. 따라서 Berlow(2004) 등은 앞으로 식물연쇄동태의 이론 전개에는 비영양단계적 연관이 식물연쇄망구조에 포함되어야 할 것이라고 하였다. 식물연쇄는 에너지 이동과 관련된 영양단계간의 직접적인 상호작용을 대상으로 하나 간접적인 상호작용관계에서는 에너지 이동과 관계없는 비영양단계적 영향을 여러 가지 상호작용을 묶는 매체로 포함한다고 하겠다.

앞서 설명한 Ohgushi의 버드나무의 예에서 상호작용관계를 정리해보면 식물연쇄계로는 버드나무를 먹이로 하는 거품벌레, 잎말이나방류 그리고 잎벌레류를 들 수 있겠는데 이들은 시간적으로 또는 공간적으로 서로 격리되어 있다. 진딧물류는 잎말이나방류가 만든 말린 잎이 없을 때는 버드나무에 기생하지 않는 고로 이 영양단계계에는 포함되지 않는다. 간접적 상호작용관계는 ① 거품벌레와 잎말이나방류의 관계는 가해 후의 새 가지 발생을 통하여 생기고 ② 잎말이나방류와 진딧물류는 말린 잎을 통하여 관계가 생기며 ③ 잎말이나방류와 3종의 개미류는 진딧물류를 통하여 관계가 생기고 ④ 진딧물류와 잎벌레류는 개미류의 진딧물 보호를 통하여 관계가 생긴 셈이다. 그리하여 이때의 상호작용계는 6개의 직접적인 것들과 4개의 간접적인 상호작용계로 구성되게 되며 그 중 4개는 유리한 것이다. 그런데 식물연쇄계는 3개의 불리한 직접적인 상호작용만이 포함되게 된다. 이와 같이 간접적인 상호작용관계는 직접적인 상호작용계와는 상당한 차이가 있는 내용을 밝혀 일반적인 식물연쇄계보다는 실질적인 군집에서의 다양성 실태를 보다 깊이 있게 이해할 수 있게 한다.

식물을 통한 간접적 상호작용의 이해는 재배시기의 조절이나 간작 또는 혼작 기타의 재배적 방제법의 개발이나 합리적 적용을 이해하는데 중요한 의의가 있다.

3편

해충에 의한 작물의 피해

작물의 수량은 작물의 종류나 품종이 갖고 있는 선천적 생산능력이 기상, 토양, 비료, 병해충 등의 환경요인의 영향을 받아 구체화된 것이다. 해충방제의 목적은 작물이 갖는 잠재적 생산성에 영향을 미치는 해충류의 피해를 최소화시키고 그와 같은 상태를 영구적으로 유지하는데 있다. 고로 해충의 종합적 관리는 해충의 개체군동태와 피해발생을 정확하게 파악하고 그에 대응하여 여러 가지 방제수단을 적절히 활용하여 해충의 밀도를 경제적 손실이 없는 밀도로 억제하고 그 상태를 유지하는 것을 목표로 한다.

제1장 해충에 의한 작물의 피해

작물이 해충으로부터 받게 되는 피해 문제는 해충의 종류에 따라 다르며 한 해충에 대하여는 그의 시간적, 공간적 동태와 작물의 생육관계에 따라서도 큰 차이가 있다.

작물의 수량(Yield, 收量)이란 수확된 작물생산물 중 경제적 가치가 있는 것의 양을 말하며 해충의 산란이나 섭식 기타에 의하여 받게 되는 작물의 영향을 가해(Injury, 加害)라고 한다. 해충에는 수확물을 직접 가해하는 것과 수확물 이외의 부분을 가해하는 수가 있으며 병의 매개나 진딧물류의 감로 배설이 잎의 광합성을 저해하는 경우와 같은 간접적인 경우도 있겠다. 그리고 피해(Damage, 被害)

란 가해로 생기는 수량의 감소나 질적 저하를 말하는 것으로 수확물을 가해하는 경우 이외의 가해의 경우에 있어서는 가해가 곧 피해로 이어지는 것은 아니다. 손해(Loss, 損害)는 가해에 의한 직접적인 경제적 손실 외에도 방제비용의 증가나 수량의 불안정성에 따르는 시장가격의 저하와 같은 간접적 손해도 있겠다. 이와 같은 용어에 대한 명확한 인식은 해충문제와 관련하여 중요한 것이다.

어떤 해충이 작물에 미치는 영향은 1차적으로 그의 개체군 밀도와 관계가 있다고 하겠다. 해충의 개체군 밀도는 변이가 심하여 그 종의 유전적 특성과 환경조건에 따라 변화한다. 어떤 환경조건하에서의 장기간에 걸친 평균 밀도를 그 종의 일반평형밀도(General equilibrium, 一般平衡密度)이라고 하며 경제적 피해를 줄 수 있는 그 해충의 밀도를 경제적 가해수준(Economic injury level(EIL), 經濟的 加害水準)이라고 하는데 어떤 해충의 경제적 중요성은 그 해충의 개체군 밀도가 EIL을 넘는 빈도와 넘는 정도에 의하여 좌우된다고 하겠다. 해충류를 피해와 관련하여 밀도가 경제적 가해수준을 넘는 빈도가 많고 넘는 정도가 큰 해충을 관건종(Key pest, 關鍵種) 또는 항상성 해충(Permanent pest)라고 하고 가끔 넘는 것을 수시해충(Occational pest, 隨時種) 그리고 특수한 경우에만 경제적 가해수준을 넘는 것을 잠재해충(Potential pest, 潛在害虫) 등으로 분류한다. 방제의 주 대상은 관건종이고 수시 종은 감시결과 경제적 가해수준을 넘을 위험이 예상될 때만 방제하고 잠재해충은 그를 억제 하고 있는 요인의 교란을 야기하지 않도록 노력한다.

어떤 작물을 가해하는 해충은 작물의 종류에 따라 차이가 있으나 실제로 문제가 되는 관건 종은 수종에 불과하며 특히 한 지역에서의 어떤 시기에 문제가 되는 것은 몇 종에 불과하다. 해충관리에 있어서 여러 가지 해충 중 그의 상대적 중요성을 파악하는 것은 방제의 시계열적 체계화에 중요한 의의가 있다고 하겠다.

경제적 가해수준은 종합적 해충관리의 중심개념의 하나이나 그 내용은 대단히 복잡하다. 그것은 해충의 개체군 밀도와 피해와의 관계가 단순하지 않을 뿐 아니라 방제비용과 방제로 얻는 이익증가 그리고 시장가격 등 여러 가지 경제적 요인이 엉켜있기 때문이다.

그림 3-1은 해충방제에 있어서의 비용(C)과 수익(B)과의 관계모식도이다.

그림에서 방제강도를 크게 하면 이익은 증대하나 초기에는 그 효과가 크나 어느 한계 이상이 되면 방제강도에 비례하지 않고 그 효율은 낮아져 어느 한계 이상이 되면 그 효과는 없어진다. 그림에서 X점은 방제비용과 얻어지는 수익이 같아지는 지점으로 그 이상의 방제비용 증대는 방제비가 얻는 수익보다 높아 방제하는 것이 도리어 손해이며 방제비와 수익의 차가 가장 큰 지접은 Y점으로 따라서 해충관리에서 가장 합리적인 방제목표는 X점이 아니고 Y점이 되겠다

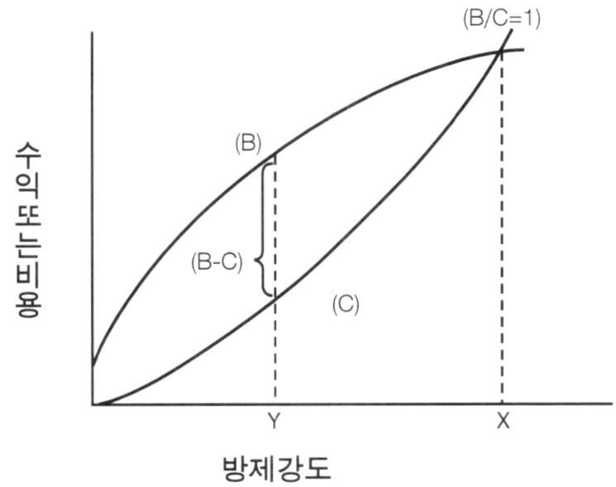

〈그림 3-1〉 식해충 방제에 있어서의 비용(C)과 수익(B)과의 관계.

(Headley 1975). 그러나 여기에는 나라마다의 사회, 경제적 요소도 깊이 관여하고 있어 그 내용은 대단히 복잡하다.

한편 해충의 밀도와 작물의 수량, 품질 그리고 수익성과 가해해충의 밀도와의 관계는 대단히 복잡하다. Atachi와 Nakasuji(1985)는 수확과 관련된 여러 가지 요인들과 밀도와의 관계를 그림 3-2와 같이 유형화한 바 있다.

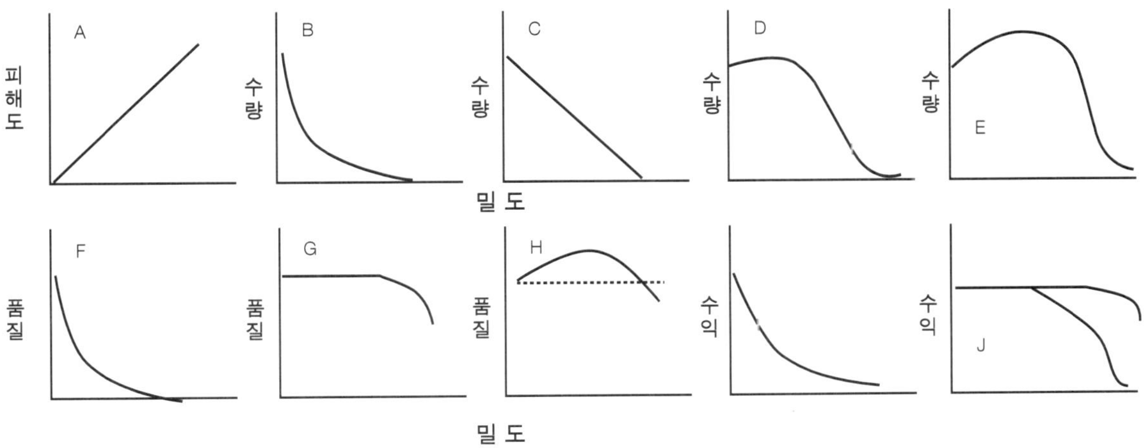

〈그림 3-2〉 해충밀도와 작물의 수확관련 여러 요인과의 관계 (*Atachi* 와 *Nakasuji* 1985).

그림에서 A는 해충의 밀도와 피해도가 집적적인 관계가 있는 경우로 수확부위를 가해하는 해충이나 수확물 이외의 부위를 가해하는 간접적인 해충 모두에서 볼 수 있는 관계이다.

그림에서 B-E는 밀도와 수량간의 관계인데 B의 경우는 수확물의 직접적인 가해의 경우로 낮은 밀도에서도 수량은 영향을 받는다. C~E는 수확물 이외기관을 가해할 때의 간접적인 가해의 경우로 D는 밀도가 어느 정도에 달할 때까지는 수량은 영향을 받지 않으나 그 이상이 되면 밀도에 비례하여 수량이 감소하는 경우이다. 그리고 E의 경우는 밀도가 낮은 경우에는 수량이 오히려 증가하나 어느 밀도 이상이 되면 수량이 감소하는 경우로 잎을 가해하는 해충류에서 흔히 볼 수 있는 예이다.

F~H는 해충밀도와 품질과의 관계로 품질이란 생산물의 크기, 모양, 색, 상처, 수확물 내의 해충의 유무 등 여러 가지에 의하여 결정된다. 품질과 해충밀도와의 관계는 수량과의 관계와 대체적으로 비슷하다 하겠다. I와 J는 해충밀도와 수익성과의 관계로 I는 직접 가해해충의 경우이고 J는 간접적 가해의 경우이다.

Podigo 등(1986)은 경제적 가해수준과 관련 이것의 1차적 결정요소는 ① 생산물의 시장가격 ② 관리비 ③ 해충에 의한 가해량 그리고 ④ 가해에 대한 작물의 피해 등을 들고 이와 같은 요인들은 여러 가지 무생물적 요인이나 생물적 요인 그리고 사회 경제적 요인의 영향을 받게 되는 고로 해충학에서는 이런 측면을 염두에 두고 생물학적 측면에서 문제해결책을 모색해야 한다고 하였다.

제2장 해충개체군 밀도와 작물피해와의 관계

작물의 피해는 해충의 종류에 따라 가해하는 부위와 가해상에 차이가 있으나 어떤 해충의 피해는 해충의 발생동태와 밀접한 관계가 있으며 해충의 발생동태는 작물의 생육상황의 영향을 크게 받는다.

우리나라에서 벼의 중요한 해충인 벼멸구와 흰등멸구는 두 종이 모두 우리나라에서는 월동이 불가능한 해충으로 해외에서 비래하는 해충이며 그들은 모두가 흡즙에 의하여 벼의 수량이나 품질에 영향을 미친다.

그림 3-3은 1981~1987년까지 사이의 벼멸구와 흰등멸구의 148개 예찰소 유살등의 유살수이다.

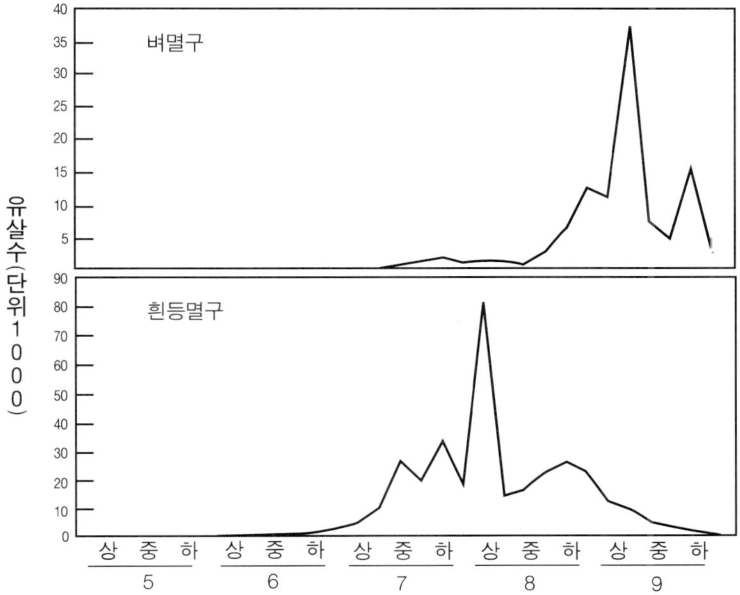

〈그림 3-3〉 1981~1987년 사이의 148개 예찰소의 벼멸구와 흰등멸구 유살수 (엄과 현 1991).

그림에서 보는 바와 같이 최대유살시기는 흰등멸구가 벼멸구보다 빠르며 유살수도 많다. 최대유살시기는 흰등멸구가 8월 상순이고 벼멸구의 그것은 9월 상순이다. 그림 3-4는 벼멸구와 흰등멸구의 포장에서의 밀도변동 상황의 한 예이다.

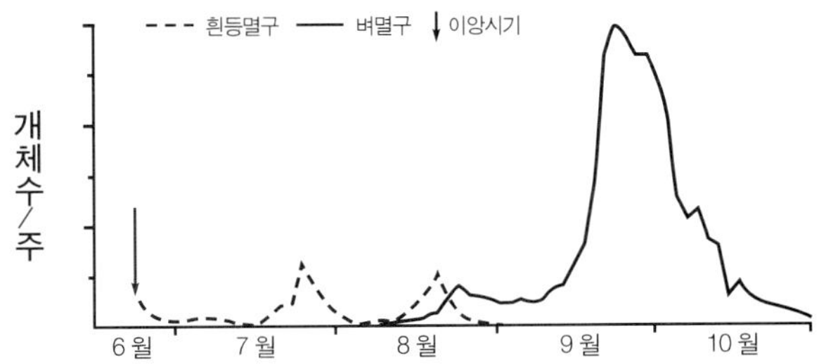

〈그림 3-4〉 흰등멸구와 벼멸구의 비래후의 밀도변동(일본).

벼멸구와 흰등멸구는 거의 벼만을 가해하는 해충으로 체관액을 흡즙한다. 이들의 발생량은 비래량이나 비래시기에 따라 차가 있다. 흰등멸구는 비래 후의 제1,2세대에 최고 밀도를 보이며 이 시기는 벼가 영양생장에서 생식생장으로 전환하는 시기가 포함된다. 그런데 벼멸구는 비래량이 흰등멸구에 비하면 1/10 정도로 적으나 그 후 3회 증식하여 가을철에 최고밀도에 달하며 그 증식량도 대단히 크다. 따라서 벼멸구의 주요 가해 시기는 출수기 이후이다.

엄과 현(1991)은 흰등멸구와 벼멸구의 벼의 생육에 미치는 영향을 조사하기 위하여 이앙 후 30일, 45일 67일, 83일에 1~2령 유충을 주당 10마리에서 300마리까지 여러 단계로 접종하고 2주간 흡즙케 한 다음 제거하여 그 후의 벼의 생육상황을 조사하였다.

일반적으로 접종밀도가 증가함에 따라 피해가 커졌으나 실제 피해양식은 벼의 생육단계에 따라 차가 있었다. 즉 흰등멸구의 경우 이앙 후 30일 접종구에서는 초장과 유효경수의 감소로 나타났고 이앙 후 45일 접종구에서는 출수가 늦어지고 수당입수가 감소하면서 1,000입중도 감소하였다. 그러나 이앙 후 83일 접종구에서는 임실율에 있어서의 감소만을 볼 수 있어 가해시의 벼의 생육상태에 따라 차이가 있었다.

벼멸구의 경우는 이앙 후 30일 접종 시 초장의 감소는 흰등멸구에 비하여 뚜렷하지 않았으나 임실율이나 수당입수는 상당한 영향을 받았다. 그런데 이앙 후 45일 접종구에서는 1,000립 중에 뚜렷한 감소가 있었고 83일 접종구에서는 1,000립 중은 물론 임실율에도 상당한 영향을 받았다.

이와 같은 두 종 멸구에서의 피해상의 차이는 흰등멸구는 비교적 초기 발육단계의 벼를 가해하며 그의 증식률이 벼의 질소함량과 상당히 깊은 관계가 있다는 점을 감안할 때 벼의 초장 생장이나 분얼 수 감소에 보다 큰 영향을 미치고 이것이 이삭의 크기에 영향을 미친 것으로 생각할 수 있으며 벼멸구는 분얼 최성기 이후가 주 가해시기로 그의 증식률은 엽초의 탄수화물 함량과 보다 깊은 관계가 있어 출수 후의 수량구성요소와 보다 깊은 관계가 있는 1,000립 중에 보다 큰 영향을 미치며 임실율에도 영향을 미친 듯 하다고 하였다.

일본의 Watanabe와 Sogawa(1994)는 흰등멸구의 가해형태와 피해양식은 벼의 품종, 재배시기 또는 지방에 따라 복잡하다고 하고 Kyushu에서 6월 하순에 이앙한 벼에 대한 피해를 보면 비래침입시기의 암컷의 산란으로 생기는 엽초부의 변색으로 생기는 초기 생육지연은 10/주 정도까지는 벼가 보상할 수 있어 수량에는 영향이 없었다고 하였다. 그러나 영양생장기에서 생식생장기 초기의 성충과 유충의 가해는 입수의 감소를 통하여 수량에 영향을 미친다고 하였다.

이상과 같이 해충의 피해를 해석하려면 해충의 가해에 의한 작물의 반응과정의 동태를 해석하는 것이 필요하다. 따라서 해충의 피해해석은 해충 개체군동태의 해석을 바탕으로 식물체내의 물질생산 이론을 도입할 필요가 있겠다. 이것은 해충밀도와 수량간의 상관분석과 더불어 환경요인과 식물의 물질생산 동태에 관한 인과관계의 해석에 해충문제가 포함되어야 함을 뜻하는 것이다.

제3장 작물의 생장과 해충의 피해를 포함한 포괄적 모델

포장에서 해충을 합리적으로 관리하기 위해 해충의 개체군 변동 동태를 파악하는 동시에 작물의 생장과 해충에 의한 작물의 피해 동태를 묶어 최종적 결과인 수량에 대한 예측이 요구된다. 즉 해충의 개체군 밀도 변동모델과 작물생장모델이 묶인 종합적 모델의 개발이 요구되는 것이다. 최근 한 식물체와 생장이나 발육에 관한 모델이 여러 학자들에 의하여 발표되고 있는데 그 한 예는 다음과 같은 것이다.

$$\frac{dW}{dt} = \frac{dP}{dt} - Gr\frac{dQ}{dt} - R_oW - Rs \cdot \frac{dC}{dt}$$

W: 식물총량(식물체중(*Q*) + 저장탄수화물량(*C*)), *P*: 광합성량

Gr, Ro, Rs: 생장, 유지, 저장탄수화물이 필요로 하는 호흡량

이 모델은 어떠한 식물체의 생장관계를 표현한 일반모델로 해충에 의한 피해예측에는 문제가 있다. 즉 해충의 가해는 종에 따라 잎, 줄기, 뿌리, 과일 등 가해하는 기관이 다르기 때문이다. 따라서 Gutierrez와 Wang(1977)은 목화에 대하여 각 기관 및 그들의 발육단계를 구별한 작물생장모델을 제기하였다. 이것은 작물의 탄수화물 풀(pool)이 작물의 각 기관에 분배되는 과정을 모델화한 것으로 다음과 같이 표현되겠다.

$$\frac{d\phi}{dt} = \frac{dP}{dt} - \sum\{\theta_i(t) + R + S + F + L\}$$

ϕ: 시간(t)에 존재하는 탄수화물량 P: 광합성량 θ: 광합성유지와 호흡에 필요한 량 R, S, F, L: 뿌리, 줄기, 과일, 잎 등 각 기관의 생장률

이들의 총합은 생장에 필요한 량(D)에 해당한다.

한편 해충이 잎을 가해하면(섭식량 N_a) 잎의 생장요구량(D)는 감소하나 동시에 광합성량(P)도 감소시킨다. 따라서 이 때 위의 탄수화물 풀의 수지에 변화가 생기겠다.

$$N_a + D + \sum\theta_i = P + \lambda\int cda$$

여기서 $\lambda\int$ cda는 저장탄수화물량인데 이 식에서 우변이 좌변보다 크면 여분의 저장탄수화물은 각 기관의 생장에 이용되어 가해의 영향은 보상작용으로 흡수되겠다. 반대로 좌변이 우변보다 클 때는 기관의 생장에 쓰일 양이 제약을 받아 피해가 생기겠다.

일본에서 Watanabe와 Sogawa(1994)는 벼멸구의 피해는 출수 후에 일어나는 것이 보통인 고로 이 해충의 가해가 자실중의 변화에 미치는 영향을 벼의 생육모델을 이용하여 추론한 바 있다. 그들에 따르면 벼멸구의 밀도가 증가함에 따라 자실중이 감소하나 밀도가 500/주가 되어도 벼가 고사하는 일은 생기지 않았다. 이것은 체관액의 탈취(직접해)만으로는 벼멸구의 피해를 재현할 수 없음을 뜻하는 것이다. 따라서 벼의 동화산물 유전을 고려한 보다 현실적 모델을 생각하기 위하여 ① 초기 엽면적치를 5등분하고(엽위에 따라 유전되는 곳이 차가 있기 때문에) ② 각 엽위에서 매일 생산되는 동화물질량에서 잎의 유지 호흡량을 제외하고 ③ 벼멸구가 탈취하는 동화산물은 최하위 엽층에서 부담하며 ④ 남은 동화물질은 잎 이외의 기관의 유지 호흡과 이식의 생장호흡량으로 소비되고 남은 것이 축적된다 ⑤ 이식의 동화물질 축적과정은 기본 모델에 따르며 ⑥ 동화산물량의 수지가 (−)가 된 잎은 고사하며 ⑦ 최하위층 잎이 모두 고사하면 벼멸구는 바로 위층 잎에서 동화물질을 탈취한다는 등의 가설을 포함시켰다

그림 3-5는 이런 모델을 이용하였을 때의 벼멸구 밀도와 자실중과의 관계이다.

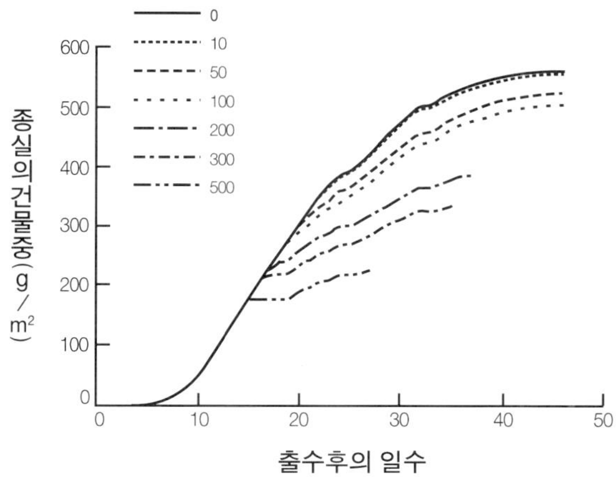

〈그림 3-5〉 벼멸구 가해가 종실건물중에 미치는 영향 (Watanabe 1994) (시뮬레이션이 중단된 것은 벼가 고사한 것을 뜻한다).

그림에서 보는 바와 같이 평균밀도가 주당 100마리 이상이면 접종 후 50일 이내에 고사하는 것으로 나타났다. 이것은 포장에서 고사주에서의 평균밀도 200~500/주와 상당히 가까운 일치를 보이고 있다고 하겠다. 물론 여기서는 탄수화물의 수지에 따르는 잎의 고사과정만이 포함되어 있는 고로 체관액에서 동시에 수탈되는 질소의 동태도 고려된 모델이 검토되어야 하겠다.

그림 3-6은 출수이후 시기를 달리하여 일정 밀도의 벼멸구가 일정기간 가해하였을 때의 자실중의 변화를 시뮬레이션한 것이다.

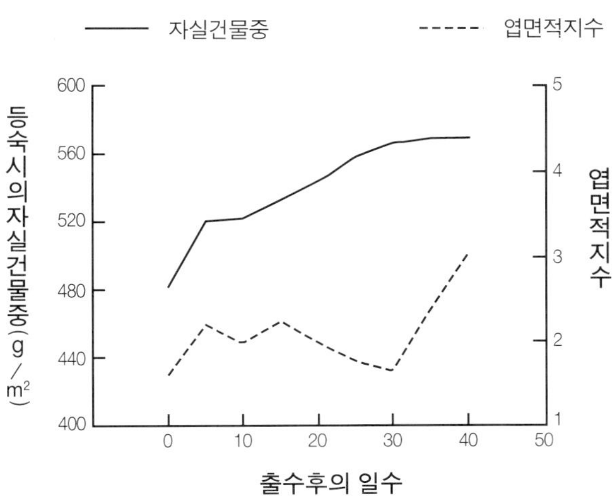

〈그림 3-6〉 모델을 이용한 벼멸구의 가해시기의 차이가 등숙시의 종실건물중과 엽면적에 미치는 영향 (Watanabe 등 1994).

이것은 벼멸구 200마리가 15일간 가해하였을 때 접종시기를 5일씩 늦추었을 때의 등숙시의 자실건물중과 엽면적지수에 미치는 영향을 추정한 것이다. 등숙기의 엽면적 지수는 출수 35일 이후를 제외하면 가해개시기에 따라 큰 차이가 없으나 자실중은 가해시기가 빠를수록 감소율이 크다. 그는 이와 같은 관계는 초기에 받은 피해로 엽면적 감소가 자실생산량에 큰 영향을 미쳤기 때문일 것이라고 하였다. 출수 30일 이후의 가해는 자실생산량에 미치는 영향은 대조구와 큰 차이가 없었다. 이것은 가해량은 같아도 가해시기에 따라 피해량에 차이가 생기는 것을 밝힌 것으로 가해의 정량적 평가에 가해시기가 중요한 의의가 있음을 시사한 예이다.

한편 Suzuki(1975)는 벼의 생육단계에 따르는 동화물질의 엽초, 뿌리, 이삭 등으로의 이동 비율에 관하여 표 3-1과 같이 보고한 바 있다.

〈표 3-1〉 벼의 생육단계에 따르는 동화물질의 각 기관으로의 이동율 (Suzuki 1975)

	−9/-6 *	−6/−3	−3/0	0/3	3/6
엽초	43.7±5.7	49.7±3.5	63.4±4.2	−20.3±17.1	16.4±23.6
뿌리	19.2±8.2	14.7±3.6	4.1±5.4	−2.6±9.1	−7.0±11.7
계	62.9	64.4	67.5	−22.9	9.4
이삭	-	-	19.5±8.2	132.6±15.7	102.2±17.9

* 출수일을 0으로 함. 숫자는 주.

표에서 보는 바와 같이 동화물질은 출수 전에는 대부분이 엽초로 이동 저장되나 출수 후에는 대부분이 이삭으로 이동하며 이때에는 엽초에 저장되었던 것까지가 이삭으로 이동하여 실제로 이삭으로의 동화물질 이동량은 동화량과 같이 엽초에 저장되어 있던 것까지 이동함을 알 수 있어 엽면적 지수 이외에 그간 엽초에 저장되었던 것 까지가 관여하고 있음을 알 수 있어 엽면적 지수에의 영향은 그리 크지 않음을 짐작할 수 있을 듯하다.

한편 지금까지 해충의 피해해석에 관한 연구는 대부분이 1년생작물이나 수확물을 직접 가해하는 해충류를 대상으로 한 것이었으나 영년생 작물들에 대한 피해는 피해 후에도 지속되는 것이 보통이어서 문제는 대단히 복잡하다. 또 감귤류의 꽃봉오리를 가해하는 *Contarinia okadai* 혹파리와 같은 경우에는 꽃의 수가 지나치게 많을 때는 이 해충의 피해는 적과효과가 있어 어느 정도의 피허는 오히려 도움이 되겠으나 꽃봉오리의 수가 적을 때는 그의 피해는 수량에 영향을 미칠 것이다(Kato 1989).

이와 같이 해충밀도와 수량과의 관계는 대단히 복잡한 것으로 해충밀도와 수량과의 관계를 정적으로 파악하였을 때는 가해량이 같다하여도 피해량이 달라져도 그 원인은 명백히 알 수 없다. 그러나 이와 같은 역동적 모델을 이용하면 피해를 정량적으로 평가할 수 있어 해충문제의 보다 합리적 해결방안을 모색하는데 도움을 줄 수 있는 것은 틀림없는 일이다.

제4장 해충의 발생예찰

해충의 발생 시기나 발생량을 미리 알 수 있다면 방제여부를 합리적으로 결정할 수 있고 방제방법이나 시기를 효과적으로 결정할 수 있어 효과적인 방제를 할 수 있을 것이다. 따라서 해충의 발생예찰은 해충방제에 극히 중요한 것이다.

우리나라에서의 병해충 발생예찰사업이 시작된 초기에는 병해충 발생의 조기발견을 주 목표로 하고 발생의 시기나 발생량을 예측하는 단계까지는 이르지 못하였다. 그러나 1960년대 이후 유기합성제의 보급으로 그의 효율증대를 위한 방제적기가 중시되면서 발생시기의 예측이 중시되게 되었다. 그런데 유기합성 살충제의 여러 가지 부작용이 알려지게 되면서 이들 살충제의 제형이나 사용법의 개선, 살충제 이외의 해충방제 자제의 개발, 생물적 방제나 경종적 방제 등의 적극적 활용이 모색되면서 해충방제에 대한 생각도 크게 변하였다. 즉 해충방제는 해충을 죽이는 것이 문제가 아니고 여러 가지 방제법을 합리적으로 묶어 경제적인 피해를 받지 않은 정도로 해충밀도를 억제 유지하는 것이라는 소위 해충의 종합적 관리 개념으로 철학이 발전하였다. 이 개념에서 중요한 것은 어느 밀도 수준 즉 경제적 가해수준(Economic injury level, 經濟的 加害水準)의 개념으로 이것은 방제비에 맞먹는 해충의 최저 밀도(Stern 등 1959)를 말한다. 따라서 해충밀도가 이 밀도 이하일 때는 방제수단을 쓰지 않아도 된다는 것이다. 그러나 실제로는 EIL에 달하였을 때 방제하는 것은 한 발 늦은 것이 되는 고로 방제수단은 EIL보다 낮은 밀도에서 강구되어야 하겠다. 이 밀도는 방제를 않으면 앞으로 해충밀도가 EIL을 넘게 될 밀도로 이것을 경제적 피해 허용한계(Economic threshold, ET, 經濟的 被害 許容限界)(Stern 등 1959)라고 한다. ET에 대하여는 내용에 다소간의 차이는 있으나 경제적 역치(經濟的閾値) 또는 방제역치(防除閾値)(Fukaya와

Kiritani 1973), 요방제 밀도(Control threshold, 要防除 密度) 등의 용어가 사용되고 있다. 이것은 방제행위와 직접관계가 있는 밀도이다. 해충의 종합적 관리를 위해서는 해충의 발생시기와 발생량을 예측하여 방제 여부를 판단하고 최적의 방제수단을 선택해야 하겠으며 이를 위하여 발생예찰은 대단히 중요한 것이다.

1. 해충의 발생 조사

해충의 발생예찰을 위해서 우선 포장에서의 발생 시기나 발생량과 같은 발생 상황을 조사해야 한다. 포장에서의 해충 발생조사에는 특정지점에서 정기적으로 조사하는 정점조사와 넓은 면적을 여러 지점에 걸쳐 조사하는 순회조사가 있으며 전자는 매년 발생하여 피해가 클 가능성이 높은 해충을 대상으로 하는 것이 보통이고 후자는 전체 지역에서의 해충발생상황을 파악하는데 목적이 있다. 포장에서 해충을 조사하는 방법은 해충의 종류나 발육상태, 조사목적 등에 따라 달라지나 주요한 것으로는 다음과 같은 것이 있다.

① **육안조사** : 주당 충수를 직접 육안으로 조사 한다

② **포충망 조사** : 포충망으로 훑어 잡힌 충수를 조사 한다

③ **타락법** : 수면 또는 일정한 크기의 천위에 털어 조사 한다

④ **쿼트라트법** : 일정한 크기의 구획 내 충수를 조사 한다

⑤ **유살등** : 유살 등에 유인된 성충 수를 조사한다. 매일 조사하여 초 비래일, 50% 유살일, 최성비래일, 비래종일 등을 조사할 수 있다

⑥ **페로몬트랩** : 합성페로몬을 이용 유인된 성충 수를 조사하여 유살 등과 같은 여러 가지 자료를 얻을 수 있다. 일반적으로 유살 등에 비하여 유살 효율이 높으나 거의 대부분에서 유인되는 것은 수컷뿐이다. 그리고 유살 등에서도 마찬 가지이나 유살수와 실제 포장의 발생량 간에는 명확한 관계가 없는 수가 많다

⑦ **끈끈이트랩** : 끈끈이 테이프나 끈끈이 판에 잡힌 충수를 조사 한다

⑧ **네트트랩** : 높이 설치한 네트에 잡힌 것을 조사하는 것으로 주로 멸구류의 비래상황조 사에 쓰인다

⑨ **수반트랩** : 물이 들어있는 수반에 날아든 성충 수를 조사한다. 진딧물류의

유시충이나 애멸구 성충조사에 쓰이며 황색수반이 이용 된다

해충의 발생상황외에 해충의 가해 시기나 가해정도 또는 작물의 성육상황이나 피해상황도 조사된다. 그리고 살충제에 대한 저항성의 발달정도나 천적의 발생상황 그리고 바이러스병 매개충에 대하여는 보독충율도 조사된다.

2. 해충의 발생예찰

해충의 발생 시기나 발생량은 종에 따라 차이가 있음은 물론이고 그들의 발생상은 지역이나 해에 따라 차이가 있다. 따라서 그들의 지역적 발생상 파악은 해충에 의한 농작물의 피해나 방제시기, 방제방법 등 해충문제 해결의 1차적 주요성을 갖는다. 해충의 발생상황을 파악하기 위하여 감시체제를 통하여 해충류의 종류와 발생시기 그리고 발생량을 조사하고 그것을 바탕으로 앞으로의 피해를 예측하여 방제 시기나 방제수단을 선택하는 것이 순서이다.

국가가 병해충에 관한 정보를 조사하여 농민에게 전달하는 제도는 일본이나 우리나라만큼 정비되어 있는 예는 다른 나라에서는 찾아 볼 수 없다(최근 우리나라의 병해충 예찰사업은 상당히 경시되고 있기는 하다). 우리나라 병해충 예찰사업은 농촌진흥청이 주관하며 전국에 150개의 기본예찰포(정점조사)와 690개의 관찰포를 운영하고 있다. 기본예찰포에서는 20종(병9, 해충11)에 대한 조사를 매일하고 관찰포에 대하여는 주기적으로 순회 조사하여 도 진흥원을 통하여 중앙에 보고하는 체계이다. 이와 같은 정보를 토대로 도와 중앙에서 발생상황에 따라 예보, 주의보, 경보를 정기적으로 발표한다. 이것은 미국에서와 같이 농장주나 조합이 병해충의 전문가를 고용하여 독자적으로 하고 있는 경보체제와는 차이가 있다.

1960~1980년대까지는 발생예찰사업이 농약방제를 중심으로 한 방제행정과 일체가 되어 철저한 방제를 목표로 운행되었던 경향이 컸었던 관계로 예찰사업이 곧 약제 살포라는 인식을 일반에게 심었다. 예찰관계자들의 입장에서는 방제를 하지 말라고 하였을 때의 책임이 문제가 되는 고로 방제를 하지 말라는 것보다는 방제를 해야 한다는 의견제시가 많아지는 것은 당연하였다. 그러나 이것은 농민에게 병해충의 피해에 관한 인식의 증대로 농업생산 증대나 생산의 안정성에 크게 공헌하였던 것도 사실이다.

1980년대 후반부터 경제적 방제, 살충제 저항성 회피, 환경문제 등에 대한 배려로 농약 사용량의 감소에 노력하게 되면서 정보의 효율적 이용을 지향하게 되었다. 따라서 현재의 해충발생예찰은 해충발생의 과학적 예찰을 위한 이론과 기술의 확립을 위한 노력이 보다 중요하다고 하겠다.

병해충의 발생은 공간적 이질성 때문에 광역조사에 의한 발생예측이 곧 각 농가포장의 그것은 아니다. 따라서 각 농가가 방제여부를 결정할 때는 광역예찰정보를 참고로 각 포장을 대상으로 각자가 조사를 하여 그 조사결과를 토대로 판단하도록 해야 할 것이다. 즉 어떤 지역에 대한 광역적 정보는 각자의 포장에 대한 조사 착수의 예보라고 생각하고 각 농가 포장에서의 발생 시기나 발생량을 바탕으로 방제여부나 방법이 강구되어야 하겠다. 이것은 미국에서 시행되고 있는 전문가에 의한 경보체제가 좋은 예이다.

우리나라의 농민은 품종이나 비배관리 등의 기술은 대단히 수준이 높으나 병해충에 관한 지식은 그에 비하면 수준이 낮으며 더욱이 품종이나 재배기술은 정적인 것이나 병해충의 발생은 시기적으로나 공간적으로 변이가 심하여 동적이다. 따라서 농민들의 개별적 예찰을 쉽게 할 수 있는 간편한 조사방법의 개발과 방제여부결정과 관련된 정보의 보급이 중요하다 하겠다.

3. 해충 발생예찰의 목표

작물을 가해하는 해충에는 여러 가지가 있다. 예를 들면 벼의 해충은 143종, 사과의 해충은 306종이 보고되고 있다(한국식물보호학회 1986). 그러나 이들이 모두가 발생예찰의 대상이 되는 것은 아니고 그들 중 중요한 것은 몇 종인 고로 예찰은 이들을 대상으로 이루어진다. 그리고 방제문제와 관련 목표가 되는 것은 그들의 가해가 가장 큰 충태가 문제가 된다. 즉 벼의 해충인 이화명나방의 경우 문제가 되는 것은 유충기이다. 특히 피해가 큰 영기이다. 예를 들면 솔나방의 경우 유충기는 8월 중순부터 다음해 7월까지이나 실제로 가해하는 양은 다음해 7월 중의 7~8령 노숙유충이 전체 섭식량의 90% 이상을 차지하여 문제는 이 시기의 유충밀도이다. 따라서 가장 중요한 것은 솔나방의 경우는 이때의 밀도를 예측하는 것이 중요한 것이다. 그러나 이 영기까지 생육하는 동안에 여러 가지 발육단계를 거치게 되며 각각의 생육단계와 이 중요생육단계간의 관계에는 차이가 많아 최종령충 밀도와 가장 관계가 깊은 영충의 밀도를 예찰에 이용한다.

그림 3-7은 이화명나방을 대상으로 성페로몬에 유살된 유살 수와 논에서의 난괴 수나 피해경률간의 관계이다.

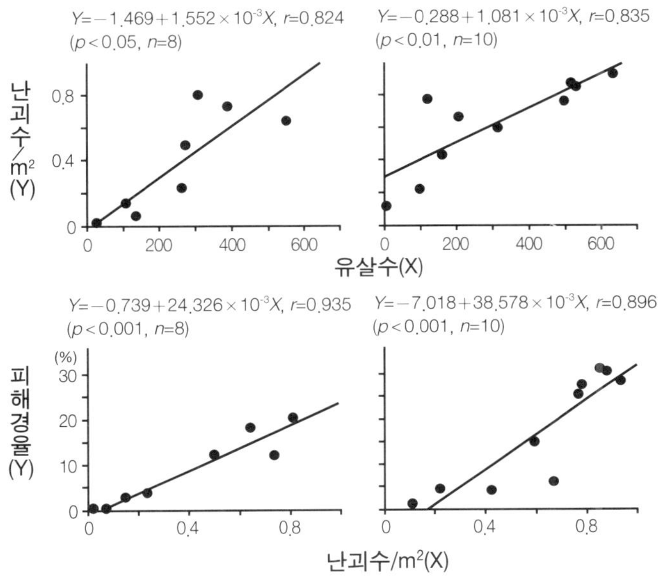

〈그림 3-7〉 이화명나방의 성페로몬 유살수와 난괴수나 피해경율간의 관계(Kondo와 Tanaka 1995) 좌 봄 세대, 우: 여름 세대.

그림에서 보는 바와 같이 페로몬유살 수와 논에서의 산란밀도, 난밀도와 벼의 피해경 사이에는 높은 상관관계가 있음을 알 수 있어 유살 수로 피해정도를 예찰할 수 있음을 알 수 있다. 그런데 유살 수와 난괴수간의 관계보다는 난괴 수와 피해경간의 관계가 약간 높고 전자에 있어서는 봄 세대와 여름 세대간 차이가 별로 없으나 난밀도와 벼의 피해경률간의 상관관계는 봄 세대보다 여름 세대에서 낮은 경향이 있어 부화 직후 유충의 식입률에 벼의 생육상태가 관련되어 있음을 짐작할 수 있을 듯하다. 그들은 이런 관계를 바탕으로 5% 수량감소를 경제적 가해허용수준으로 하였을 때 봄 세대 성충 56, 여름 세대 144의 유살 수를 넘으면 방제를 해야 할 것이라고 추정하였다.

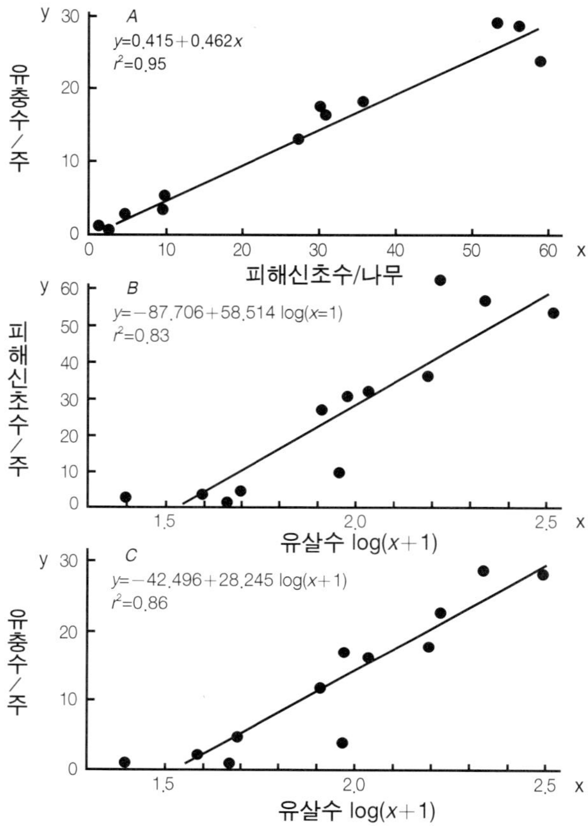

〈그림 3-8〉 복숭아순 나방(*Grapholita molesta*)에 의한 복숭아 피해 신초수와 유충수(A), 페로몬 트랩 유살수와 다음 세대의 피해 신초수(B), 유충수(C)와 유살수와의 관계 (Tanaka 1989).

그림 3-8은 복숭아순 나방(*Grapholita molesta*)에 의한 복숭아의 피해 신초 수와 유충 수 그리고 페로몬 트랩의 유살 수와 다음 세대의 피해 신초 수와의 관계이다.

복숭아순 나방의 경우에 있어서도 페로몬 트랩 유살 수와 유충 수나 피해 신초 수 그리고 유충 수와는 밀접한 관계가 있어 유살 수를 이용한 발생량의 추정이 어느 정도 가능함을 보여 주고 있으며 유충 수 조사로 피해를 상당히 정확하게 추정할 수 있음을 알 수 있다(페로몬 유살 수는 대수전환치이나 유충 수는 실수이다).

유아등의 경우에는 유살되는 종류가 많아 전문적인 지식이 필요하나 페로몬이나 황색수반 또는 유색 끈끈이트랩에는 특정 해충만이 유인되는 것이 보통이어서 재배자들도 이용 할 수 있으며 포충망에 의한 조사도 이용이 가능하다. 다만 문제가 되는 것은 포획율이 여러 가지 요인의 영향을 받기 때문에 해충이 절대밀도나 피해율로 환산하는 데에는 문제가 있음을 고려해야 하겠다.

방제여부의 결정기준이 되는 요방제밀도는 농민을 위하여 될 수 있는 대로 간편한 조사방법이 제시되어야 하겠으나 그의 정확도는 미리 면밀한 조사법과 비교하여 결정할 필요가 있겠다. 발생예찰 전문가는 보다 정도가 높은 조사법으로 정밀조사를 정기적으로 하여 지역 전체의 해충밀도 동향을 파악하여 예보를 내고 농가는 각자의 포장에서 가능하면 1~2회의 조사로 얻은 자료를 활용하여 방제여부나 방제방법을 선택할 수 있도록 하는 것이 바람직하다고 하겠다. 그러나 작물을 가해하는 해충의 종류는 여러 가지이고 그의 발생은 지역이나 작물의 재배양식 등에 따라서도 차이가 있는 고로 요방제밀도의 결정은 쉬운 일은 아니다.

표 3-2는 중앙유럽과 북미대륙에서의 밀 해충류에 대한 요방제밀도이다.

〈표 3-2〉 밀 해충의 요방제밀도 (Wellso와 Wetzel 1987)

가해부위	해충명	요방제밀도	
		중앙유럽	미국
뿌리	*Phyllophaga* spp.(풍뎅이류)	없음	32~43(유충)/m^2
	Agriotes spp.(방아벌레류)	2~3(유충)/75cm^2	없음
줄기, 잎	메뚜기류	없음	8/뚝 0.3m
	Pseudaletia unipunctata (밤나방류)	없음	4/뚝 0.3m
	Zabrus tenebroides (먼지벌레류)	1~2(유충)/m^2(가을)	없음
	Oulema melanopus (잎벌레류)	〉1(알 또는 유충)/지엽	〉3(알 또는 유충)/잎
	Schizaphis graminum (보리두갈레진딧물)	15~25/줄기 (개화기, 유숙기)	50/줄기 초장 15~25cm 300/줄기 초장 46~51cm
	Delia coarctata (꽃파리류)	125(유충)/m^2(지면) 1~3월	없음
	Mayetiola destractor (파리류)	1~6(유충)/줄기	피해경율 20%
	Cephus pygamaeus (벌류)	30(유충)/m^2(줄기)	수시해충
이삭	*Cephus cinctus* (벌류)	없음	70% 잠입율
	Sitobion avenae (보리수염진딧물)	3~5(유충)/이삭	수시해충
	Sitodoplosis mosellana (붉은보리혹파리)	1♀/30이삭(개화직전)	1♀/이삭(개화시)
	Contarina tritici (파리류)	1♀/이삭(개화개시)	없음
	Haplodiploses equestris (파리류)	5(유충)/줄기	없음
	Meromyza americana (노랑굴파리류)	없음	피해율 15%

표에서 보는 바와 같이 밀의 중요한 해충 수는 16종이나 되며 이외에도 가끔 문제가 되는 것도 있어 해충의 종류는 이보다 많을 것이며 이들 해충이 가해하는 밀의 기관도 차이가 있다. 그리고 지역에 따라서도 발생에 차이가 있고 생산여건에도 차이가 있어 같은 해충에 대하여도 시기나 지역에 따라 요방제밀도에 차이가 있다. 예를 들면 보리두갈레진딧물의 경우 중앙유럽에서는 요방제밀도가 개화기와 유숙기 15~25/경인데 북미에서는 초장이 15~25cm일 때는 50/경이고 초장이 46~51cm일 때는 300/경이다. 그리고 보리수염진딧물의 경우에는 중앙유럽에서는 3~5/이삭이나 북미에서는 수시해충으로 그의 피해는 북미에서는 그리 중요하지 않음을 짐작할 수 있다.

한 작물에 대한 어떤 해충의 경제적 가해수준은 같은 작물에서도 피해허용수준에 차이가 있겠다. 표 3-3은 오이총채벌레에 대한 과피 피해허용기준과 경제적 가해수준과의 관계이다.

〈표 3-3〉 오이총채벌레에 대한 과피 피해허용기준과 경제적 가해수순 (Kawai 1996)

작 물	피해 허용기준		
	(1)	(2)	(3)
오이(잎)	4.4	-	5.3
가지(과실, 잎)	0.08	0.17	18.6 <
비만(과실)	0.11	0.18	7.2 <

오이와 가지는 성충수/잎, 비만은 성충수/꽃 (1): 상처 전무의 과실수량 (2): 가는 선상 상처 3개 이하의 것 (3): 모든 상처를 허용 (상처 입은 과실까지를 합한 총수량).

위의 기준은 온실재배의 경우로 이 해충은 오이에 대하여는 잎을 선호하며 과실에는 피해가 적어 상당히 높은 밀도에서도 피해는 별로 없다. 그러나 과실이 가해를 받는 가지나 비만의 경우는 그의 1/10이하의 밀도에서 피해를 받게 된다.

표 3-4는 여러 가지 작물에서 몇 가지 중요 해충류에 대한 경제적 가해허용수준과 요방제수준에 관한 예이다.

〈표 3-4〉 작물해충에 대한 경제적 가해허용수준(EIL) 또는 요방제밀도(CT) (일본) (Nakasuji 1997)

	EIL 또는 CT	연구자
애벼멸구 (줄무늬잎마름병)	출수기, 발병주율 5% EIL 본답 초기 성충3/주(CT) (보독충율에 따라 차이가 있음)	Okamoto와 Otake (1973) Ozaki와 Kameyama (1981)
끝동매미충 (위축병)	휴한담 성충 8/10회 포충망 (보독충율 5%) CT	Kiritani와 Nakasuji (1977)
이화명나방	제1세대 어린변색경율 12%(CT) 심고겨율 5%(EIL) 제2세대 제1세대 말 유충1500/10a(CT) 피해경율 15%(EIL) 제1세대 페로몬트랩 56(월동세대)(CT) 제2세대 페로몬트랩 144(제1세대)(CT)	Koyama (1978) Takagi (1958) Kiritani (1981) Kondo와 Tanaka (1995)
줄점팔랑나비	제2세대 1령 유충 3~15/주(CT) 번데기 0.9~2.1/주(EIL)	Aoki (1981)
혹명나방	분얼기~출수기 피해경율 30%(EIL)	Sasaki (1981)
잎벌레	5월 하순 성충 0.5/주(CT) 6월 상,중순 중령유충 0.25/주(CT)	Kawamura와 Kozima (1978)
벼물바구미	월동세대성충침입수 0.25/주(CT) 0.31/주(CT)	Isuzuki 등 (1983) Yamashiro (199-)
벼멸구	8월 상순(제3회 성충) 단시형 암컷 0.3/주(CT)	Kishimoto (1965)
벼줄기굴파리	제1세대 피해경율 14%(EIL) 제2세대 피해이삭율 11%(EIL)	Okamoto와 Obata (1973)
남쪽풀색노린재	유숙기 5.4~6.1/50회 포충망 (2등미)(CT)	Nakazawa 등(1972) Nakasuji (1973)
호리허리노린재	유숙기 17/50회 포충망(2등미)(CT)	Shimizu와 Maru (1978)
붉은수염노린재	제2회 발생기 7.4/50회 포충망(2등미)(CT)	Yatsutani (1985)
심고선충	75/이삭 (EIL)	Ozaki 등 (1981)

	EIL 또는 CT	연구자
과수		
감귤		
귤응애	봄잎: 약충, 성충 1150마리, 일/잎 (EIL) 여름잎: 약충, 성충 1600마리, 일/잎 (EIL)	Nishino와 Ohgushi (1977)
화살깍지벌레	월동 후, 성충♀ 0.47/100잎(CT)	Okubo (1978)
귤혹파리	잎에 대한 꽃망울 비율 0.32일 때 꽃망울 피해율 30% (EIL)	Kato (1980)
포도		
차노랑총채벌레	황색트랩 유살수 6월 10/일, 7월 상순 23/일 7월 하순 72/일 (CT)	Shibao (1997)
밤		
복숭아얼룩명나방	밤송이 알수 0~1/50 무방제 2~4/50 1회 방제 5~9/50 2회 방제 } (CT)	Shinkaji (1980)
채소, 밭 작물		
담배거세미나방	7월세대 페로몬트랩 유살수 950/5일(CT) 8월세대 800/5일(CT)	Nakasuji와 Kiritani (1978)
	비닐하우스 가지 5,6령 유충 0.4/m²(EIL) 비닐하우수 피망 5,6령 유충 0.3/m²(EIL)	Matsuzaki 등 (1976)
노랑총채벌레	비닐하우스 오이 성충 ♀ 3.1/잎 가지 0.06/잎 피망 0.08/잎 } EIL 5% 감수	Kawaai (19990)
Caverelius saccharivorus (긴노린재류)	제1세대 2~5령충 13/줄기 (CT)	Fujisaki와 Hogyo (1983)

이것은 일본에서 연구발표된 것으로 우리나라와는 기후조건이나 재배조건 그리고 시장조건이 달라 우리나라에서 그대로 활용하는 데에는 문제가 있겠다. 그러나 우리나라와 일본은 농업생산여건이 비슷하여 하나의 기준으로 활용하여도 무방할 것으로 생각된다.

표에서 보는 바와 같이 해충이 종류에 따라 경제적 가해수준이나 요방제밀도 설정시 조사대상은 해충 수 일 수도 있고 피해율 일 수도 있다. 이것은 조사의 목적인 피해량 추정과 관련 조사가 쉬운 생육단계를 대상으로 하고 있으며 한 가지 해충에 있어서도 세대나 조사방법에 따라 차이가 있다. 예를 들면 이화명나방의 경우 경제적 가해수준은 1세대의 경우에는 심고경률이 5%이나 2세대의 경우에는 피해경률이 15%이고 페로몬트랩의 유살 수는 각각의 세대에서의 요방제수준이 56과 144로 차이가 있다. 그리고 벼줄기굴파리의 경우는 세대에 따라 기준을 피해경률과 피해수율로 달리하고 있기도 하다. 그리고 경제적 가허수준이나 요방제밀도 설정은 벼의 해충에 많고 과수나 채소의 해충에서는 적다. 이것은 과수나 채소에서는 생산물의 상품가치가 높고 더욱이 품질이 상품가치에 미치는 영향이 커서 실제 요방제수준이 극히 낮아 현재로서는 그것이 설정되어도 방제의 합리화에는 거의 도움이 되지 않기 때문일 수도 있겠다. 시설재배 처소류에서는 극단적인 경우 한 작기에 20회 이상이나 약제 살포를 해야 하며 수일 간격의 정기적 살포가 불가피하다. 따라서 방제의 합리화를 위한 요방제수준의 설정은 이런 작물들에서 필요하겠다. 그런 의미에서 현재 정기적인 약제 살포가 관행으로 되어있는 이런 작물들에 대하여는 방제법에 관한 보다 근본적인 체제검토를 통한 방제의 개선이 필요하겠다.

그러나 이와 같은 여러 가지 문제가 있기는 하나 경제적 가해수준이나 요방제수준의 설정은 해충문제의 합리적 해결을 위하여 중요한 의미가 있는 것은 확실하다. 발생예찰 정보가 주로 다 발생 예찰에 주력하는 경향이 있어 방제를 해야 한다는 예보가 주가 되어 온 종래의 예에서 벗어나 이와 같은 기준을 바탕으로 방제를 하지 않아도 된다는 예보를 할 수도 있겠다. 물론 해충 피해의 발생은 공간적으로 차이가 있어 각각의 포장에서의 발생에 차이가 있겠다. 따라서 농민은 앞서 말한 바와 같이 광역적인 일반 발생정보를 토대로 각자의 포장에 대한 조사를 통하여 약제 살포를 최소한으로 억제 할 수도 있겠고 피할 수 없는 피해에 대하여는 보험 제도를 활용할 수도 있겠다. 해충의 존재가 곧 약제 살포를 뜻하거나 해충의 발생상황과는 무관하게 정기적으로 약제를 살포하는 종전의 관행에 경제적 가해수준이나 요방제수준의 개념은 객관적이고 합리적인 방지기준을 제공하는 것이다.

4편

해충 방제법

해충을 방제하기 위한 수단이나 자재에는 여러 가지가 있으나 그들은 각각 특성을 갖고 있어 어떤 한 가지 수단이 모든 해충 또는 모든 경우에 적용하여 성공할 수 있는 것은 아니다. 예를 들면 유럽에 침입한 포도뿌리혹벌레는 저항성 대목의 이용으로 성공하였고 미국의 가축해충 *Cochliomyia hominivorax* 파리는 불임충의 대량 방사로 플로리다 주에서는 완전구제에 성공하였으나 다른 지역에서는 부분적으로만 성공하였다.

따라서 현재는 단일 수단이 아닌 여러 가지 방법의 합리적 도입을 기본으로 하고 한편으로는 새로운 유용 수단의 적극적 개발과 각 수단이나 소재의 해충개체군에 미치는 작용특성을 상호보완적으로 활용하여 그들의 총체적 효과를 목표 과제로 하고 있다.

해충관리를 위한 수단으로는 이용되는 수단에 따라 화학적 방제법, 생물적 방제법, 물리적 방제법, 경종적 방제법 등으로 흔히 분류한다. 그러나 이것은 편의적인 것으로 하나하나의 소재나 수단을 이렇게 분류하기가 어려운 수도 흔히 있다. 예를 들면 성페로몬은 화학적 물질을 이용하여 자료면에서 보면 화학적 방제에 속하나 원리면에서 생각하면 교미행동을 통하여 해충개제군의 번식과정을 인위적으로 조작하는 것이며 곤충의 성장억제제도 살충제의 일종으로 취급되는 수가 많다. 그러나 이들은 그의 기능이나 방제원리로는 생물적 방제 나아가서는 생물학적 방제(Biorational control)이라고 하겠다. 그리고 물리적 방제법이나 경종적 방제법에는 여러 가지 방법이 있어 이런 분류법은 재료나 방법으 해충개체군에 대한 작용양식을 바탕으로 한 것이 아니어서 종합적 해충관리 측면에서의 방제수단의 합리적 통합을 위한 각각의 방제법의 평가에는 문제가 있다. 여기서는 이런 점을 염두에 두고 종래의 분류에 따라 중요한 자료와 수법을 간단히 설명하려 한다.

제1장 식물검역

국가는 국민경제를 보호하고 국민의 복지향상을 위하여 외국이나 다른 지역으로부터 침입할 가능성이 있는 해충이나 병원체의 침입을 막기 위하여 동식물 검역을 실시하고 불행히도 침입하였을 때는 그에 대한 대책을 수립하여 분포확대를 저지하는 한편 중요한 병해충에 대하여는 필요에 따라 방제를 명령한다. 병해충 방제, 특히 새로운 병해충의 침입방지나 침입 후의 구제는 통일성 있는 계획하에 체계적으로 시행되어야 하는 고로 국가가 주관하게 되어 법적방제라고도 하는데 이것은 때로는 국민의 경제활동을 제약하고 재산권을 침해하는 일도 있으므로 그의 시행에는 이런 점이 충분히 고려되어야 하겠다.

최근 교통수단이 발달하고 물동량이 증가하면서 외국으로부터 새로운 병해충이 침입할 수 있는 위험성이 대단히 커지고 있으며 시설재배와 재배작물의 다양화는 과거에 비하여 그들 외래병해충의 정착 가능성도 커지게 하고 있다.

외국으로부터 침입한 해충이나 병원체에 대하여 2종 이상 물품에 대하여 법적 조치가 취해진 것은 포도뿌리혹벌레의 침입을 막기 위하여 독일이 1873년 미국으로부터 포도묘목의 수입을 금지하는 법령을 제정한 것이 처음인 듯 하다.

한편 식물검역이란 Plant quarantine의 역어인데 그 어원은 라틴어의 Quadraginata 즉 40이다. Quarantine은 원래 흑사병이나 콜레라가 유행하는 지역에서 온 배의 선원, 화물 그리고 배를 40일간 상륙을 보류시켜 이런 병에 감염되지 않은 것이 확인되었을 때 비로써 상륙을 허용한 14세기 베니스의 법에 유래한 것이다.

따라서 검역이란 원래 병징이 나타날 때까지 일정기간 격리해 두는 것을 말하는 것이라 하겠다. 그러나 이것은 유해동식물의 침입을 막기 위하여 쓸 수 있는 여러 가지 방법 중의 하나일 뿐 외국으로부터 유해한 생물의 침입을 막고 그의 정착이나 침입 후의 분포확대를 저지하고 구제하는 데에는 여러 가지 방법이 있겠다.

우리나라의 식물검역제도는 1904년경 일본으로부터 사과묘목과 같이 사과면충이 침입하게 되면서 1912년 조선총독부령 제43호 "수이입품(輸移入品) 검사에 관한 규정"에 따라 인천, 부산, 원산, 진남포 세관과 군산, 목포, 청진의 세관지서에서 검사와 소독을 실시하게 되었고 다음 해에 "해충구제 예방규칙"이 실시되면서 일반해충까지 확대되었다.

정부수립 후 1953년에 국제식물보호협약(1951, FAO)에 가입하였고 1959년 6월에는 인천, 서울, 군산, 목포, 부산, 여수, 마산, 제주 그리고 김포공항에 동식물검역관을 배치하였다. 그리고 1958년경 미국흰불나방의 침입이 계기가 되어 1961년 12월 31일에는 동식물검역법이 법률 908호로 공포되었으며 1978년에는 국립식물검역소가 발족하였다.

식물검역제도가 국민경제나 복지에 얼마나 도움이 되었는가를 평가하기는 힘든 일이다. 식물검역소의 수입물품과 그에 대한 소독실적과 폐기실적을 보면 1984년에는 각각 201만 M/T와 184 M/T이던 것이 1988년에는 721만 M/T와 301 M/T로 크게 증가하고 있으며 건수로도 4,458건과 1,239건에서 5,756건과 3,666건으로 각각 증가하고 있어 간접적으로 그의 중요성을 짐작할 수 있으며 구체적으로는 미국흰불나방이나 벼물바구미의 침입에 대한 투입인력이나 비용을 생각하면 그의 중요성을 충분히 이해할 수 있겠다.

1. 식물검역의 생물학적 배경

FAO는 국제식물보호위원회(1951) 출범 이후 식물검역체제의 발전을 위하여 꾸준한 노력을 기울여왔다. 그 결과 세계 각국은 식물검역제도를 강화하게 되었으나 한편으로는 이것이 국가간 무역마찰을 초래하기도 하였다. 1995년 세계무역기구(WTO)체제의 출범은 이런 관계를 완화하기 위한 것이었다. 이에 따라 세계 각국은 동물위생 및 식물위생협정(Sanitary and plant sanitary measure, SPS)에 의거 과학적 근거 주의에 입각한 식물검역을 실시하게 되었다. 우리나라에서도 1995년 12월 이에 따라 개정 식물방역법을 제정 공포하였다. 그 중요내용은 국내에 분포하지 않는 병해충 잡초와 국내 일부에 분포하고 있으나 적극적으로 방제를 실시하고 있는 병해충 잡초를 대상으로 병해충 위험도 분석(Plant risk analysis, PRA)를 실시하는 "검역병해충잡초"의 개념을 바탕으로 그에 대한 대응책의 마련이라고 하겠다. PRA는 ① 그 생물이 진정 유해한지 ② 유해가능성과 그의 피해정도 그리고 ③ 위험도의 평가 및 그의 처리방법 등을 내용으로 하고 있어 전적으로 생물학적 타당성이 바탕이 되고 있다.

침입 유해생물들이 침입지에서 정착하여 피해가 얼마나 클 것인가를 예측하는 일은 쉬운 일이 아니다. 이것은 원산지와 침입지간의 여러 가지 환경조건의 차이 때문이다. 예를 들면 미국에서 침입해충으로 중요한 것이 212종이 있는데 그 중 원산지에서 중요한 것은 73종에 불과하며 2차 해충 402종 중 원산지에서 문제가 되는 것은 35종 뿐이라고 하여 침입지와 원산지에서의 그들의 중요도에는 큰 차이가 있어 PRA의 중요성을 짐작케 하고 있다. *Monochamus*속 수염하늘소가 매개하는 소나무재선충(*Bursaphelenchus xylophilus*)은 미국에서 일본을 거쳐 우리나라에 침입한 것으로 알려져 있는데 미국에서는 이 선충에 의한 소나무류의 유행적 피해는 일어나지 않으며 야외에서는 병원력이 낮다고 한다(Rutherford와 Webster 1987). 그리고 이 선충과 근연인 *B. mucronatus* 선충도 *Monochamus*속 하늘소류에 의하여 매개되는데 이 선충은 구대륙의 소나무류에 대하여는 병원성이 거의 없다고 한다(Togashi 1996).

유해생물이 침입지에서 정착하려면 우선 기후적 조건이 중요하다 하겠으나 최근의 시설재배의 확대 등으로 기후조건의 문제는 예전과는 다르다고 하겠다. 다음으로 중요한 문제는 숙주식물인데 이것 역시 최근의 재배작물 다양화는 그의 심각성을 감소시키고 있다. 일반적으로 숙주범위가 넓은 유해생물들은 숙주범위가 좁은 것에 비하면 침입지에서 정착할 가능성이 크다고 하겠으며 이것은 그들의 유전적 특성과도 깊은 관계가 있다. 예를 들면 밤나무혹벌이나 콜로라도잎벌레 같은 것은 원래 야생식물을 숙주로 하던 것이 유전적 변이에 의하여 재배작물을 숙주로 하게 되었다고 한다. 또 침입시 숙주식물의 생육단계가 유해생물의 기생생육단계와 일치하여야 하겠다. 예를 들면 지중해과실파리는 침입시에 산란에 알맞은 과실의 존재가 있어야 정착할 수 있겠다. 그리고 숙주교대를 하는 유해생물인 경우에는 2차 숙주의 존재여부 또한 중요하다 하겠다.

우리나라에 침입한 식물병해충에는 식물 병 22종과 해충 33종이 있으며 그 내용은 표 4-1과 같다. 표에서 보는 바와 같이 전체 침입 종 55종 중 53%인 29종이 1970년 이후의 것으로 최근의 증가된 교역량과의 관계를 짐작할 수 있을 듯하다.

〈표 4-1〉 우리나라에 침입한 식물의 병해충

(1) 병원체 (22종)

병원체명	학명	가해식물	유입경로	유입추정년도	발견년도	발생정도	발생지역
1. 감자더뎅이병	*Streptomyces scabies*	감자	일본	?	1913	++	전국
2. 복숭아탄저병	*Gloeosporium laeticolar*	복숭아	일본	?	1914	+	전국
3. 목화탄저병	*Glomerella gossypii*	목화	미국	?	1914	+	전국
4. 사과나무화상병	*Erwinia amylovora*	사과	미국→일본	?	1928	-	미발생
5. 사과나무근두암종병	*Agrobacterium tumefaciens*	사과	미국→일본	?	1915	+	전국
6. 포도나무노균병	*Plasmopora viticola*	포도	미국→일본	?	1915	++	전국
7. 감자역병	*Phytophthora infestans*	감자	미국→일본	?	1919	+++	전국
8. 벼흰잎마름병	*Xanthomonas campestris pv. oryzae*	벼	일본	?	1930	++	전국
9. 감귤궤양병	*Xanthomonas campestris pv. citri*	감귤	일본	?	1935	+	제주
10. 고구마검은무늬병	*Ceratostomella fimbriata*	고구마	미국→일본	?	1942	+	전국
11. 감자둘레썩음병	*Corynebaoterium michiganense pv. sepedonicum*	감자	미국→일본	?	1964	-	미발생
12. 감자탄저병	*Collectrichumatr amentarium*	감자	일본	?	1970	+	전국
13. 사과나무검은별무늬병	*Venturia inaequalis*	사과	미국	?	1972	++	전국
14. 벼검은줄오갈병	Black leaf streak virus	벼	일본	?	1973	++	전국
15. 벼세균성벼알마름병	*Pseudomonas glumae*	벼	일본	?	1937	++	전국
16. 토마토궤양병	*Corynebacterium michiganense pv. michiganense*	토마토	미국→일본	?	1975	+	전국
17. 감자갈쭉병	Potato tuber spindle viroid	감자	미국	'77	1977	-	미발생
18. 호프위축병	Hop stunt viroid	호프	일본	?	1975	-	미발생
19. 호접란잎썩음병	*Erwinia chrysanthemi*	난	태국, 대만	'88~'89	1991	+	경기
20. 카네이션점무늬병	*Cladosporium echinulatum*	카네이션	스페인, 화란	'88~'89	1993	+	강원(대관령)
21. 박과류검은점뿌리썩음병	*Monosporascus cannonballus*	참외류	일본	'86~'87	1993	++	전남, 경남
22. 토마토시들음병	*Verticillium dahliae*	토마토	일본	'85~'86	1994	+	충남(부여)

(식물검역소 2006).

(2) 해충 (33종)

해충명	학명	가해식물	유입경로	유입추정년도	발견년도	발생정도	발생지역
1. 화살깍지벌레	*Unaspis yanonensis*	감귤	중국	1920~35	?	+	제주
2. 이세리아깍지벌레	*Iceria purchasi*	감귤	미국, 대만		?	++	제주
3. 잠두콩바구미	*Bruchus rufimanus*	잠두	영국, 미국	?	?	+	전국
4. 줄알락명나방	*Cadra cautella*	저장곡물	일본	1920	?	+	전국
5. 흰개미	*Reticulitermes speratus*	목재	일본	?	?	+	전국
6. 루비깍지벌레	*Ceroplastes rubens*	감귤	열대국가	1920~35	?	+	제주
7. 애집개미	*Monomorium pharaonis*	옥내해충	일본	1930	1940	+	전국
8. 뿌리응애	*Rhizoglyphus echinopus*	마늘, 구근	각국	?	?	++	전국
9. 사과면충	*Eriosoma lanigera*	사과	미국, 유럽	1900	1904	+	경북
10. 포도뿌리혹벌레	*Viteus vitifolii*	포도	미국	1907	1917	+	전국
11. 완두콩바구미	*Bruchus pisorum*	완두	미국, 일본	?	?	+	전국
12. 솔잎혹파리	*Thecodiplosis japonensis*	소나무	일본	1920	1929	+++	전국
13. 미국흰불나방	*Hyphantria cunea*	활엽수	미국, 일본	1950~55	1958	+++	전국
14. 밤나무순혹벌	*Dryocosmus kuriphilus*	밤나무	일본	?	1961	+	전국
15. 감자뿔나방	*Phthorimaea operculella*	가지과식물	일본	1963~64	1968	+	전국
16. 가루좀벌레	*Rhizopertha dominica*	곡물	미국	?	1975	+	전국
17. 온실가루이	*Trialeurodes vaporariorum*	하우스작물	일본	1977	1977	+++	전국
18. 딸기가루이	*Trialeurodes packardi*	딸기	일본	1978	1981	+	경기
19. 바나나바구미	*Cosmopolites sordidus*	바나나	대만	1980	1983	-	미발생
20. 벼물바구미	*Lissorphoptrus oryzophilus*	수도	일본	1985	1988	+++	전국
21. 소나무재선충	*Bursaphelenchus xylophilus*	소나무	일본	1985	1988	++	부산 등
22. 채소바구미	*Listroderes costirostris*	채소류	일본	1970	1989	+	중부이남
23. 글라디올러스총채벌레	*Thrips simplex*	글라디올러스	네델란드	1990	1991	-	미발생
24. 꽃노랑총채벌레	*Frankliniella occidentalis*	과수, 화훼류	유럽(화란)	'88~'89	1993	++	전국
25. 오이총채벌레	*Thrips palmi*	채소, 화훼류	일본	'87~'88	1993	++	전남, 경남, 제주 등
26. 아메리카잎굴파리	*Liriomyza trifolii*	채소, 화훼류	유럽	'87~'89	1994	++	전남북, 경남, 제주, 부산 등
27. 알팔파바구미	*Hypera postica*	알팔파, 자운영	미국	1979 이전	1994	+	제주
28. 버즘나무방패벌레	*Corythucha cilliata*	버즘나무, 뽕나무	미국	1990 이전	1995	++	서울, 경기, 강원, 충남 등
29. 뒷흰날개밤나방	*Peridroma saucia*	채소, 화훼류	중국, 일본	1995 이전	1997	++	제주, 고흥, 여수 등
30. 담배가루이	*Bemisia tabaci*	채소, 화훼류	이스라엘	1996 이전	1997	++	진천, 고양 등
31. 난왕바구미	*Nassophasis aspericollis*	난초	중국	1997	1999	-	미발생
32. 바나나좀나방	*Opogona sacchari*	행운목 등	중미	1990 이전	1999	++	서울, 경기 등 전국
33. 긴꼬리가루깍지벌레	*Pseudococcus longispinus*	행운목	인도네시아	1996 이전	2000	+	성남

※ + (소), ++ (중), +++ (다), (식물검역소 2006).

이상으로 보아 식물검역의 성공을 위하여 그들의 존재여부를 탐지하고 그의 종을 동정하는 문제 외에 작물학, 원예학, 임학, 곤충학, 선충학, 식물병학, 세균학, 미생물학, 균학, 바이러스학, 연체동물학, 동물학, 식물학, 잡초학, 생태학, 분류학, 형태학, 숙주범위, 지리적 분포, 이동, 전파, 생활사, 환경학, 유전학, 생화학, 농약학 등 여러 분야의 연구가 뒷받침되어야 하겠다.

2. 식물검역의 내용

외국으로부터 새로운 유해생물의 침입을 막고 침입하였을 때 그의 분포확대를 저지하기 위하여 국가는 동식물검역(Plant and animal quarantine, 動植物檢疫)을 실시한다. 전자를 국제검역(International plant and animal quarantine, 國際檢疫)이라고 하고 후자를 국내검역(Domestic plant and animal quarantine, 國內檢疫)이라고 한다.

국제 동식물검역은 침입 가능한 해충이나 병원체 그리고 잡초류를 침입지점에서 막기 위하여 국제공항이나 국제우체국 그리고 항구에서 검역관이 실시한다. 이 때 대상이 되는 것은 유해동식물이 붙어 있을 가능성이 있는 식물, 용기, 토양, 뿐 아니라 포장 또는 선박이나 비행기, 자동차 등 교통수단도 포함된다.

우리나라 식물검역법은 WTO/SPS 협정과의 조화를 고려하여 대상유해생물을 경제적 중요도에 따라 다음과 같이 구분하고 있다.

① **규제병해충**(Designated pests, 規制病害虫): 병해충 중 소독, 폐기 등의 조치를 취하지 않으면 침입하여 피해가 클 것이 예상되는 것들로 검역병해충과 규제비검역해충으로 나눈다.

A. 검역병해충(Quarantine pests, 檢疫病害虫): 국내 유입시 잠재적으로 큰 피해의 우려가 있는 것으로 국내에 존재하지 않거나 국내 일부지역에 분포하나 발생예찰사업, 기타 방제 조치가 취해지고 있는 병해충으로 다음과 같은 것으로 되어 있다.

ⓐ **금지병해충**(Prohibited quarantine pests, 禁止病害虫): 국내에 유입할 경우 폐기 또는 반송조치를 하지 않으면 피해가 클 우려가 있어 그의 분포 국가로부터 기주식물의 수입이 금지되는 병해충류와 병해충 위험분석결과 금지병해충에 준하는 위험이 있다고 생각되는 것들로 병12종과 해충 60종 등 72종이 있으며 이들은 수입이 금지되어 있다. 그 내용은 표 4-2와 같다.

〈표 4-2〉 우리나라의 금지 병해충류

(1) 병원체 (12종)

번호	분류군	학 명	일반명	기 주
1	파이토 프라즈마	*Apple proliferation*	Apple proliferation withes'broom	과수류 묘목
2	파이토 프라즈마	*Grapevine flavescence Doree*	Grapevine flavescence Doree	과수류 묘목
3	세균	*Citrus greening*	Citrus greening disease	과수류 묘목
4	세균	*Erwinia amylovora*	Fireblight	과수류 묘목 과실류
5	세균	*Xylella fastidiosa*	Pierce's disease	과수류 묘목
6	바이로이드	*Potato spindle tuber viroid*	PSTVd	서류, 과채류 묘
7	바이러스	*Plum pox potyvirus*	PPV	과수류 묘목 과실류
8	곰팡이	*Balansia oryzae-sativae*	Udbatta disease	곡류종자
9	곰팡이	*Cronartium coleosporioides*	Stalactiform blister rust	수목류 묘목 목재류
10	곰팡이	*Peronospora tabacina*	Downy mildew	특용작물 채소류 과채류 묘
11	곰팡이	*Synchytrium endobioticum*	Potato wart disease	서류 과채류 묘
12	곰팡이	*Phytophthora ramorum Werres et al.*	참나무역병	참나무

(2) 해충 (60종)

번호	학 명	과 명	일반명
1	*Anarsia lineatella* Zeller	Gelechiidae(뿔나방과)	과수류, 채소류
2	*Radopholus similis* (Cobb) Thorene	Platylenchidae(뿌리썩이선충과)	과수류
3	*Rhagoletis cerasi* (Linnaeus)	Tephritidae(과실파리과)	채소류
4	*Rhagoletis cingulata* (Loew)	Tephritidae(과실파리과)	과실류, 채소류
5	*Rhagoletis completa* Gresson	Tephritidae(과실파리과)	과실류, 채소류
6	*Rhagoletis fausta* (Osten Sacken)	Tephritidae(과실파리과)	과실류, 채소류
7	*Rhagoletis indifferens* Curran	Tephritidae(과실파리과)	과실류, 채소류
8	*Rhagoletis pomonella* (Walsh)	Tephritidae(과실파리과)	과실류, 채소류
9	*Rhagoletis suavis* (Loew)	Tephritidae(과실파리과)	과실류, 채소류
10	*Zonosemata electa* (Say)	Tephritidae(과실파리과)	과실류, 채소류
11	*Ditylenchus angustus* (Butler)	Anquinidae(씨알선충과)	기타묘
12	*Euscepes postfasciatus* (Fairmaire)	Curculionidae(바구미과)	채소류
13	*Globodera pallida* (Stone)	Heteroderidae(씨스트선충과)	채소류

(2) 해충 (60종) *(계속)*

번호	학 명	과 명	일반 명
14	*Globodera rostochiensis* (Wollenweber)	Heteroderidae(씨스트선충과)	채소류
15	*Grapholita prunivorana* Ragonot	Tortricidae(잎말이나방과)	과실류, 채소류
16	*Grapholitha inopinata* Heinrich	Tortricidae(잎말이나방과)	과실류, 채소류
17	*Grapholitha prunivora* (Walsh)	Tortricidae(잎말이나방과)	과수류, 채소류
18	*Leptinotarsa decemlineata* (Say)	Chrysomelidae(잎벌레과)	채소류
19	*Mayetiola destructor* (Say)	Cecidomyidae(혹파리과)	곡류
20	*Radopholus citrophilus* Huttel et al.	Platylenchidae(뿌리썩이선충과)	과수류
21	*Bursaphelenchus xypopilus* (Steiner & Buher)	Aphelenchoididae(잎선충과)	수목류, 목재류
22	*Carpomya pardalina* Bigot	Tephritidae(과실파리과)	과실류, 채소류
23	*Ceratitis capitata* (Wiedemann)	Tephritidae(과실파리과)	과실류, 채소류
24	*Ceratitis quinaria* (Bezzi)	Tephritidae(과실파리과)	과실류, 채소류
25	*Ceratitis rosa* Karsch	Tephritidae(과실파리과)	과실류, 채소류
26	*Conotrachelus nenuphar* (Herbst)	Curculionidae(바구미과)	과실류, 채소류
27	*Cryptophlebia leucotreta* (Meyrick)	Tortricidae(잎말이나방과)	과실류, 채소류
28	*Cydia funebrana* Treitschke	Tortricidae(잎말이나방과)	과실류, 채소류
29	*Cydia pomonella* (L.)	Tortricidae(잎말이나방과)	채소류
30	*Cylas formicarius* (Fabricius)	Brentidae(침봉바구미과)	과실류, 채소류
31	*Bactrocera neohumeralis* (Hardy)	Tephritidae(과실파리과)	과실류, 채소류
32	*Bactrocera opiliae* (Drew and Hardy)	Tephritidae(과실파리과)	과실류, 채소류
33	*Bactrocera papayae* (Drew & Hancock)	Tephritidae(과실파리과)	과실류, 채소류
34	*Bactrocera tau* (Walker)	Tephritidae(과실파리과)	과실류, 채소류
35	*Bactrocera trivialis* (Drew)	Tephritidae(과실파리과)	과실류, 채소류
36	*Bactrocera tryoni* (Froggatt)	Tephritidae(과실파리과)	과실류, 채소류
37	*Bactrocera tsuneonsis* (Miyake)	Tephritidae(과실파리과)	과실류, 채소류
38	*Bactrocera tuberculata* (Bezzi)	Tephritidae(과실파리과)	채소류
39	*Bactrocera umbrosa* (Fabricius)	Tephritidae(과실파리과)	과실류, 채소류
40	*Bactrocera zonata* (Saunders)	Tephritidae(과실파리과)	과실류, 채소류
41	*Bactrocera correcta* (Bezzi)	Tephritidae(과실파리과)	과실류, 채소류
42	*Bactrocera cucumis* (French)	Tephritidae(과실파리과)	과실류, 채소류
43	*Bactrocera cucurbitae* (Coquillett)	Tephritidae(과실파리과)	과실류, 채소류
44	*Bactrocera dorsalis* (Hendel)	Tephritidae(과실파리과)	과실류, 채소류

(2) 해충 (60종) *(계속)*

번호	학 명	과 명	일반명
45	*Bactrocera fraunfeldi* Schiner	Tephritidae(과실파리과)	과실류, 채소류
46	*Bactrocera halfordiae* (Tryon)	Tephritidae(과실파리과)	과실류, 채소류
47	*Bactrocera jarvisi* (Tryon)	Tephritidae(과실파리과)	과실류, 채소류
48	*Bactrocera kraussi* (Hardy)	Tephritidae(과실파리과)	과실류, 채소류
49	*Bactrocera latifrons* (Hendel)	Tephritidae(과실파리과)	과실류, 채소류
50	*Bactrocera murrayi* (Perkins)	Tephritidae(과실파리과)	과실류, 채소류
51	*Anastrepha distincta* Greene	Tephritidae(과실파리과)	과실류, 채소류
52	*Anastrepha fraterculus* (Wiedemann)	Tephritidae(과실파리과)	과실류, 채소류
53	*Anastrepha ludens* (Loew)	Tephritidae(과실파리과)	과실류, 채소류
54	*Anastrepha obliqua* (Macquart)	Tephritidae(과실파리과)	과실류, 채소류
55	*Anastrepha pseudoparallela* (Loew)	Tephritidae(과실파리과)	과실류, 채소류
56	*Anastrepha serpentina* (Wiedemann)	Tephritidae(과실파리과)	과실류, 채소류
57	*Anastrepha striata* Shiner	Tephritidae(과실파리과)	과실류, 채소류
58	*Anastrepha suspensa* (Loew)	Tephritidae(과실파리과)	과실류, 채소류
59	*Bactrocera aquilonis* (May)	Tephritidae(과실파리과)	과실류, 채소류
60	*Bactrocera carambolae* (Drew & Hancock)	Tephritidae(과실파리과)	과실류, 채소류

(식물검역소 2006).

ⓑ **관리병해충**(Controling pests, 管理病害虫): 국내에 유입될 경우 소독처리를 하지 않으면 식물에 피해정도가 클 것이 우려되는 병해충류로 병 464종(진균류 328, 바이러스 74, 바이로이드 5, 세균 40, 파이토플라즈마 17), 해충 1522종(곤충류 1390, 응애 66, 선충 39, 달팽이 27) 그리고 잡초 12등 1998종이 있으며 소독이 의무화되어 있다.

B. 규제비검역병해충(Regulated non-quarantine pests, 規制非檢疫病害虫): 재식용식물에 경제적으로 수용할 수 없는 정도의 피해를 끼쳐 국내에서 규제되는 비검역병해충으로 52종이 지정되어 있으며 소독이 의무화되어 있다.

② **잠정규제병해충**(Provisionarly regulated pests, 暫定規制病害虫): 식물검역에서 처음으로 발견되었거나 병해충위험분석을 실시중인 병해충으로 규제병해충에 준하여 잠정적으로 소독, 폐기 등의 조치를 취하는 병해충으로 위험평가대상이 되는 병해충 잡초들이다.

③ **비검역병해충**(Non-quarantine pests, 非檢疫病害虫): 규제병해충과 잠정규제병해충을 제외한 병해충류로 국내에 널리 분포하고 있어 검역 조치를 취하지 않는 병해충 잡초를 말한다.

검역의 대상이 되는 병해충은 그들의 원산지에서의 중요성도 문제이나 침입국에서의 중요성이 보다 중요하다. 즉 원산지에서는 피해가 큰 것이라 하여도 침입 국이 기후조건이나 재배작물의 차이로 정착이 불가능하거나 피해의 우려가 없는 것이 있을 수 있다. 예를 들면 짚시나방이나 밤나무줄기마름병은 구대륙에서는 천적류가 많고 숙주의 저항성이 커서 큰 피해가 없으나 미국에서는 큰 피해를 주고 있다.

대상병해충에 관한 형태적 특성이나 가해표징 그리고 숙주식물이나 토양, 기타와 같은 담체(Carrier, 擔体)에 관한 지식은 실제로 무엇을 대상으로 어떻게 검사할 것인가에 대한 검역 기술과 밀접한 관계가 있겠다. 또 적절한 처리방법으로 감염된 병해충을 제거할 수 있을 경우에는 처리 후 통과 또는 이동이 허용되어야 하겠다. 이 때 중요한 것은 처리수단 뿐 아니라 처리시간이 충분해야 하겠다. 예를 들면 가장 흔히 쓰는 훈증의 경우 그 효과는 농도와 처리시간에 의하여 결정되며 격리재배 후 통과시킬 때는 그 기간은 상당히 길어지며 재배기간 중 제한지역에서 빠져나갈 위험성은 상당히 커서 격리재배지 시설은 그에 알맞는 시설과 철저한 관리가 필요하다 하겠다.

식물검역은 새로 침입할 가능성이 있는 병해충류에 대한 조치와 동시에 외국으로 수출하는 농산물에 대한 업무 즉 위생증명업무도 중요한 것의 하나이다.

수출품에 대한 검사는 상대국에 따라 식물검역제도에 차이가 있음으로 그에 따라 검사를 하고 증명서를 발행한다. 검사는 직접 수출품을 검사하기도 하나 재배현장에서 재배지 검사를 하고 합격품은 통과시키고 불합격품은 소독 후 증명을 발행한다. 그리고 국제검역은 침입 국에는 대상병해충이 분포하고 있지 않으므로 외국에서의 병해충 발생상황에 관한 정보가 대단히 중요하다. 현재 국제식량기구(FAO)에서는 국제식물보호협약을 통하여 가맹국간에 정보를 교환하고 있으며 학술지나 업계소식 등도 중요한 정보원이 되고 있다.

3. 식물검역의 구체적 실시 내용

식물검역의 구체적 내용은 다음과 같다.

1) 병해충 잡초의 침입저지

병해충 잡초의 침입을 억제 또는 저지하기 위한 방법에는 다음과 같은 것이 있다.

a. 수입금지 : 외국으로부터 국내로 침입하는 것 또는 침입한 것이 미분포 지역으로 분포를 확대하는 것을 저지할 목적으로 그의 담체의 수입이나 이동을 금지하는 것으로 대상유해생물의 종류, 대상지역 또는 특정시기가 법으로 정해져 있다(예 금지병해충). 이것은 교역에 압박을 주어 국가간 무역마찰을 초래할 우려가 있으며 밀반입이 조장될 수 있으며 유해생물에 대한 조사나 연구가 잘 되어있는 국가와 그렇지 못한 국가간의 불균형이 문제가 된다.

b. 수입항에서의 검사 : 침입할 우려가 있는 유해생물을 국제항, 국제공항, 국제우체국, 주요도로의 검문소 등에서 검사하는 것으로 검사원은 수입물품의 종류와 그의 산지에 따라 주요대상 유해생물의 종류, 도착당시의 생육단계, 피해징후, 기타에 관한 풍부한 지식을 갖고 있어야 하며 검사효율은 검사기술이나 표본조사법의 정확도와 깊은 관계가 있다. 이때의 표본 오차는 0%를 목표로 해야 함으로써 표본조사법의 개발이 뒷받침되어야 하겠다.

c. 수출지에서의 검사 : 이것은 수출지에서 농산물의 병해충 감염여부를 검사하거나 처리한 후 수입 또는 이동을 허용하는 방법으로 출발지에서 병해충을 제거할 수 있으며 농산물의 집산지에서 검사와 처리를 하는 수도 있다. 이때의 문제점은 b에서와 같으나 검사대상이 한정되어 있는 고로 보다 철저한 정보를 활용할 수 있겠다.

d. 수입농산물의 재배기간 중 야외포장 검사 : 이것은 농산물 재배지에서 재배기간 중 병해충 발생상황을 현지에서 조사하는 것으로 특정시기에 현지 로 검사원이 파견되어 조사한다. 조사방법으로는 일반적인 방법 이외에 유살기구나 가해상황, 병징 기타가 이용되겠으며 주로 비감염지역(Pest free area, 非感染地域)의 개념이 활용되고 있다. 생산지에서의 관련 기록을 제출 받아 보충 재료로 활용한다. 최근 묘목이나 종자 또는 재식용 삼수나 대목 등의 수입량이 크게 증가하고 있는데 이것은 바이러스나 기타의 잠복성 유해생물의 침입가능성을 증대시키고 있어 이런 방법

의 중요성이 커지고 있다. 이 방법의 효율성은 검사관의 자질이 특히 중요하며 조사방법뿐 아니라 조사 시기, 가해양식, 병징, 기타에 관한 풍부한 지식을 필요로 하며 경제적 부담도 크다.

2) 식물검역처리(Phytosanitary measure, 植物檢疫處理)

관리병해충 잡초에 대하여는 검역처리 후 수입 또는 유통이 허가된다. 이때의 처리 방법으로는 주로 화학적 물질을 이용한다. 식물검역처리용으로 현재 가장 많이 사용되고 있는 것은 메칠부로마이드(MB)인데 이것은 대기권의 오존층을 파괴할 위험성이 있어 1995년 제4회 몬트리올 의정서 체약국회의에서 오존층 파괴물질로 지정되었고 비엔나에서의 제7회 체약국회의에서 2010년까지 전폐하기로 결정되어 있어 각국은 그 대책에 고심하고 있다. MB이외의 훈증제로는 에티렌 디브로마이드나 PH_3가 건조 농산물에 대하여 부분적으로 이용되고 있다. 일반 살충제의 검역적 이용은 그의 인축에 대한 독성 때문에 극히 제한되어 있으며 일부 과실에 대한 침지처리 시험이 보고된 바 있다. 화학적 물질 이용 이외의 검역처리 수단으로는 방사선, 저온, 온수, 열(공기), 고주파, 산소나 이산화탄소 등의 분압조절 등이 이용될 수 있으며 현재는 일반화 되어 있지 않으나 앞으로 개발의 여지가 큰 분야이다.

검역처리는 농산물의 품질에 영향을 미치는 수가 많아 과실류나 엽채류가 처리를 받으면 신선도나 맛에 차가 생기며 구근류나 묘목 또는 접수와 같은 번식체는 처리후의 생육생리에 영향을 받는 수가 많다.

한편 포장에서의 약제 선정기준이 LD_{50} 또는 LC_{50}(50%의 살충에 필요한 약의 양 또는 농도)이고 실제 약제사용여부는 해충의 존재여부가 아니고 그 밀도가 높아 경제적 손실이 있을 것이라는 판단에 따르게 되어 있는데 검역처리는 해충의 밀도와는 관계없이 존재여부로 처리여부가 결정되고 처리 농도는 살충률 99.99683% (푸로빗트 9)를 목표로 하고 있음은 중요한 점이다. 그리고 처리에는 시설이 필요하며 시간이 걸릴 뿐 아니라 종사자는 물론 주변에 불의의 사고가 생길 우려가 크기에 특별한 숙련이 필요하다.

3) 격리재배(Post entry inspection, 隔離栽培)

종묘나 종자 기타의 번식용 농산물을 도입한 후 일정기간 격리상태 하에서 재배하면서 병해충의 감염여부를 조사하는 것이다. 이것은 주로 육종용 재료나 실험용 농작물에 적용되며 전문가에 의한 도입인 고로 시설이 완비되어 있고 전문지식이 충분하여 안전성은 높다 하겠다. 이 때 수입되는 양은 소량이어야 하며 도입자의 능력, 관리시설, 응급대처능력 등에 대한 철저한 검토가 있어야 하겠다.

4) 식물위생증명서(Phytosanitary certificate, 植物衛生證明書)

식물이나 식물생산물의 수입국은 그의 병해충의 침입 만연을 막기 위하여 수출국의 식물위생증명서를 요구하고 있다.

식물위생증명서는 수입국 정부의 식물검역 규칙에 맞는 것이어야 하며 검사의 실시나 증명서의 발행은 기술적인 자격을 갖고 정당한 위임을 받은 기관이 검사를 하여 검역대상해충이 붙어 있지 아니하다고 인정될 때에 IPPC가 제시한 양식에 따라 발행한다. 이를 위하여 식물검역기관은 수입국의 식물이나 식물생산물 및 화물의 수입과 관련된 규제 내용에 대한 충분한 정보의 확보에 노력하고 수출업자에 그 정보를 제공해야 한다.

4. 침입유해생물에 대한 검역

새로운 병해충의 침입이 확인되고 검역조치가 필요하다고 생각될 때 검역을 실시하기에 앞서, ① 발생범위를 즉각적으로 조사하고 긴급조치를 취하여 그의 분포확대를 저지하는 동시에 ② 감염지역과 미감염지역의 대표자가 참석한 공청회를 열어 검역실시 타당성을 묻고 ③ 이견이 없으면 검역을 실시하는데 이 때 대상 해충명, 대상지역, 대상이 되는 담체, 담체의 이동을 허가할 수 있는 요건 등이 명백히 제시되어야 하며 실제로 대상지역은 발생지역뿐만 아니라 그 주변지역까지도 포함되어야 한다. ④ 규제담체의 이동을 가능하게 할 수 있는 보다 나은 처리방법에 관한 연구를 계속하여 문제해결에 노력해야 할 것이다.

검역실시에 있어서 처리를 면제할 수 있는 장치를 최대한으로 확대하는 것은 생산자나 소비자를 보호한다는 입장에서 중요하다. 대상담체가 이동이 허가될 수 있는 경우로는 ① 감염원이 확실히 제거될 수 있는 처리를 받았을 때 ② 감염지역 전체에 걸쳐 병해충이 발생하는 일은 없었기 때문에 감염지역내라 할지라도 검사결과 비감염 포장에서 생산된 것이 확실할 때 ③ 검사결과 비감염 생산품임이 확실할 때 ④ 재배나 수확에 있어서 해충 감염이 완전히 차단되어 감염 가능성이 없는 것이 확실할 때 등에는 생산품의 이동은 허가되어야 할 것이다. 또

가공을 위하여 수송할 때 수송 도중에 해충이 다른 곳으로 도망할 수 없고 가공 과정에서 완전히 구제되거나 도착지에서는 정착할 수 없을 때에도 이동은 허가 될 수 있을 것이다.

한편 확대를 완전히 저지해야 할 때는 대상지역에서 밖으로 나가는 담체는 전부 조사해야 하나 확대속도를 줄이거나 감염지에서 적절한 검사가 끝난 경우라면 전면적인 조사를 지양하고 부분적인 조사로 대체할 수 있을 것이며 화물터미널이나 계량소 등에서 검사하는 방법도 생각할 수 있다.

침입해충에 대한 방제수단에는 화학적 방법, 경종적 방법, 생물적 방법, 기타 여러 가지 방법을 이용할 수 있겠으며 가장 흔히 쓰이는 방법은 화학적 수단으로 이 때 중요한 것은 살충제에 관한 충분한 전문지식을 갖고 있은 전문가의 주도하에 실시되어야 한다는 것이다.

경종적 방법도 사용되는 경우가 있으나 다른 수단과 같이 이용하지 않을 때에는 완전한 구제는 어려운 것이 보통이다. 생물적 방제수단은 발생면적 확대 저지책으로 오랫동안 이용되어 왔으나 완전한 구제는 어려운 것이 보통이다.

1) 완전구제

완전구제(Eradication, 完全驅除)란 대상해충을 어떤 지역에서 완전히 제거하는 것을 말하며 어떤 해충을 지구상에서 완전히 제거하는데 성공한 예는 없으나 국부적으로는 완전구제가 성공한 예는 상당히 있다.

완전구제는 침입지에서 초기에 아직도 그 분포면적이 얼마 되지 않는 해충에 대해 시도하는 것이 보통이다. 물론 새로운 해충을 발견하였을 당시에 적절한 방제수단이 알려져 있지 않은 경우에는 적절한 방제수단이 개발될 때까지는 완전구제를 목표로 할 수는 없을 것이나 가능한 여러 가지 방법을 동원하여 방제에 힘쓰는 일은 피해를 줄이고 분포면적 확대를 저지하는데 도움이 될 수 있을 것이다. 벼물바구미(*Lissorhopterus oryzophilus* Kuschel)에대한 초기대책은 일본이나 미국에서 개발된 방제수단을 직접 써서 완전구제를 시도한 예가 될 것이며 온실가루이에 대한 기생식물 소각과 온실훈증은 해충이 우리나라에서는 야외에서 월동할 수 없다는 생태적 조건과 곁들여 그의 완전구제에 효과적이었다. 그러나 대개의 경우 완전구제계획은 시간이 경과하면서 분포확대저지나 세력억제로 방향이 전환되는 수가 많다.

한편 정착한 해충을 완전구제 하는데 성공한 예도 있다. 예를 들면 불임성을 이용하여 가축의 내부기생파리(*Cochliomyia hominvorax* Coquerel)를 북미 플로리다주에서 완전히 구제한 경우나 멜론광대파리(*Dacus cucurbitae* Coquillett)를 일본 오키나와 섬에서 완전히 제거한 경우는 지역적인 완전구제에 성공한 좋은 예다.

그런데 해충을 완전히 구제하는데 성공했다 하더라도 재 침입의 우려는 남게 되어 항상 경계를 위한 야외조사가 구제 후에 뒤따라야 하겠다. 미국 플로리다주에서 지중해광대파리(*Ceratitis capitata* Wiedeman)가 처음 발견된 것은 1929년의 일로 직접적으로 방제대책이 강구되어 약 18개월간에 걸쳐 약 700만 달러의 비용을 들여 완전구제 되었으나 1956년에 재발견되어 그의 구제에는 약 1년 6개월에 걸쳐 1100만 달러를 썼으며 그 후에는 이 해충에 대한 조사체제를 강화하여 조기발견에 노력한 결과 1962년 재발견 시는 3개월간에 약 30만 달러를 썼고 1966년 재발견 시는 조치한 지 44일 후에는 발견할 수 없었다고 한다. 이 때 주로 사용한 것은 말라티온을 유인제에 혼합한 것이었다. 이러한 사실은 발생조사 체계가 얼마나 중요한가를 말해 주고 있다.

2) 분포확대 저지

침입해충이 아직도 그가 분포할 수 있는 잠재적인 분포지역까지 확대되고 있지 않을 때 그 분포가 확대되는 것을 저지하는 것이 분포확대 저지(Containment, 沮止封鎖)다. 이것은 해충이 정착은 되었으나 완전구제가 어려울 때에 흔히 쓰는 대책이다.

분포확대를 저지할 때에는 보통 분포지역 전반에 걸쳐 방제조치를 취하기보다는 국내 동식물 검역을 실시하는 한편 감염확대 가능성이 있는 지역을 대상으로 제한적인 조치를 하는 것이 보통으로 분포주변 지역에 대하여 방제책을 강구한다. 예를 들면 솔잎혹파리의 경우 그의 분포확대를 저지하기 위하여 분포선단지를 조사하고 그 지역에 방제를 집중하였다. 한편 완전히 구제할 수 있는 적절한 방제수단이 알려져 있지 않은 해충이나 완전구제가 어려운 해충에 대해서도 이러한 방향으로의 대책은 필요할 것이다. 예를 들면 미국에서 왜콩풍뎅이(*Popilia japonica* Newman)의 침입이 알려졌을 때(1916년 경) 이 해충에 대한 적절한 방제수단이 없었으므로 그에 대한 대책은 그의 분포확대를 저지하기 위한 수단 이외에는 사용할 수 없었으며 아직도 그런 방향으로 진행되고 있는 실정이다. 또 *Heterodera restochiensis* (Wollenweber) 선충의 발생이 뉴욕주에서 처음 알려졌을 당시 그의 분포확대 저지는 주로 재배학적 수단에 의한 것이었으나 그 후 Dichloropropenes와 Dichloropropanes와의 혼합제가 개발되면서 이 혼합물에 의한 처리가 주축이 되기도 하였다.

분포확대 저지책은 부단한 효과 평가가 뒤따라야 하며 만약 그것이 불가능한 것으로 판명되면 다음에 세력 억제책이나 일반적인 방제로 전환하도록 해야 할 것이다. 우리나라에서의 미국흰불나방이나 벼물바구미의 경우는 일반 방제로 전환한 예가 될 것이며 미국에서의 느릅나무의 *Ceratocystsis ulmi*(Buisman) 마름병과 그를 매개하는 나무좀류에 대한 분포확대 저지조치는 처음에는 완전구제를 목표로 하였으나 그의 분포면적의 확대에 따라 확대저지를 목적으로 하였다가 현재에 있어서는 일반방제로 전환하게 된 예라고 할 수 있다.

3) 세력억제

세력억제(Suppression, 勢力抑制)는 국가가 외지에서 침입한 해충뿐만 아니라 넓은 지역에 걸쳐 돌발적으로 크게 발생하여 개인으로서는 감당하기 힘든 해충에 대하여 개인의 협력을 얻어 수행한다. 대개의 경우는 분포범위가 대단히 넓은 해충에 대해 시행하며 이것은 병해충발생 예찰사업과 밀접한 관계가 있다.

해충의 세력억제를 위한 국제적 기구로는 떼메뚜기 방제기구로 아프가니스탄, 에디오피아, 인도, 이란, 이라크, 요르단, 레바논, 리비아, 모로코, 파키스탄, 수단, 튀니지, 터키 등의 근동 아시아와 아프리카의 여러 나라가 참여하고 있으며 북미 대륙에는 지중해광대파리와 사람에 기생하는 *Dermatobia hominis* Linne 양파리의 방제를 위해 니카라과, 과테말라, 엘살바도르, 코스타리카, 파나마, 멕시코 등이 참여하는 중미기구가 있다.

제2장 경종적 방제법

해충의 발생이나 피해를 방지 또는 경감시키기 위하여 도입되는 포장관리법을 총체적으로 경종적 방제법(Cultural control, 耕種的 防除法)이라고 하며 여기에는 재배시기의 변동, 시비법의 개선, 윤작이나 간작, 혼작, 포장의 선정이나 주변관리, 기타 여러 가지가 포함된다. 경종적 방제법의 기초가 되는 것은 각 작물에 대한 곤충류의 생리, 생태, 행동 등의 특성에 관한 지식이다. 이 방제법은 단독으로 완전한 성공을 거두기는 힘든 수가 많으나 해충의 밀도나 피해를 감소시켜 합리적인 해충관리에는 발생의 예방적 측면에서 중요한 의미가 있다.

경종적 방법은 농경의 역사와 더불어 발달한 방법이라고 할 수 있어 가장 오랜 역사를 갖고 있다. 작물 생산계 특히 일년생 작물의 생산계는 시간적으로는 한 계절내에서나 여러 계절에 걸쳐 그리고 공간적으로는 국지적으로나 넓은 지역에 걸쳐 재배하는 작물의 종류, 품종, 재배 시기나 밀도 그리고 관리 방법이 변한다. 이와 같은 변화는 해충의 가용자원에 영향을 미쳐 결국은 해충의 발생에 영향을 미치게 된다. 경종적 방법은 대부분이 예방적인 것이고 그 효과는 지효적인 것이어서 직접적인 것에 비하여 경시 또는 무시되어 온 경향이 있으나 해충의 총체적 관리를 목표로 하는 현재의 해충방제 철학에서 보면 작물의 생산이나 조림계획 수립에서 우선적으로 고려해야 할 문제라고 생각한다. 특히 최근 강조되고 있는 지속적 농업이나 유기농업에서는 더욱 그러하다 하겠다.

해충류는 작물의 종류, 품종 그리고 특정 생육단계에 대한 선호성을 갖고 있는 것이 보통이다. 따라서 재배법의 변동은 해충과 작물과의 접촉상에 변동을 초래하여 결국에는 우점적 해충의 종류나 발생량의 변동을 초래할 것이다.

앞서 표 2-3의 우리나라 벼 해충의 발생상황변동에서 보는 바와 같이 재배시기, 재식밀도, 시비법, 관개법의 변화는 벼해충의 종류나 발생량에 큰 영향을 미친다. 그리고 이와 같은 변화는 그들에 대한 방제대책에도 큰 변화를 초래하였다. 즉 1980년대까지는 벼 생산에서는 이화명나방의 방제를 주축으로 방제체제가 수립되어 있었으나 1980년대 이후에는 멸구류가 방제체제 수립에서 주축이 되고 있다. 이와 같은 관계는 경종적 방제법의 중요성을 간접적으로 시사하는 것이라고도 하겠다.

해충의 증식이나 활동은 환경조건의 영향을 크게 받으며 해충이 실제 활동하는 미환경은 입지조건이나 작물의 종류 그리고 작물의 생육상태 등에 따라 상당한 차이가 있어 입지조건이나 작물의 종류나 밀도 등은 직접 또는 간접적으로 해충에 영향을 미친다. 따라서 재배조건을 해충의 발생에 불리하게 하면 발생을 억제할 수 있겠다. 물론 이때의 수단은 작물생산에 불리하여서는 안 되겠음으로 이 점은 충분히 참작해야 하겠다. 경종적 방제에 이용되는 구체적 수단에는 다음과 같은 것이 있겠다.

1. 포장위생과 경운

포장위생(Phytosanitary, 圃場衛生)은 해충의 증식 처나 월동 처 또는 잠복 처 등을 제거하는 것을 말하며 이 방법은 각 해충의 행동습성을 토대로 언제 어떤 방법을 이용할 것인가를 결정한다.

포장의 잡초나 그루터기 또는 수확 후 남아있는 작물 등은 해충의 증식이나 월동 처로 중요한 고로 이들의 제거는 다음 세대를 위한 발생원의 제거라는 뜻에서 중요하다 하겠다. 미국의 목화생산지대에서는 목화다래바구미, 도화다래나방의 다음해 발생억제를 위하여 수확 후 첫 서리가 내리기전에 목화 그루터기를 파괴하는데 이것은 다음해의 해충 발생억제에 극히 효과적이라고 한다. 실제로 목화를 수확한 후 그루터기를 잘게 자르고 태운 다음 땅속에 갈아엎는 것은 다음해 재배전의 목화다래나방 밀도를 95% 이상이나 감소시킬 수 있다는 보고도 있다. 또 감자를 수확하고 남은 것을 처리하는 것은 감자나방 방제에 큰 효과가 있으며 과수원에서 떨어진 과일을 모아서 땅속에 묻거나 가축의 사료로 이용하는 수가 있는데 이것은 심식나방류나 거위벌레류의 방제에 도움이 된다. 시설재태에서는 총채벌레류나 가루이류 또는 배추좀나방의 침입원인 주변 잡초류의 제거는 중요한 관리 수단의 하나이다.

그림 4-1은 겨울철 휴한답을 그대로 둔 경우와 갈아엎어 둑새풀 발생을 억제하였을 때 그 지역의 끝동매미충이 매개하는 오갈병 발생상황의 차이이다. 이런 차이는 이 매개충의 월동 후 제1세대가 둑새풀에서 지내는 고로 경운으로 둑새풀 발생이 억제된 결과라고 생각된다.

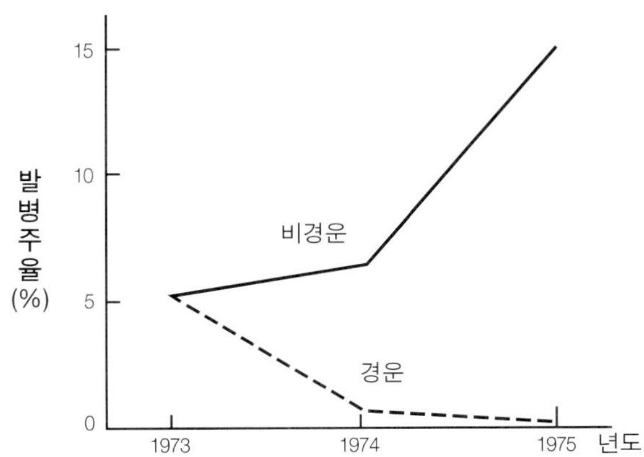

〈그림 4-1〉 끝동매미충이 매개하는 벼오갈병의 발병율과 겨울철 휴한답 처리와의 관계 (Nakasuji, Kiritani 1976).

벼의 반점미 발생의 주요 원인이 되는 흑다리긴노린재(*Paromius exigus*)는 화본류 잡초의 기부에서 월동하며 그 후 띠, 산조 풀 그리고 벼 등으로 이동한다. 박 등(2004)은 김포지역에서 이 해충의 계절적 동태를 조사하고 이 지역에는 2차 숙주인 산조풀이 띠 군락 주변에 많아 이 해충의 증식에 유리하였다고 하고 2002년에는 2차 숙주인 산조 풀 군락에 대하여 7월 13일과 8월 19일 2회에 걸쳐 살충제(Fenthion)을 항공 살포하였던 바 그 이후의 이 해충밀도가 크게 감소하여 전년도에 많은 피해를 보았던 논들에서도 이 해충의 피해가 거의 없었다고 하였다.

한편 해충류는 토양의 구조, 화학적 성분, 수분함량, 온도 그리고 토양 중 생물 등의 영향을 받으며 이런 조건이 작물의 생육에 미치는 영향을 통하여 간접적으로도 영향을 받는다.

박과 현(1977)은 솔잎혹파리 개체군의 밀도변동동태를 조사하였다. 이 해충은 5월 중순~6월 중순에 우화하여 새 솔잎에 산란하며 유충은 충영속에서 자라다 월동전에 땅에 떨어져 땅속에서 월동하여 다음에 5월 중순~6월 중순에 용화한다. 충영내(수상) 유충밀도 감소율은 14.2%이고 그 변이는 극히 안정되어 있는데 토중 밀도 감소율은 전용기가 52.9%로 가장 컸으며 이것은 토중함수량과 깊은 관계가 있다고 하였다.

〈표 4-3〉 토양함수량과 솔잎혹파리 토중 유충생존율과의 관계 (박과 현 1977)

함수량 (%)	평균생존율 (%)	함수량변이 (%)	평균생존율 (%)
<12	6.63	<25	14.07
12.1~14	12.78	25.1~30	15.12
14.1~16	16.25	30.1~35	10.04
<16	16.65	35.1~40	18.04
		<40	6.06

표 4-3에서 보는 바와 같이 토중함수량은 월동유충의 생존율과 깊은 관계가 있어 토양함수량이 12% 이하에서는 생존율이 6.6%인데 토양함수량이 12% 이상에서는 약 2배의 생존율을 보이고 있다. 그리고 생존율은 함수량의 변이에 따라서도 차이가 있어 변이계수가 작을수록 생존율이 높은 경향이 있어 변이계수가 40% 이상인 경우는 생존율이 6.06%로 극히 낮다.

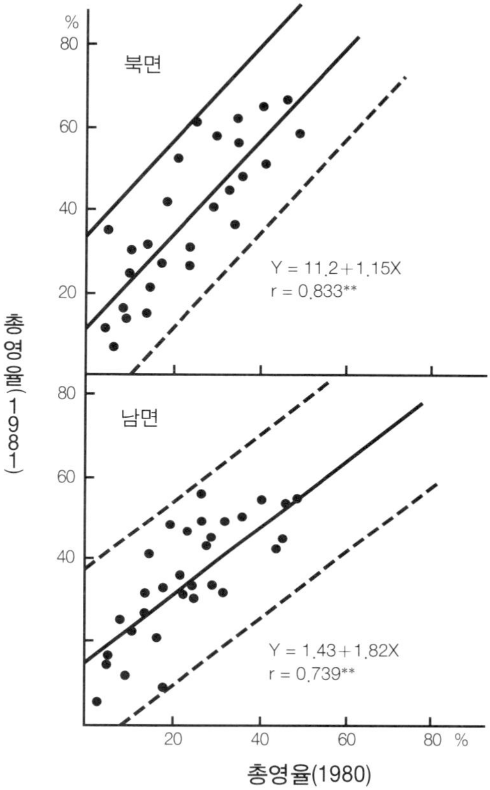

〈그림 4-2〉 솔잎혹파리 피해 선단지에서의 1980년과 1981년 충형형성율 증가 상황 (박과 현 1983).

그림 4-2는 솔잎혹파리 피해 선단지 77개 임야에서 조사된 1980년도와 1981년도 충용형성률 증가 상황을 남면과 북면으로 구분하여 비교한 것이다.

그림에서 보는 바와 같이 계속되는 두 해의 충영률간에는 명백한 상관이 있으며 그 상관계수는 북면이 +0.833, 남면이 +0.739로 북면에서 크며 충영증가율 증가의 지표가 되는 회귀계수는 북면이 1.15이고 남면이 0.82로 북면이 남면보다 커서 북면에서의 증가율이 명백히 큰 데 이것은 임야의 북면은 남면에 비하면 5월~6월의 습도가 높고 그 변이도 적은 것이 보통인 것을 생각할 때 북면이 이 해충에 유리한 것을 짐작할 수 있겠다.

흙을 갈아엎으면 해충의 증식처가 될 수 있는 그루터기나 남아있는 작물 또는 잡초를 제거할 수 있고 땅속의 해충을 건조나 고온 또는 저온에 노출시키고 천적류 특히 새들의 포식을 돕고 지표 가까이에 있는 것은 깊이 묻어 우화를 어렵게 한다. 그러나 열대나 아열대에서의 경운은 지중유기물의 분해를 촉진시키기 때문에 열대에서는 무경운 농업이 권장되고 있기도 하다.

2. 윤작(Rotation, 輪作), 간작(Intercropping, 間作), 혼작(Mixed cropping, 混作)

동일종 또는 근연 작물을 연작하면 특정 해충 특히 토양 해충류의 발생이 심해지는 것은 흔히 볼 수 있는 현상이다. 예를 들면 콩 같은 경우 연작 연수가 증가하면 콩나방이나 콩시스트 선충의 피해가 커지며 채소류나 꽃재배에서 연작장해의 주원인이 되는 선충류에 대하여는 윤작이 피해감소의 기본 수단이 되고 있다.

1960년대 우리나라에서 벼의 줄무늬잎마름병이 크게 발생하였으나 1970년대 중반이후 그의 발생은 크게 감소하였는데 이것은 내병성품종의 재배와도 관계가 있으나 이 병의 매개충인 애멸구 월동 제1세대의 증식처인 맥류 재배면적의 감소도 한 원인으로 알려지고 있다.

방아벌레류는 붉은토끼풀 재배지에서 발생이 심한데 알파알파를 재배하면 발생량이 크게 감소한다고 한다. 이것은 알파알파가 수분 흡수력이 커서 건조에 약한 방아벌레류 어린 유충에 영향이 크기 때문으로 알려지고 있다.

윤작이 서로 다른 작물을 시기를 달리하여 재배하는데 반하여 간작이나 혼작은 같은 포장에 서로 다른 작물을 동시에 재배하는 것을 말한다. 일반적으로 단일작물의 대면적 재배가 생물상을 단순화시켜 몇몇 해충류의 증식을 도와 피해가 큰 고로 혼작으로 생물다양성을 크게 하면 경쟁자나 천적류를 포함한 다양한 상호작용으로 특정종의 피해가 커지는 일이 없는 안정된 생태계를 수립할 수 있어 특정 해충의 대 발생을 막을 수 있는 가능성은 있겠다. 맥류나 밭벼와 같은 키가 큰 작물들에 무, 수박, 담배 등을 간작하면 진딧물류 유시충의 이동이나 정착을 막아 그들이 매개하는 무 등의 바이러스병류의 피해를 줄일 수 있다.

혼작이나 간작과 관련하여 유인식물의 이용도 생각할 수 있겠다. 유인식물의 해충학적 이용에는 ① 주작물에 비하여 해충에 대한 선호성이 큰 식물 또는 품종을 동시에 재배하는 경우와 ② 같은 작물을 재배시기를 달리하여 작물의 생육단계에 대한 해충의 선호성 차를 이용하는 방법이 있겠다. 전자는 활동성이 비교적 큰 해충에 대하여 작물이 해충의 공격을 받기 쉬운 시기에 집중적으로 유인식물에 기생케 하여 주 작물에의 기생을 감소시키는 방법이고 후자는 주 작물이 아직 해충의 가해를 받을 만한 생육단계에 이르기 전에 유인식물로 유인하는 방법이다. Hokkanen (1991)은 이 방법으로 성공한 9예와 성공가능성이 큰 예 27종을 들었다.

미국 캘리포니아주 목화재배지에서는 장님노린재류의 피해가 큰데 이들은 왕성하게 자라는 알파알파를 선호한다. 고로 목화밭에 100~150m 간격으로 약 6m 폭의 알파알파를 간작하고 이에 연간 4~6회 살충제 방제를 실시하는 방법이 성공적으로 이용되고 있다(Stern 1981). 이 방법은 직접적인 효과와 더불어 천적류에 도피처(방제를 않은 곳)를 제공하여 그의 보존에도 도움이 되어 나방류나 응애류의 생물적 방제에도 도움이 된다고 한다. 또 목화다래바구미의 방제를 위하여 조생종 목화를 주작물 포장 주위에 재배(전체 면적의 2~10%)하여 이동 성충을 유인 살충제를 처리하는 방법도 널리 이용되고 있으며 이 방법은 1970년 이후 페로몬(Grandlure)의 이용으로 더욱 효과적인 방법이 되고 있다. 유인식물의 이용은 경제적으로나 환경면에서 도움이 될 뿐 아니라 이것은 다른 경종적 방법이나 생물적 방제 그리고 화학적 방제법 등과 모순 없이 동시에 이용할 수 있으며 최근의 유인물질이나 기피물질 등에 관한 연구가 활발하여 앞날을 밝게 하고 있다.

한편 선충방제에 Marigold 금잔화를 길항식물(Antagonistic plant, 拮抗植物)로 이용한다. 길항식물은 선충에 대하여 유해물질을 함유하거나 분비하여 땅속 또는 식물조직 밖의 선충의 발육을 저해하여 죽게 하여 그의 재배는 선충밀도를 감소시킨다. 일본에서는 여름철 프렌치금잔화를 3개월 재배한 다음에 무를 재배하여 겨울철 무의 딸기뿌리썩이선충의 피해를 회피하고 있으며 여름재배 수박에도 금잔화의 간작이 효과적이고 다음 재배 무에도 효과가 있다고 한다. 반면에 혼작이나 간작은 최근의 농업이 집약화 되고 기계화의 경향이 큰 점을 생각할 때 수확이나 작업효율, 노동력 등에서 여러 가지 문제가 있어 소규모로는 가능하지만 대 면적으로 실시하는 데에는 문제가 있다.

최근 해충의 종합적 관리문제와 관련 해충상호간 관계나 천적류와 해충간의 관계 그리고 잡초류를 포함한 다른 식물들과 해충간의 상호작용에 관한 관심이 높아지고 있다. 식생의 다양성은 구성종의 수, 그들의 공간적 분포 그리고 그들의 시계열적 조합 등 세 가지 내용을 갖고 있다.

Elton(1958)과 Pimentel(1961)은 해충은 혼작상태에서 단작상태에서 보다 덜 발생하는 경향이 있다고 하였는데 이것은 전체기간을 통한 평균밀도가 단작에서 혼작보다 높은 경향이 있으며 단작과 혼작에서 밀도 변동폭이 비슷하다면 혼작에 비하여 단작에서 이상 대발생할 수 있는 가능성이 크다는 것을 의미한다. Tahvanainen과 Root(1972)은 이것을 연합저항성(Associational resistance, 聯合抵抗性)라고 하였다. Andow(1991)는 287종의 해충에 관한 연구 209예를 표 4-4와 같이 정리하였다.

〈표 4-4〉 혼작과 단작에서의 절지동물 종수 (Andow 1991)

		불확실 *	높음	없음	낮음
해충류중의군	해충수	58 (20.2)	44 (15.3)	36 (12.5)	149 (51.9)
	단식성	42 (19.1)	17 (7.7)	31 (14.1)	130 (59.1)
	광식성	16 (23.9)	27 (40.3)	5 (7.5)	19 (28.4)
천적류중의군	천적수	33 (25.3)	68 (52.7)	17 (13.2)	12 (9.3)
	포식자	27 (30.3)	38 (42.7)	14 (15.7)	11 (12.4)
	기생자	6 (15.0)	30 (75.0)	3 (7.5)	1 (2.5)

( ) : 총 종수에 대한 %, * : 되풀이된 실험에서 그 결과가 상반된 경우.

표에서 보는 바와 같이 발생밀도가 높은 해충의 종수가 혼작상태에서 단작상태에서 보다 낮은 경우가 51.9%이고 반대로 혼작에서 높은 경우는 15.3%이고 20.2%에서는 실험방법에 따라 차이가 있다. 그리고 그 내용은 해충의 식성에 따라서 차이가 있어 단식성 해충류의 경우에는 혼작에서 밀도가 낮은 경우가 59.1%이고 반대로 높은 경우가 7.7%인데 반하여 광식성 해충의 경우에는 낮은 경우가 28.4%이고 높은 경우가 40.3%로 높은 경우가 많다. 이것은 숙주식물의 종수와 관련하여 생각할 때 어느 정도 이해할 수도 있겠지만 여기에는 해충류의 이동양식은 서식처의 특성(숙주의 질적 변화, 이동 생육단계의 밀도), 이동거리나 방향 등 여러 가지 요인도 관련성이 있어 그 내용은 복잡하다. 따라서 연합저항성의 이론은 경향에 대한 하나의 설명이 되나 해충개체군의 관리라는 실용적 면에서는 활용에 문제가 있다고 하겠으며 더욱이 원인 구명이나 기작의 이해면에서는 보다 깊이 있는 분석이 필요하다고 하겠다.

혼작에 대한 해충류의 반응과 관련하여서는 천적류의 영향과 자원의 집중도가 관련이 있다는 이론(Root 1973)이 있다. 즉 혼작에서 단작보다 천적류의 활동이 커서 해충류를 더 억제한다는 것이다. 표 4-4에서 130종의 천적류 중 혼작상태에서의 밀도가 높은 경우가 52.7%로 낮은 경우 9.3% 보다 명백히 많다. 그리고 그런 경향은 포식자의 경우에 비하여 기생자에서 더욱 뚜렷하다.

Andow(1991)는 천적문제와 자원문제를 광식성 해충류와 단식성 해충류 그리고 1년생 작물과 다년생 작물에서의 문제로 분류하고 식성범위(단식성과 광식성)가 혼작문제와 보다 깊은 관계가 있어 혼작에서 단작에서 보다 높은 밀도에 달하는 것이 광식성 해충에서 많다고 하였다. 그리고 영년생 식물에 비하여 1년생 식물은 발견에 어려움이 있고 천적류의 활동은 영년생 식물에서 보다 활발하여 결과적으로 영년생 식물에서 해충류의 발생이 적을 것이라고 주장하는 사람들이 있으나 혼작에서의 다년생 식물의 영향을 상세하게 분석한 연구는 극히 적다.

Andow(1991)는 자원집중문제를 식물에서의 화학적 물질과 시각적 문제, 식물의 질, 기타의 면과 관련 지금까지의 연구 예를 종합하고 해충류에 대한 혼작의 영향은 경험적인 것이 대부분으로 이런 이론들을 해충의 개체군 관리에 적용하기에는 아직도 해결을 보아야 할 점들이 많다고 하였다.

3. 피해의 회피

해충문제의 발생은 해충과 작물과의 접촉에서 비롯되므로 해충이 출현하였을 때 작물이 없거나 작물이 해충의 생육에 불리한 상태에 있으면 피해를 줄일 수 있겠다. 이런 피해의 회피는 재배시기의 조절이나 조생종 또는 만생종과 같은 품종의 특성을 이용할 수도 있다.

미국에서 밀의 큰 해충인 헷시안혹파리(*Phytophaga destructor*)의 방제에 효과적인 방법은 밀 파종기를 밀의 월동에 지장이 없는 한 늦게 파종하는 것이다. 이 해충의 성충 수명은 보통 3일 정도로 짧으며 가을의 제2세대 성충은 기온이 낮아지면서 우화수가 급격히 떨어지기 때문에 성충 우화기를 피하여 밀을 발아시키는 것이 중요하기 때문이다.

그림 4-3은 4월 26일, 5월 11일, 5월 26일에 파종한 벼에 대한 이화명나방의 산란수이다.

〈그림 4-3〉 파종기가 다른 벼에 대한 이화명나방 산란수 (*Tsutsui* 1950)

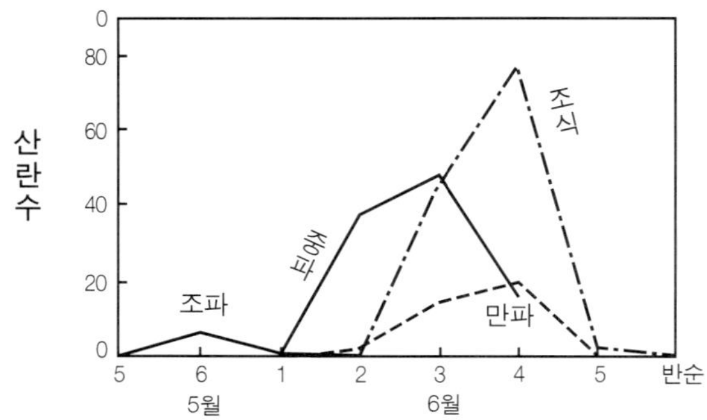

그림에서 보는 바와 같이 파종기에 따르는 이화명나방 산란선호성은 특징이 있다. 이 해충의 봄 나방 성충출현 최성기는 6월 상순이며 이 시기의 벼의 생육단계가 중요하여 중파벼(5월 11일 파종)를 선호하는 것을 알 수 있다. 6월 4반순 이후의 산란 수 감소는 본답으로의 산란활동이동과 관계가 있겠다.

표 4-5는 여러 가지 생육단계의 벼에서 자란 벼멸구의 산란 수이다.

〈표 4-5〉 여러 가지 생육단계의 벼에서 자란 벼멸구의 산란 수 (이와 현 1983)

생육단계	분열최성기		수잉기		출수기 a		출수기 b		유숙기	
시형	M	B	M	B	M	B	M	B	M	B
평균 산란수/암컷	345.1	381.1	232.5	195.0	272.8	212.4	267.0	342.5	262.5	139.3
변이계수	45.3	56.8	46.5	83.3	53.3	83.7	48.2	38.6	42.1	120.6

M : 장시형, B : 단시형, a : 출수 후 이삭을 그냥 둔 것, b : 출수 후 이삭을 제거한 것.

표에서 보는 바와 같이 벼멸구의 산란 수는 먹고 자란 벼의 생육단계에 따라 상당한 차이가 있다. 이것은 같은 작물에 대하여도 서로 접하게 될 때의 작물의 생육단계가 해충의 개체군 동태에 중요한 영향을 미친다는 것으로 특히 연간 여러 세대를 거치는 해충류에서는 더욱 영향이 크다. 1970년대 후반 이후 우리나라에서의 벼멸구의 피해가 증가한 것은 과거 6월 중순 이앙하던 것이 모내기가 5월 하순으로 빨라져 벼멸구 비래 후 세대가 그의 증식에 알맞은 벼의 생육단계와 일치하게 된 것과 상당히 깊은 관계가 있을 것으로 추측된다. 실제로 같은 품종에서는 조식한 경우가 만식한 경우보다 최종밀도가 높은 것이 보통인데 이것은 초기 벼멸구 개체들이 생육에 유리한 벼의 생육관계와 접하기 때문으로 생각된다 그러나 극조생종의 경우는 경과세대 수가 적어지고 생육에 알맞은 벼의 생육단계 기간이 짧은 것이 보통이어서 피해가 적은 것으로 생각된다.

콩재배에서는 콩잎말이나방이나 콩명나방 그리고 팥명나방 등의 피해감소를 위하여 극조생종이나 만생종을 선택하며 파종시기를 늦추는 등은 일반화된 재배법이며 침입해충인 벼물바구미의 경우 월동성충의 논 침입시기가 대체로 5월 하순인 고로 피해가 심한 지역에서는 이 시기를 피하여 모내기를 할 것이 권장되고 있다.

재배시기의 조절은 단순히 피해를 회피하는 일 이외에도 해충의 서식환경을 변화시키거나 작물의 내성을 증가시키는 등 여러 가지 내용도 포함되어 있다. 유럽에서는 봄보리의 해충인 보리수염진딧물의 기생봉의 활동을 증대시키기 위하여 파종량을 줄이거나 겨울 밀을 일찍 파종하여 기생봉의 활동을 돕고 있다.

재배적 수단의 이용은 특별히 별도의 비용이 필요치 않은 것이 보통이다. 재배적 방법은 예방적인 것으로 별도의 비용 없이 그 목적을 달성할 수 있고 그 효과도 크다. 그리고 일반 살충제 방제에서 문제가 되는 저항성 해충의 출현을 비롯한 여러 가지 부작용도 문제가 안된다. 그러나 이 방법은 해충의 발생이전에 이루어져야 하기에 그의 중요성에 대한 인식이 부족한 것이 보통이다. 그리고 재배적 방법은 해충문제를 완전히 해결하기보다는 다른 방법과의 보완적 수단인 경우가 많으며 한 해충에 대하여 효과적이나 다른 해충에 대하여는 그렇지 못하거나 작물생산과 경합되는 수도 있다. 예를 들면 벼의 이앙기가 종전 6월 중순에서 약 1개월 빨라진 것은 이화명나방 발생량을 크게 감소시켰으나 멸구류의 발생은 증가시켰다.

해충문제는 농업생산에 있어서 중요한 문제임을 틀림없으나 다른 요인들도 중요한 의의를 갖고 있다. 따라서 이러한 농업생산과 관련된 여러 가지 문제가 총체적으로 고려되어야 한다. 그리고 농업생산은 정상적(Static, 靜常的)인 것이 아니고 시대와 더불어 변천하기 마련이므로 해충의 생물학적 특성에 따라 이런 변천에 대응적인 방제수단이 끊임없이 개발되고 다듬어지면서 적용되어야 하겠다.

제3장 작물저항성의 이용

작물의 해충에 대한 저항성에는 앞서 숙주식물의 해충에 대한 대응에서 설명한 바와 같이 암컷 성충의 산란이나 유충의 섭식에 대한 선호성(Preference, 選好性)의 차이나 알이나 유충의 발육이나 생존에 대한 항생작용(Antibiosis, 抗生作用)의 정도의 차이 등과 같은 작물의 유전적 형질의 차이에 의한 것과 재배법이나 환경적 차이가 크게 영향을 미치는 내성(Tolerance, 耐性)이 있다. 내성은 작물의 보상작용(Compensation)이나 유도저항성(Inducible resistance) 그리고 계절적 회피(Phenological evasion)에 의한 것으로 해충의 발육이나 증식 그리고 작물의 피해정도와 관계가 있으나 환경조건의 영향을 크게 받는다.

1. 내충성 품종 이용의 장점

내충성 품종을 이용한 해충방제 성공 예로써는 앞서 설명한 포도뿌리혹벌레에 대한 내충성 대목의 이용이 대표적이라 하겠으나 미국에서는 농업생산의 특성상 일찍부터 내충성 품종에 관한 연구가 있어왔다. 예를 들면 캘리포니아주에서는 1881년부터 맥류해충인 헷시안혹파리에 대한 밀의 저항성 품종 육성이 시도되었고 캔자스주에서도 1914년 이래 이 해충에 대한 대규모의 내충성 밀 품종육성이 이루어지고 있다.

우리나라에서는 제2차 세계대전 이전에 이화명나방에 대한 품종간 저항성 차이에 관한 연구가 있었으나 육종에 내충성이 포함되기 시작한 것은 1980년대 이후의 일인 듯 하다. 이것은 재배관리법이 달라지면서 해충의 발생상이 변하고 발생량이 많아져 해충문제가 주요성을 더하였기 때문으로 생각된다. 특히 국제미작연구소가 육성한 소위 기적의 벼 IR-8의 보급에 따라 멸구류 특히 벼멸구의 피해 문제가 심각해지면서 낸충성 품종에 대한 관심이 높아진 것과도 관계가 있다고 하겠다.

해충문제와 관련 내충성 이용의 큰 장점은 내충성은 살충제의 경우와 달리 해충의 종류에 대하여 특이성을 갖고 있으며 그 효과는 누적적이며 장기간에 걸쳐 지속된다는 점이다. 실제로 내충성이 커서 해충을 완전히 죽일 수 있는 소위 완전면역성인 것이 아니더라도 그의 효과는 누적적이어서 대단히 크다. 그림 4-4은 미국 캔자스주에서 헷시안혹파리 저항성 밀 품종의 재배면적과 그의 발생량과의 관계이다

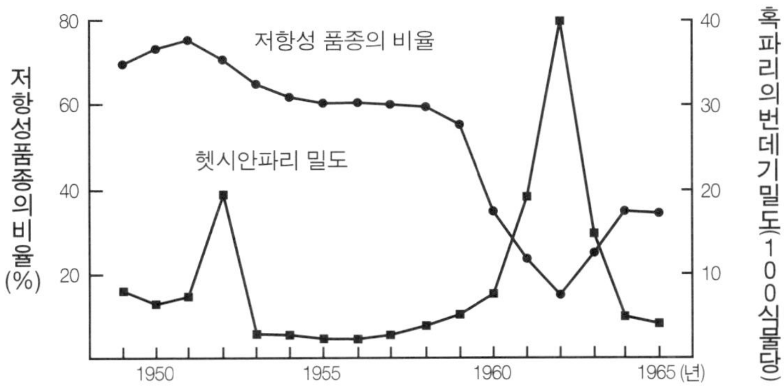

〈그림 4-4〉 미국 캔자스주에서 헷시안혹파리에 대한 저항성 밀 품종의 재배면적 비율과 그의 발생량과의 관계 (Horn 1976).

저항성 품종의 비율이 60% 이상에서는 밀 100본당 10마리 이하로 크게 감소하나 1960년대 이후의 저항성 품종 비율의 저하는 그의 밀도를 급격히 증가시키고 있다.

한편 낮은 수준의 저항성일지라도 저항성은 그 작용이 누적적이어서 연간 세대수가 많은 진딧물류나 멸구류 기타에서는 최종밀도에 큰 차이가 생길 수 있겠다. 또 Wyatt(1970)는 복숭아혹진딧물에 대한 *Aphidius matricariae* 진디벌의 밀도억제효과는 어느 정도의 저항성을 가진 국화품종에서 크다고 하였고 Starts 등(1972)은 보리두갈래진딧물에 대한 *Lysiphlebus testaceipes* 진디벌의 밀도억제작용을 내충성과 감수성 수수품종을 대상으로 온실내에서 조사하여 작물당 12개체의 진딧물에 암컷 진디벌 한 마리를 도입하면 내충성 품종에서는 충분히 밀도억제효과를 얻을 수 있었다고 하였다. 그러나 반대로 내충성 품종에서 천적류의 활동이 약화되는 수도 있다. 즉 van Emden(1987)은 내충성 방울다닥이양배추는 Allylisothlocyanate(겨자유의 Glycoside) 함량이 적어 양배추가루진딧물의 밀도형성이 늦어지는 동시에 그의 기생벌 *Diaretiella rapae*(가루진디벌)의 기생률이 낮아지고 포식성 천적류의 활동은 감수성 품종에서 높다고 하였다. 또 체표에 여러 가지 형태의 털을 가진 담배품종은 진딧물류나 기타의 흡즙성 해충류에 대하여 저항성인 경우가 많으나 이런 특성은 알좀벌류의 활동을 저해한다고 한다.

한편 저항성 품종은 대상해충의 발생량을 감소시키는 고로 살충제 처리 횟수를 줄이는 효과를 거둘 수도 있겠다. 그리고 저항성 작물에서 자라는 해충은 살충제에 대한 내성이 약해지는 수가 많은데 이것은 저항성 작물에서 자란 해충은 몸의 크기가 작아 감수성이 커지는 것과 관계가 있겠다. 즉 Selander 등(1972)은 내충성 국화품종에서 자란 복숭아혹진딧물의 Parathion에 대한 LD-50은 감수성 품종에서 자란 것의 약 50%라고 하였고 Muid(1977)은 복숭아혹진딧물의 경우

약한 내충성 방울다닥양배추에서의 밀도는 감수성 품종의 그것의 85% 정도로 밀도억제효과는 별로 크지 않았으나 Malathion에 대한 LD-50의 값이 낮기 때문에 방제가가 높았다고 하였다.

내충성 품종 이용이 가장 유리하다고 생각되는 경우는 작물의 경제성이 낮아 생산비를 많이 쓸 수 없는 경우, 기후적 조건 등으로 연간 수량변동이 심하거나 방제가 어렵거나 적절한 방제수단이 없는 경우 등이라고 하겠다. 미국 중부지방에서는 보리두갈래진딧물에 대한 저항성 맥류품종이 재배되고 있는데 이들 품종은 고온조건에서 보다 저온조건에서 효과가 크다. 그 이유는 고온조건에서는 유력한 천적류의 활동이 활발하여 내충성이 약한 경우에도 이 진딧물의 피해가 적으며 피해가 염려될 때에는 살충제로 방제한다. 그러나 저온조건에서는 천적류의 활동이 적고 살충제의 효과도 떨어져 이 해충에 의한 피해의 위험이 크기 때문이라고 한다.

이상에서 보는 바와 같이 저항성 품종의 이용은 그 자체로 해충밀도억제에 중요할 뿐 아니라 살충제나 천적류의 이용 효과를 증대시키고 보완할 수 있기도 하다. 특히 내충성 품종의 이용으로 살충제 사용량을 줄이는 것은 천적류에 미치는 살충제의 영향을 감소시키는 효과도 있어 그의 효과를 증대시키는 데에도 기여하게 된다.

2. 내충성 품종 이용의 문제점

저항성 품종의 이용은 여러 가지 장점이 있으나 문제점도 있다. 첫째로 저항성 품종을 육종하여 일반에게 보급하는 데에는 상당히 긴 시간이 필요하여 보통 10여 년이 걸린다. 예를 들면 헷시안혹파리 저항성 품종육성에 걸린 연수를 보면 Kawvale 18년 Pawnee 29년, Ponca 19년을 요하였으며 *Theriaphis maculata* 진딧물에 대한 알파알파 저항성 품종육성에는 비교적 짧은 시간이 걸렸으나 5년, Moapa 품종은 3년이 소요되었고 Lahontan 품종은 거의 당년부터 저항성을 보였다. 물론 이것은 새로운 살충제의개발에 요하는 연수에 대한 이야기이나 최근 새로운 살충제의 개발에도 상당히 긴 시간을 필요로 한다.

다음으로 문제가 되는 것은 한 품종을 넓은 면적에 계속하여 재배하면 생태형(Biotype)이 생길 수 있다는 것이다. 생태형이란 지금까지 내충성을 나타내던 품종을 가해할 수 있는 새로운 계통의 개체군이 생기는 것을 말하며 살충제에 대한 저항성 계통이 생기는 것과 같이 숙주에 의한 선발결과이다. 현재 생태형이 알려져 있는 해충류는 여러 가지가 있으며(표 4-6) 그들 대부분은 진딧물류나 멸구, 매미충류와 같이 흡즙성으로 연간 세대수가 많은 것들이다. 물론 헷시안혹파리나 밤나무혹벌과 같은 연간 세대수가 적은 해충에서의 생태형도 알려져 있다.

〈표 4-6〉 해충의 생태형 (van Emden 1987)

해충명	작물	생태종 수	연구자
Acyrtosiphon pisum 완두수염진딧물	알파알파 완두콩 완두콩	2 5 3	Catier 등 1965 Frazer 1972 Markkula & Roukka 1971
Amphorophora rubi 반디나물진딧물류	나무딸기	4	Keep, Knight 1967
Aphis craccivora 아카시아진딧물	강남채두	2	Ansari 1984
Brevicoryne brassicae 양배추가루진딧물	방울다닥이	2	Lammerink 1968
	양배추 방울다닥이 양배추	7	Dunn, Kempton 1972
Dysaphis devecta 둥글밑진딧물류	사과나무	3	Briggs & Alston 1969
	사과나무 사과나무	3 ?	Sen Gupta 1969 Knight 등 1962
Mayetiola destructor 헷시안혹파리	밀	9	Everson & Gallun 1980
Nephotettix sp. 끝동매미충류	벼	2 ?	Pathak & Saxena 1980
Nilaparvata lugens 벼멸구	벼	4	Pathak & Saxena 198
Pachidiplosis oryzae 혹파리류	벼	4 ?	Pathak & Saxena 198
Rhopalosiphum maidis 옥수수테두리진딧물	기장, 옥수수	5	Painter & Pathak 1973
Schizaphis graminum 보리두갈래진딧물	밀	3	Wood 등 1969
Therioaphis trifolii 진딧물류	알파알파	9	Nielson & Don 1974 Manglitz 등 1966
Viteus vitifolii 포도뿌리혹진딧물	포도	2	Stevenson 1970

표 4-7은 벼멸구 생태형의 몇 가지 품종에 대한 반응 특성이다.

〈표 4-7〉 감수성 품종과 저항성 품종 벼에 대한 벼멸구(생태형 1)의 반응의 감수성 품종 TN 1의 수치에 대한 값 (Sexena, Pathak 1979)

품종	유인성	흡즙량	이용률	성장지수	성충수명	성충산란능력	산란수	알의 부화율
TN 1	1.00	1.00	1.00	1.00	1.00	1.00	1.00	1.00
IR 8	0.99	0.75	1.00	0.93	0.93	0.75	0.77	0.99
IR 20	0.95	0.45	1.50	0.86	0.73	0.43	0.81	1.04
Mudgo	0.85	0.14	0.50	0.16	0.22	0.004	0.82	0.74
ASD 7	0.93	0.17	0.25	0.31	0.34	0.007	0.87	0.86
IR 26	0.92	0.20	0.75	0.38	0.31	0.06	0.73	0.81

처음 3개 품종은 감수성, 뒤의 3개 품종은 저항성임.

표에서 보는 바와 같이 각 품종에 대한 반응은 생태형에 따라 차가 있다. 그런데 각 품종의 벼멸구에 대한 유인성, 일당 산란 수 그리고 부화율에 있어서는 저항성 품종과 감수성 품종간 차이가 별로 크지 않고 흡즙량, 이용률, 성장지수, 성충수명, 산란 수 등에서는 명백한 차이가 있다. 표 4-8은 벼멸구 생태형과 몇 가지 품종의 저항성 반응 정도이다.

〈표 4-8〉 벼멸구 생태형에 대한 몇 가지 벼 품종의 반응 (Kaneda 등 1981)

품종	저항성 유전자	생태형			
		I	IIa	IIb	III
IR 26	Bph 1	R	S	S	R
Mudgo	Bph 1	R	M	S	R
IR 1154-243	bph 2	R	R	R	S
ASD7	bph 2	R	R	R	S
Rathuheenati	Bph 3	R	R	R	R
Babawee	bph 4	R	R	R	R
PTB 21	bph 2, Bph 3	R	R	R	R
PTB 33	bph 2, Bph 3	R	R	R	R
Taichung native		S	S	S	S

I: 야생형, IIa: mudgo로 8세대 선발, IIb: mudgo로 집단 선발, III: ASD7으로 집단 선발, R: 강, M: 중간, S: 약.

Taichung native는 저항성 유전자를 갖고 있지 않아 모든 생태형에 감수성이며 저항성 인자 Bph 1을 갖고 있는 IR 26과 Mudgo는 생태형 I과 III에 대하여는 저항성이나 생태형 II에 대하여는 감수성 또는 중 정도의 저항성을 나타낸다. 그리고 bph 2 유전자를 갖고 있는 ASD7과 IR 1154-243은 생태형 III에 대하여는 감수성이나 생태형 I과 II에 대하여는 저항성을 나타내고 있고 Bph 3와 Bph 4 저항성 유전자를 갖고 있는 Rathuheenati와 Babawee는 모든 생태형에 저항성을 나타낸다. 이와 비슷한 사실은 밀의 해충인 헷시안혹파리에 대하여도 알려져 있으며 그의 유전에 관하여 많은 연구가 이루어지고 있다(제2편 제3장 참조).

내충성 품종 이용의 또 다른 문제점은 작물의 다른 유용 특성 즉 생산물의 품질이나 수량, 기타와의 경합이 있을 수 있다. 즉 Mudgo 품종은 벼멸구에 대하여 강한 저항성을 갖고 있으나 수량이 적고 쌀의 품질이 문제가 된다. 또 어떤 한 종 해충에 대하여 저항성이 커도 다른 해충이나 병에 대하여 감수성이 크거나 다른 면에서 문제가 있는 수가 있다. 예를 들면 목화에서 애매미충에 대한 저항성 품종 중에는 잎에 털이 많은 것이 저항성이 큰데 이것은 가공시 섬유에 털이 섞이게 되어 제품의 질이 떨어지며 목화진딧물에 대하여는 감수성이 커지는 경향이 있다.

사탕무의 모자이크병과 같은 비영속성바이러스는 진딧물에 대한 저항성 품종에서 감염율이 높은 경향이 있는데 이것은 매개진딧물이 저항성 품종에서는 구침을 꽂는 횟수가 많아지는 것과 관계가 있다고 한다. 반대로 복숭아혹진딧물에 대하여 저항성인 사탕무 품종에서는 그가 매개하는 바이러스병 발생률이 낮은데 이것은 저항성 품종에서의 매개충 밀도억제효과가 매개충의 구침 삽입 행동의 증가효과보다 크기 때문이라고 한다(Lowe 1975).

제4장 물리적, 기계적 방제법

작물을 해충의 공격으로부터 차단하거나 포살, 제거하고 광선, 소리, 열 등의 물리적 요인으로 죽이거나 기피케 하여 피해를 경감케 하는 방법이다. 이것은 오래 전부터 이용된 방법인데 최근 그의 중요성이 재인식되고 있으며 관선 등의 이용은 새로운 발상으로 여러 가지 방법이 개발되고 있다. 이런 방법은 단독으로 해충문제를 완전히 해결하기는 힘드나 다른 방법의 보조수단으로 흔히 이용된다.

물리적 방제법과 기계적 방제법의 기초가 되는 것은 해충의 생존이나 증식에는 온도, 습도, 음, 전자기 등에 대한 내성에 한계가 있어 어떤 범위를 넘으면 정상적인 활동이 불가능해진다는 것이다. 따라서 이런 내성한계를 토대로 환경조건을 불리하게 만들거나 정상적인 생리작용이나 행동을 방해할 수 있겠다. 이 방법은 화학적 방제가 어려운 해충들의 방제나 약제의 방제효과를 증진시켜 그의 사용을 적정수준으로 유지하는데 도움이 될 수도 있겠다.

1. 물리적 방제법

1) 온도처리

곤충류가 고온에 접하게 되면 생리작용에 관여하는 효소류의 기능이나 세포막의 투과성에 변화가 생기면서 생리적 기능이 파탄을 일으키며 세포내 단백질이 변질하고 체내에는 유독성 물질이 생기게 된다. 이런 변화는 저온에서도 구체적 내용에는 차이가 있으나 치사하게 되는 같은 결과를 낳는다.

① **고온 :** 곤충류는 60~66℃에서는 짧은 시간 내에 죽는 것이 보통이며 52~55℃에서도 3~4시간이면 죽게 된다. 예로부터 여름철에 콩이나 곡류를 햇빛에 쪼여 해충의 알이나 유충을 죽이거나 쫓아내는 일을 하였다.

한여름 휴한기에 비닐하우스를 밀폐하면 지온은 지표면에서 90℃ 이상 지하 10cm에서 60℃ 이상 20cm에서 50℃ 이상이 되는 고로 땅속의 병균이나 해충을 죽게 한다. 시설재배에서는 지표나 지중에서 용화하는 총채벌레나 잎굴파리 밀도억제에 태양열을 이용하고 있다. 또 식품공장이나 제분공장에서는 스팀시설을 이용할 수도 있으며 온실에서 선충류를 위시한 토양병해충 방제에 실제로 이용되고 있다. 벼심고선충 방제를 위하여 볍씨의 온탕침을 하며 최근 훈증제의 잔류독성의 문제를 해결하기 위하여 감귤이나 그 밖의 과실에 대한 검역처리에 온탕침법의 이용을 위한 연구가 활발히 이루어지고 있다.

고온 처리에서 문제가 되는 것은 곡물이나 토양 내부에 고르게 열이 침투하는 데에는 상당히 긴 시간이 필요하며 때에 따라서는 고온으로 곡류나 구근류의 품질이 손상되는 일이 있을 수 있다는 것이다.

② **저온 :** 생물의 분포나 밀도는 저온에 의하여 좌우되는 것이 보통이다. 우리나라에 침입한 감자나방의 월동 가능지역은 1월 평균최저기온이 −8℃ 이상인 지역으로 알려져 있어 이보다 낮은 온도 지역까지 여름철에는 분포를

확대하나 그들은 겨울 동안에 죽게 된다. 저온은 생육기간을 연장시킴으로 진딧물류나 멸구류와 같이 연간 세대수가 많은 해충의 경우에는 최종밀도에 상당한 영향을 미칠 수 있겠다. 예를 들면 오이총채벌레는 우리나라에서는 야외에서는 월동할 수 없으며 시설재배에서의 발생원은 묘종을 통해 침입한 소수개체인 고로 하우스내의 온도를 초기에 낮게 하여 초기세대의 발육을 억제하여 재배기간 중의 세대수를 줄이는 것이 이 해충방제에 중요한 전략의 하나이다. 그리고 밤나무순혹벌의 발생량은 겨울철의 저온과 깊은 관계가 있다.

사과를 0℃ 또는 산소 3%, 이산화탄소 2~5%하에서 0~3℃의 저온에서 저장하면 *Rhagoletis pomonella* 사과과실파리는 60일 이내에, *Conotrachelus nenupha* 거위벌레의 유충은 33일 이내에 완전히 죽일 수 있고 감귤류에 기생하는 지중해광대파리의 유충과 번데기는 1~2℃에서 12~30일이면 죽게 되어 그의 방제나 검역소독에 이 방법이 이용되고 있다.

③ **습도 :** 곤충류는 공중생활을 하며 몸의 크기가 적어(따라서 체중에 대한 체표면적이 커서 체내 수분탈취가 크다) 공중습도의 영향을 크게 받는다. 앞서 표 4-3에서 본 바와 같이 솔잎혹파리의 토중 전용기 생존율은 토양 함수량이 14% 이상이고 그의 변이계수가 적을 때 높다. 이와 관련하여 방제대책으로 석회질소의 살포가 이루어지기도 하였던 것이다.

토중 해충뿐 아니라 수상에 기생하는 해충류에서도 습도가 행동이나 생존율에 영향을 미치는 경우가 알려지고 있다. 미국에서 소나무에 큰 피해를 주는 *Neodiprion lecontei* 솔잎벌의 유충은 낮은 습도를 선호하여 습도가 낮은 숲 가장자리의 고립목에서 피해가 크다(Green 1954). 그리고 미국 북부나 캐나다의 가문비나무에 대한 *Choristoneura fumiferana* 애기잎말이나방의 피해는 습도가 낮은 임분에서 큰데 이것은 *Beauveria bassiana* 곰팡이균의 활동이 습도가 높은 임분에서 크기 때문이라고 한다(Wellington 1949). 그리고 토마토 재배시 포장내의 잡초를 제거하고 울페도가 낮은 초형의 품종을 재배하는 것은 초파리의 활동을 억제하기 위하여 공중습도를 낮추는 효과가 있기 때문이다. 또 저장곡물의 해충류는 함수량이 12% 이하에서는 증식이 불가능한 고로 곡물의 함수량은 이들 해충류 발생억제에 중요한 뜻이 있다. 그리고 원목을 물속에 저장하거나 원목에 계속하여 물을 뿌리는데 이것은 목질부를 가해하는 나무좀류나 하늘소류의 가해를 막기 위한 것이다.

2) 가시광선과 자외선의 이용

① **유살등 :** 곤충의 주광성을 이용한 유살등의 해충학적 이용에는 해충의 존재 여부나 밀도를 조사하는데 이용하는 경우와 실제로 방제를 목적으로 이용하는 경우가 있겠다. 전자의 경우는 식물검역적 목적으로 해충의 침입여부나 침입해충의 분포범위 조사에 이용되며 일반 해충에 대하여는 발생 시기나 발생량 그리고 방제후의 방제효과 평가에 이용된다.

곤충류가 가장 예민한 반응을 일으키는 것은 3000~4000A° 의 범위로 사람의 가시관선 범위 3800~7600A° 보다는 짧은 파장 범위이나 곤충의 종류에 따라서 차이가 있다.

낮에 활동하는 곤충류는 여러 가지 파장의 가시광선에 달리 반응한다. 예를 들면 진딧물류나 멸구류는 황색계에 반응하는 고로 황색수반을 조사용으로 이용하고 있다. Kitakata와 Yoshida(1982)에 따르면 온실가루이는 파장이 5740A° 전후의 관성에 잘 유인되어 황색끈끈이 리본을 하우스내에 각 두둑의 포기사이에 2m 간격으로 매달고 약 10일 간격으로 강낭콩에서의 온실가루이 발생상황을 조사하였던바 정식 후 약 100일간 그의 밀도 증가는 거의 없어 명백한 방제효과가 있었다고 하였다. 또 오이총채벌레가 백색과 청색계통 색에 가장 많이 유인되는 것을 이용 하우스내에 청색끈끈이 리본을 각 두둑의 중앙에 3.3m^{2}당 1개의 비율로 매달아 놓은 결과 가지의 잎에 기생한 오이총채벌레는 정식 후 약 80일 동안은 극히 낮은 밀도를 유지 할 수 있었다고 하였다. 표 4-9는 등애류 유살등 Manitoba 유살기의 유인구의 색과 채집개체수와의 관계이다(신과 현 1975).

〈표 4-9〉 Manitoba 유살기의 유인구 색과 채집 등애 개체 수 (신과 현 1975)

색	적색	황색	흑곤색	흑색	주홍색
종수	3	0	10	4	4
개체수	76	0	231	151	120

표에서 보는 바와 같이 유인구의 색에 따라 채집된 등애의 종수나 개체 수에 차이가 있어 흑곤색구에는 10종 231개체가 유인되었으나 황색에는 한 마리도 유

인되지 않았다. 그리고 적색구와 주홍색구에는 등애류 외에 벌류가 상당히 많이 유인되었다. 이와 같은 색에 대한 등애류의 반응은 소의 체색과도 관련이 있어 흑색의 소에는 왕소등애(*Tabanus chrysurus*)가 많이 유인되었고 소등애(*T. trigonus*)는 갈색과 흑색소에 비슷한 수가 유인되어 종에 따르는 색에 대한 반응에 차이가 있었다. 일본에서는 Manitoba 유살기와 비슷한 등애포살기를 경마장에서 이용하고 있는데 이것은 검은색 비닐을 씌운 피라미드 모양의 것으로 안에 CO_2 발생을 위한 드라이아이스가 들어 있어 그 효과를 증대시키고 있다. 방제를 목적으로 유살등을 이용할 때에는 보통 송풍기가 붙어 있고 대형의 용기에 물이나 기계유를 소량 넣어 둔다. 또 고압전기 창살을 창고나 공장 등에서는 이용한다.

② **광선에 의한 행동교란** : 야행성 곤충류는 주광성을 갖고 있으나 어떤 파장의 광선에 대해서는 기피성을 가진 것이 있다. 이것을 이용하여 미국에서는 야외극장, 파티오스, 야외수영장, 골프장에 황색등으로 곤충이 날아드는 것을 막고 시설밖에는 Black light 등을 설치하여 유인하여 이들 시설에의 접근을 막고 있다.

한편 긴 파장의 광선은 곤충의 겹눈의 색소립 이동을 억제하여 암적응을 방해하는데 과실의 흡아류의 야간 활동 억제에 이것을 이용한다. 일본에서는 유효조도 1 Lux 이상의 40W 황색 형광등(최대 파장 5820A°)를 10a당 7개를 설치하여 과실의 흡아류 활동을 억제하는데 효과를 보고 있다. 이런 방법으로 사과와 배에서 흡아류의 접근을 방해하여 무대재배를 가능케 하고 있다고 한다(Uchida 1982).

진딧물류는 황색에 유인되나 백색이나 은색의 멀치를 기피하여 비래수가 적어 진딧물 밀도를 낮게 할 수 있고 그가 매개하는 바이러스병을 감소시킬 수 있다. 은백색의 실버포리피름 멀치 재배가 가을철의 오이재배나 무우, 기타에서 실용화되고 있어 총채벌레류, 오이잎벌레, 물결부전나비 등에 대하여 기피효과가 있음이 밝혀지고 있다. 그러나 배추흰나비나 배추좀나방의 산란은 멀치 재배에서 증가하는 경향이 있어 이에 대한 대책이 요구된다. 또 자외선 흡수 특수필름은 작물의 광합성을 도와 생장을 촉진하며 어떤 종류의 병해충의 발생억제에 효과가 있으며 이런 특수비닐을 피복한 하우스에는 오이총채벌레의 침입이 억제되어 피해가 적다. 그러나 가지에서는 과피의 색이 좋지 않고 꿀벌의 활동이 약화되는 등과 같은 문제점도 있다.

한편 곤충류에 라디오 전파, 적외선, 가시광선, 자외선을 순간적으로 쪼여주면 정상적인 생리현상에 이상이 생겨 불임화 하거나 휴면을 일으키지 않게 되는 수가 있다. Baker 등(1964)은 10시간 조명하에서 배추흰나비를 사육하면서 암기에 매일 소등 3~4시간 후 5분간 섬광을 쬐면 거의 모든 개체가 비휴면 번데기가 된다고 하였다. 이와 비슷한 결과는 호랑나비나 코드링나방, 잎말이나방류 등에서도 알려져 있으며 이때의 조사시간은 일출 14~16시간 전 즉 일몰 후 1~3시간으로 이때의 섬광은 1초 이하로도 유효한 것이어서 조명탄과 같은 것의 이용이 가능하다 하겠다.

3) 방사선, 음파, 기타의 이용

① **방사선 :** 방사선을 일정량 이상 조사받은 생물은 죽거나 생식력을 상실하게 된다. 방사선의 치사선량은 해충의 종류에 따라 차이가 있으나 일반적으로 척추동물에 비하면 대단히 높다. 그리고 같은 종류에 있어서도 생육단계에 따라 차가 크다. 방사선의 치사효과 이용은 주로 저곡 해충류에 대하여 시도되었고 일부 재질부 가해해충이나 과실내부 기생해충에 대하여도 시도 되었으나 시설에 많은 비용이 들어 실용화 되지는 못하고 있다. 방사선원으로는 주로 원자로 연료폐기물이 이용되고 곡류를 콘베이어 벨트로 이동시키는 동안 치사선량이 조사될 수 있게 한다. 또 창고나 부두에서 선적 또는 하역할 때 곡물을 엘리베이터를 이용 낙하시켜 조사하는 방법이 큰 항구에서 시도되었다. 그리고 저장식품이나 과실류에 대하여도 방사선 이용이 시도된 바 있다.

방사선의 해충학적 이용은 직접적인 치사효과의 이용보다는 그의 불임효과 이용이 주가 되고 있다. 곤충이 X-선 조사를 받았을 때 불임화한다는 사실은 1916년 Runner가 궐연벌레에서 처음 보고 하였는데 그 후 X-선 조사가 초파리에 돌연변이를 일으키며 이런 돌연변이는 자손에 치사인자로 작용한다는 것이 보고되었다. 미국에서 검정파리의 1종인 *Cochliomyia hominivorax*는 소나 양 등의 가축의 상처에 약 200개의 알을 낳아 그 유충이 상처깊이 파고들어 피해를 주는 해충이다. Knipling은 이 해충의 수컷번데기에 2500r의 X-선을 조사하면 교미행동에는 별 영향 없이 불임화시킬 수 있음을 밝혔으며 그 후 이 해충을 소의 혈액, 쇠고기, 물 등을 사료로 하여 대량 사육 할 수 있는 방법이 여러 사람들에 의하여 개발되었다. 대량생산된 이 해충의 번데기에 Co^{60} 동위원소를 조사하여 불임화된 것을 대량으로 방사하여 1959년 플로리다주에서 이 해충을 완전히 구제하는데 성공하였다. 그 후 이 해충의 근절사업은 텍사스, 뉴멕시코, 아리조나 등에서 시행되어 성공하였으며 로타섬(1963)과 일본 오키나와에서 메론광대파리(1990),

괌섬에서 동양광대파리 등의 근절에도 성공하였다.

네덜란드에서는 고자리파리(*Delia antiqua*) 방제에 불임성을 이용하고 있다. 불임충방사는 주로 밀도가 낮은 봄 재배 양파에 대하여 이루어진다. 이 것이 시작된 것은 1980년인데 1981년에는 50ha에서 1983년에는 1200ha까지 그 면적이 급격히 증가하였다. 1984년에는 매주 500만 마리의 불임충이 생산되어 적어도 야외밀도의 10배에 해당되는 불임충을 방사하고 있다. 이 사업은 다른 사업들이 정부나 공공기관이 주도하고 있는데 대하여 한 회사가 수행하고 있으며 그 비용은 살충제의 종자분의나 입제살포의 중간정도이나 살충제 저항성 계통의 방제를 겸하고 있어 널리 보급되었다고 한다.

해충이 불임선량은 종에 따라 차가 있을 뿐 아니라 같은 종에서도 생육단계에 따라 차이가 있으며 불임화로 생식력을 상실하는 외에 교미행동이나 활력이 감퇴하기도 하는 고로 불임성의 해충학적 이용에는 불임이외의 불리한 행동은 적은 것이 바람직하다. 표 4-10은 몇 가지 해충류에 대한 불임선량이다.

〈표 4-10〉 몇가지 해충류에 대한 불임선량

목	종	처리생육단계	선량(krad)	연구자
파리목	*Delia antiqua* (Onion fly)	번데기	3.0	Loosjes, 1976
	Ceratitis capitata (Medfly)	번데기	8-9	Mellado et al., 1975
		성충	10	Cavalloro and Delrio, 1971
	Rhagoletis cerasi (Cherry fruit fly)	성충	9.5	Boller et al., 1975
	Dacus oleae (Olive fly)	번데기	8	Tzanakakis, 1974
딱정벌레목	*Melolontha melolontha* (Cockchafer)	성충	3.3	Horber, 1963
나비목	*Laspeyresia pomonella* (Coding moth)	성충	35	Mani et al., 1978
	Eupoecilia ambiguella (gGape moth)	번데기	30-35	Boller and Remund, in prep.

알이나 유충기에 방사선을 조사하면 불임 외에도 활력이 약화하거나 치사율이 높아지는 것이 보통이다. 번데기 시기의 방사선 처리는 용화후의 경과일수가 밀접한 관계가 있으며 용화직후가 감수성이 가장 크고 우화직전의 번데기가 감수성이 가장 낮다. 이와 같은 번데기의 감수성 변화는 용기가 유충기의 여러 기

관 조직이 파괴되고 성충기관이 새로 생기는 시기인데 이런 형태형성과정이 방사선에 대한 감수성과 관계가 있기 때문으로 생각된다.

방사선을 처리하였을 때 생기는 불임의 본질은 처리 당시의 생식세포 형성단계와 밀접한 관계가 있다. 수컷의 경우 불임의 원인은 정충의 우성 치사돌연변이, 무정충 그리고 정충의 수정능력상실 등이 있겠다. 정소내에는 곤충의 종류에 따라서는 어떤 단계에서는 정원세포, 정모세포, 정충세포 그리고 완성된 정충 등이 같이 있을 수도 있고 어떤 단계에서는 한 종의 생식세포만을 갖고 있는 수도 있는데 생식세포는 생육단계에 따라 방사선에 대한 감수성에 차이가 있다. 처리시의 생식세포의 생육단계에 따라 우성치사 돌연변이를 일으킨 것은 수정은 되나 그 후의 배자발육단계에서 치사할 것이며 어떤 경우에는 정자형성이 완성되지 못하여 무정충이 될 수도 있겠다.

방사선을 처리하였을 때 일어나는 세포학적 이상은 가시적인 돌연변이를 일으키는 경우 외에 치사돌연변이, 염색체 분열저해, 염색체 부착 등 여러 가지 형태의 염색체 이상이 일어난다. 염색체 이상에는 배수체, 반수체, 이수체 등과 같은 염색체의 수적 변화가 일어나고 한 개의 염색체내에서는 단편화, 결손, 중복, 역위, 전위 등이 일어나며 염색체 간에는 전좌, 부착, 삽입 등 염색체 자체의 구조적 변화도 생긴다.

표 4-11은 98%의 살충률과 불임율이 다음 세대에 미치는 이론적 밀도감소효과이다.

〈표 4-11〉 세대당 98%의 살충율을 갖는 살충제와 98%의 불임효과가 차세대 해충 개체군 밀도에 미치는 영향

세대	살충제		불임처리		
	처리전	처리후	처리전	불임충	정상충
1	1,000,000	20,000	1,000,000	980,000	20,000
2	200,000	4,000	4,000	3,920	80
3	40,000	800			
4	8,000	160			
5	1,600	32			
6	320	6			
7	60	1			

위의 표는 세대당 밀도 증가율이 10배일 때를 가정한 것으로 당대에 있어서의 해충 밀도는 98%가 감소하여 정상적 해충 개체군 밀도는 20,000으로 같으나 다음 세대에서는 살충제를 처리하였을 때는 200,000이 되나 불임 처리시는 정상충 20,000마리 중 1/50인 400마리만이 수정되어 4,000마리가 되고 이 중 98%가 불임화 된다면 다음 세대를 낳을 수 있는 정상적 교미 충수는 불과 80마리가 되어 불임 충 3,920마리와 교미경쟁을 하게 되어 제3세대에서는 완전히 구제될 것이다. 이렇게 볼 때 불임처리는 살충제 이용시보다 유리함을 알 수 있다. 그러나 불임성의 해충학적 이용이 성공하려면 다음과 같은 몇 가지 조건이 충족되어야 한다.

① 대상지역은 고립되어 있어 외부로부터의 해충의 침입이 없어야 한다.

② 대상해충은 꼭 그런 것은 아니나 1회만 교미하는 것이 유리하며 증식력이 크지 않고 피해가 큰 것이 유리하다.

③ 대량으로 값싸게 사육이 가능해야 한다. 이것은 불임화된 충의 방사개체 수는 야외개체군밀도 보다 훨씬 많아야 큰 효과를 기대할 수 있기 때문이다(보통 50배 이상). 방사 전에 살충제를 이용하여 밀도를 억제하거나 밀도가 낮은 시기에 불임충을 방사한다.

④ 방사충은 분산력이 크고 불임화로 정상적인 교미행동이 변하거나 약화되어서는 안 된다.

⑤ 불임성을 이용한 해충방제는 국가적인 사업이 보통이며 성공 후에도 재침입에 대한 대책이 필요하다. 그러나 네덜란드에서는 고자리파리의 방제를 포장 단위로 수행하기도 한다.

한편 불임성의 이용은 꼭 근절을 목적으로 하지 않을 수도 있다. 예를 들면 캐나다의 사과원에서는 코드링나방의 방제에 불임수컷의 방사로 살충제 살포 횟수를 줄이고 천적의 활동을 강화시키고 있으며 시설해충에 대하여 침입초기의 저밀도에서의 이용이 시도되고 있다.

② 음파

음파의 해충학적 이용에는 고음에 의한 치사와 기피성을 이용하거나 반대로 해충이 내는 음을 내서 그의 행동을 교란하는 방법이 이용된다.

과거 누에에 기생하는 누에 기생파리의 방제를 위하여 번데기에 초음파를 이용한 예가 있는데 이것은 번데기에 초음파를 쪼이면 이 기생파리 유충이 기문에서 몸 속 깊은 곳으로 들어가 질식하게 된다고 한다.

곤충류는 소리를 내서 상호교신을 한다. 고로 이런 곤충류의 소리를 녹음하거나 같은 음을 내는 장치를 이용하여 유인하거나 기피시키는 방법이 일부 곤충에서 시도되었다. 예를 들면 모기의 수컷은 암컷이 내는 소리에 유인되어 교미하게 되는데 이런 음을 발생시켜 스피커로 방출하면 수컷이 스피커 주변으로 모이게 되는 고로 끈끈이를 이용 포살하면 수컷 수가 감소하여 수정난율을 낮출 수 있겠다. 또 밤 나방 중에는 초음파에 예민한 고막을 갖고 있는 종이 있다. 박쥐는 초음파를 내서 그의 반사음으로 먹이의 위치를 확인하는데 밤 나방 중에는 이런 박쥐의 초음파에 접하면 땅에 떨어진다. 고로 박쥐가 내는 음파와 같은 음을 내는 청각 장벽을 만들어 날아드는 밤 나방을 막을 수 있겠다.

4) 차단

여러 가지 물리적 장애물을 설치해 해충의 이동을 방해하여 침입을 막는 방법을 말하는데 흔히 화학적 물질을 같이 이용한다.

① **잠복 처 :** 짚이나 그 밖의 것으로 만든 20~30cm 가량의 거적을 나무줄기에 감아 놓아 수관부의 해충류가 월동처를 찾아 밑으로 내려와서 잠복하게 한 다음 이것을 태우거나 기타의 방법으로 해충을 죽이는 방법이 솔나방, 복숭아순 나방, 밤 나방, 감꼭지나방, 미국흰불나방, 기타의 해충에 이용된다. 이때 중요한 것은 설치하는 시기와 처리하는 시기이다. 또 잠복소 대신에 끈끈이를 이용할 수도 있다. 특히 자나방류나 매미류에 대하여 흔히 이용되며 파리를 위한 끈끈이 리본도 그 예가 되겠다.

② **방충망 :** 집, 주방, 병원 등의 창이나 출입구에 섬유, 금속, 플라스틱 또는 유리섬유로 된 망을 설치하여 모기나 파리, 기타의 곤충류의 침입을 막는다. 망창에 전기를 통하는 방법이 식당, 병원, 주방, 창고 등에서 이용되기도 한다. 흰개미류의 피해가 심한 곳에서는 L자형의 금속제 방충판을 거꾸로 설치하여 그의 침해를 어렵게 한다.

담배 밭에서는 폴리에틸렌 필름 멀칭으로 숯검은밤나방의 유충이동을 막아 그의 피해율을 63%나 감소시킬 수 있었다고 한다(김 등 1986). 오이나 가지의 시설재배에서는 하우스의 천장이나 측창을 한냉사 등으로 덮어 총채벌레류나 진딧물류의 침입을 방지하는 것은 중요한 일이다.

가공식품의 경우 약 50여 종의 곤충류가 견과류나 가공식품 또는 가축의 사료를 가해한다. 이들은 가공과정이나 저장, 수송 기타의 과정에서 침입하게 되는데 이와 같은 감염은 포장의 방법이나 재료 등과 깊은 관계가 있다.

Polyethylene 계통 포장지 보다는 Polycarbonate계 포장지가 해충의 침입에 저항성이 크며 판지는 크라프트지보다 저항성이 큰 것이 보통이다. 또 포장지어 피레드린계 살충제를 공력제와 같이 이용하기도 한다. 이 때 꼭 채우고 바깥지어 길이로 주름을 내면 9~12개월간 방충효과가 있다. 포장을 꼭 맞게 하고 이음새에는 구멍이 없도록 하고 이음새는 겹쳐지게 하고 접착제를 충분히 쓴다. 그리고 사과, 배, 복숭아, 포도 등의 재배에서는 과실에 신문지나 하드론지 또는 파라핀지로 된 봉지를 씌워 심식나방류, 바구미류 등의 피해를 방지하는 방법이 과거에 사용되었으나 최근 농촌의 일력 부족으로 어려움이 많다. 수출용 배 재배지에서는 현재에도 이용되고 있다.

2. 기계적 방제법

살충제가 발달하기 전에는 해충의 알, 유충, 번데기 그리고 성충 등을 직접 잡아 죽이는 방법이 중요한 수단의 하나였으며 현재에도 정원이나 소규모 포장에서는 이용이 가능하다. 예를 들면 정원에서 회양목명나방이나 분산전의 미국흰불나방, 깍지벌레류 등이나 포장에서도 도둑나방이나 기타의 나비목 유충을 맨손이나 간단한 기구를 써서 잡아 죽이며 과수원에서는 하늘소류, 유리나방류, 박쥐나방 등의 유충을 벌레구멍에 가는 철사를 쑤셔 넣어 죽인다. 저곡해충류에 대하여는 채나 풍구 또는 물로 가려내는 방법이 이용되며 유살등이나 유인물질을 이용하는 방법도 이용되고 있다. 나무좀류나 바구미류는 벌목한 지 얼마 되지 않는 통나무에 유인되는 고로 나무좀류를 통나무에 유인 우화전에 껍질을 벗기거나 살충제를 처리하는 방법이 이용된 일도 있고 과수원에서는 당밀이나 과즙을 이용하여 심식나방류나 잎말이나방류를 유인하여 죽이는 방법도 과거에는 이용되었다.

제5장 화학적 방제법

화학적 물질을 이용한 해충 방제법을 화학적 방제법이라고 한다. 유기합성 살충제는 제 2차 세계대전 후 현재까지 해충방제의 추축이 되어왔다. 이런 살충제가 농업생산의 증대, 안정화 그리고 곤충이 매개하는 사람의 병을 감소시키는데 공헌한 역할은 대단히 큰 것으로 현재 농약사용에 따르는 여러 가지 부작용으로 많은 비난을 면치 못하고 있으나 그의 이용은 농업생산에 있어서 불가피한 일이라고 생각된다. 특히 최근의 살충제 개발방향은 자연계에서 분해가 쉽고 인축에 대하여 독성이 약하며 미량으로 효과가 큰 약제의 개발을 목표로 하고 있고 세균이 생산하는 독소들의 이용이나 BT제나 곤충생장조절제 등과 같은 선택성이 크며 종래의 살충제와는 작용기작 면에서 큰 차이가 있는 것들이 실용화되고 있어 종래의 살충제에 대한 부정적 인식을 불식시키는데 큰 공헌을 하고 있다.

1. 살충제의 종류

살충제의 종류는 대단히 많아 현재 우리나라에서 사용되고 있는 살충제의 종류는 성분면에서 약 160종이 있으며 실제 제품화되어 시판되고 있는 품목(예 액제, 입제, 분제, 혼합제 등) 수는 약 370종이나 된다. 살충제를 소화중독제, 접촉제, 침투성 살충제 또는 훈증제 등으로 분류하거나 주성분을 중심으로 식물성 살충제, 유기합성 염소제, 유기인제, 카바메이트제, 합성 피레스로이드제, 네오니코티노이드제, 기타로 분류하기도 하나 여기서는 살충기작을 중심으로 살충제의 종류를 설명하려 한다.

1) 신경독제(Neurotoxicants, 神經毒劑)

지금까지 이용해 온 살충제는 대부분이 신경독제였으며 이것은 앞으로도 계속될 것으로 생각된다(그림 1-2, 표 1-4). 초기 신경독제들은 효과가 크고 값이 싸며 약효 지속 기간이 길어 방제에 큰 공헌을 하였으나 그들의 부작용 해결을 위한 연구가 1950년대 후반 이후 활발하여지면서 살충기작이 다른 여러 가지 살충제의 개발에 관한 연구가 많이 이루어지고 있다.

동물의 신경계는 핵을 가진 세포체와 다수의 신경돌기로 되어있는 다수의 신경세포(Neuron)로 되어있고 이들 신경세포는 Synapse로 서로 이어져 있다(그림 4-5). 신경돌기 중 긴 것을 축삭(Axon)이라고 하며 신경세포간 흥분전달의 역할을 한다. 축삭에서의 흥분전달은 K^+와 Na^+의 세포막 내외의 이동으로 생기는 전위차에 의하여 일어나고 자극이 축삭의 끝에 도달하면 말단에서 화학적 자극전달물질인 Acetylcholine이 분비되어 다음 신경세포의 수용체에 자극을 전달한다. 자극전달이 끝나면 Acetylcholine은 그의 분해효소인 Acetylcholine esterase의 작용으로 가수 분해되어 Choline과 식초산으로 되어 자극전달이 지속되지 못하도록 한다. 따라서 신경의 흥분전달 각 단계에 영향을 미치는 물질은 모두가 신경의 흥분전달에 장해를 가져온다고 할 수 있다.

그림 4-5는 신경세포에서의 자극전달기작과 몇 가지 살충제의 작용점을 모식도화한 것이다.

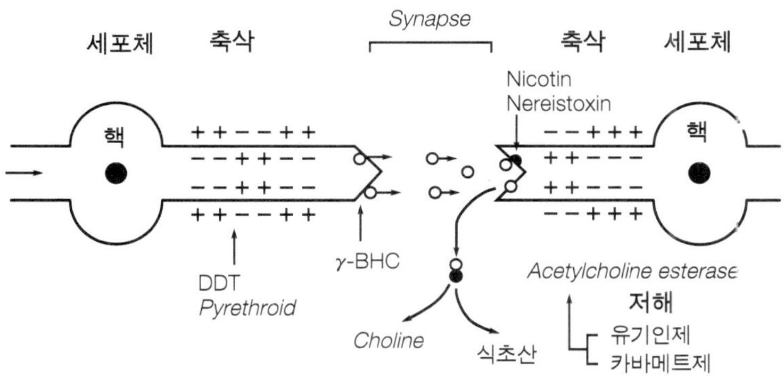

〈그림 4-5〉 신경세포에서의 자극전달기구와 몇 가지 살충제의 작용점 모식도 (Nakasuji 1997).

DDT나 Pyrethrin(제충국제)은 세포막 내외의 막 전위차를 교란하여 Na^+이온 투과에 영향을 미친다. γ-BHC는 억제성 신경전달물질 γ-aminobutyric acid(Cl^-이온의 투과에 영향을 미친다)(GABA)에 영향을 미쳐 Acetylcholine의 방출량을 증가시킨다. 따라서 γ-BHC는 Synapse 전막에 영향을 미치는 것이다. 그리고 유기인제나 카바메트제는 Acetylcholine을 분해하는 Acetyl-choline esterase의 활성을 저해하여 Acetylcholine을 축적케 한다.

이와 같은 살충제의 작용기작에 관한 연구는 살충제의 효과증대를 위하여 큰 공헌을 하였을 뿐 아니라 살충제에 대한 교차저항성(Cross resistance, 交叉抵抗性)(두 종이상의 살충제에 저항성을 갖게 되는 것)의 해결에도 도움을 주었다. 즉 작용점이 다른 두 종 살충제에 대하여는 교차저항성을 나타낼 가능성이 적기 때문이다. 예를 들면 세균에서 얻은 Abamectin은 유기염소계 살충제 저항성 해충에 탁월한 효과를 갖고 있으며 합성 Nicotine계 살충제는 OP나 MC계 살충제의 대체 살충제로 흡즙성 곤충류에 많이 이용되게 되었다.

Nicotine과 해산환형동물인 *Nereis* 참갯지렁이의 독소인 Nereistoxin제(예 칼탑)는 Acetylcholine의 자극을 수용하는 신경세포의 후막에 영향을 미쳐 흥분전달을 방해한다.

2) 비신경독제

살충제에는 위에서 설명한 바와 같은 살충기작을 가진 것 외에 Rotenone이나 Diafenthiuron 기타와 같은 호흡장해물질, 곤충의 탈피나 변태에 관여하는 호르몬활성, 또는 항호르몬활성작용이 있는 홀몬유사물질(예 Pyriproxyfen), 피부형성에 중요한 키틴의 합성을 저해하는 키틴합성저해물질(예 나비목에 대한 Chlorfluazuron, 멸구류나 깍지벌레에 대한 Buprofezin), 그리고 탈피저해제(예 파리류에 대한 Cyromazine) 등 여러 가지가 개발되어 이용이 시도되고 있다. 이들은 포유류에 대한 독성이 극히 낮으며 벼의 멸구, 매미충류에 대한 방제효과가 크고 가루이류나 총채벌레류에도 효과가 있어 시설재배에서 많이 이용되고 있다. 이들 곤충생장조절물질들 중에는 살난작용이 있는 것, 수컷성충을 불임화하는 것도 있다. 이들은 종래의 살충제에 비하면 지효성이나 장기간 해충밀도를 낮은 수준으로 유지하면서도 천적류에는 영향이 없어 그의 이용성이 크다.

한편 *Bacilus thuringiensis* 균은 곤충체내에 들어가 결정성 단백질독소 Bt-δ-endotoxin을 생산하는데 이 독소는 소화액 중의 protease에 의하여 활성화되어 중장상피세포를 파괴한다. 이것은 나비목 유충에 특이적으로 효과가 커서 유기인제에 고도의 저항성을 가진 것에 대하여도 효과를 얻을 수 있어 많이 이용되며 최근에는 유전자 조작에 의한 유전자의 작물에의 도입도 이루어지고 있다. 또 옛날부터 사용하여 왔던 기계유제는 해충의 기문을 막아 질식 치사케 하는데 겨울철의 살포는 약해가 적고 천적류에 대한 영향도 적은 장점을 갖고 있어 종합적 해충관리면에서 유용성이 크다.

3) 유인제(Attractant, 誘引劑), 기피제(Repellent, 忌避劑), 페로몬제

곤충류를 유인 또는 기피하게 하는 여러 가지 물질이 알려지고 있다. 기피제는 주로 모기나 진드기류와 같은 흡혈동물에 이용되어 왔으며 Dimethyl phthalate 같은 것은 모기류의 기피제로 피부에 크림류에 섞어서 이용하거나 옷에 뿌려 모기류의 접근을 막는데 쓰인다.

곤충을 유인하는 물질도 많이 알려져 있으며 옛날에는 당밀이나 과즙 같은 것을 이용하였으나 Methyl-eugenol은 수컷 *Dacus dorsalis* 광대파리에 대한 유인력이 강하여 살충제와 혼합하여 마리아나 제도에서 이 해충을 근절하는데 성공하였으며 일본에서도 태평양의 섬들에서 이 해충의 근절에 방사선에 의한 불임충 방사와 같이 이용되었다.

최근 많은 각광을 받고 있는 것에 행동조절제의 이용이 있다. 생물들 간의 교신에 여러 가지 물질이 이용된다. 이들 신호물질(Semiochemical) 중 같은 개체들 간의 교신에 이용되는 물질을 pheromone, 다른 종 개체에 작용하는 것을 타감물질(Allelochemicals)라고 하며 후자 중 신호물질을 방출하는 것에 유리하게 작용하는 것을 Allomone, 수용자에만 유용하게 작용하는 것을 Kairomone 그리고 양자 모두에 유리하게 작용하는 것을 Synomone이라고 하여 구별한다. 이들 중 해충방제와 관련 중요한 것은 성페로몬류로 지금까지 300종 이상의 나비목 곤충을 위시하여 다른 여러 가지 곤충에서 화학구조가 구명되고 일부는 합성에 성공하고 있다.

성페로몬류는 일반적으로 인축독성이나 어독성이 없고 종에 대한 특이성이 강하고 표적 이외의 곤충류에는 영향이 적어 그의 이용에 큰 기대를 갖게 하고 있다. 성페로몬은 종 특이성이 높아 합성페로몬을 유인원으로 한 페로몬트랩을 이용하면 대상 해충을 높은 효율로 선별적으로 조사할 수 있다. 따라서 페로몬트랩을 해충의 발생 시기나 발생량의 예찰에 이용하면 방제적기의 파악이나 방제 여부의 판단에 이용할 수 있다.

성페로몬의 해충방제에의 이용에는 대량유살법과 교신교란법이 있으며 이것은 해충 개체군의 증식과정과 관련이 있으나 그의 작용양식은 차이가 있다. 대개의 경우 성페로몬은 암컷 성충이 방출하며 수컷이 이에 유인된다. 고로 대량 유살법은 수컷을 유살하여 성충의 성비에 영향을 미쳐 교미 빈도를 감소시켜 번식률을 저하시키려는 것이다. 일본에서는 담배거세미나방 *Adoxophyes* sp., 모무늬잎말이나방, *Melanotus okinawensis* 방아벌레 등에서 그 효과가 확인된 바 있다. 그러나 담배거세미나방의 경우 넓은 면적에 트랩을 설치하였을 때도 발생초기에는 밀도억제효과가 있으나 야외밀도가 높아지는 후기에는 효과가 거의 없어지며 트랩의 밀도를 높이면 암컷의 교미율은 저하하나 수컷성충 유살트랩을 설치하지 않고 페로몬원만 설치하여도 같은 효과가 있어 이것은 수컷을 제거한 효과보다는 교신교란효과 때문인 것으로 추측되고 있다.

교신교란법(Communication disruption, 交信攪亂法)은 포장전역에 합성페로몬을 발산케 하여 수컷의 암컷 탐색과 발견을 어렵게 하여 암컷의 교미율을 방해하여 수정률을 저하시키려는 것으로 앞서의 수컷제거법보다 많은 해충에 대하여 시도되었다.

Tanaka 등(1987)은 이화명나방의 경우 그 효과는 봄 세대보다는 여름 세대성충에 대한 효과가 컸다고 하였으며 살충제저항성의 발달이 심한 배추좀나방에 대하여는 기대가 커서 많은 연구가 되고 있다. 이 해충의 경우 여러 가지 조건에 따라 차이가 있겠으나 안정된 효과를 위해서는 3ha 정도의 면적이 처리되어야 한다고 한다.

과수해충에서는 복숭아심식나방이나 복숭아순 나방, 복숭아유리나방 등에서 현재 이용되고 있다. 또 파밤나방의 경우 그 유충은 잎 속에서 가해하여 약제의 접촉이 어렵고 여러 가지 살충제에 높은 저항성을 갖고 있는데 Wakamura (1989)는 24ha의 파밭을 포함한 155ha의 면적에 파밭에는 ha당 Beet army worm lure제가 들어있는 폴리에틸렌튜브 990개 기타에는 320개를 설치하여 방제에 성공하였다고 하였다. 그리고 비닐하우스 내에서의 파밤나방 방제에는 교신교란과 유살 등을 같이 이용하는 것이 유리하다고 한다.

2. 살충제의 선택 독성

살충제의 여러 가지 작용기작은 모든 곤충에 대하여 같은 것이 아니고 살충제의 종류나 곤충의 종류에 따라 곤충 체내에 침투 이행하여 작용점에 도달할 때까지의 여러 과정에서 곤충체내의 생리, 생화학적 요인과 작용점의 살충제간의 친화성에 차이가 있어 어떤 살충제는 어떤 해충에 유효하나 다른 동물, 곤충에는 독성이 적기도 하다. 이와 같은 살충제의 종 특이적 성질을 선택독성(Selective toxicity, 選擇毒性) 라고 한다

Ripper(1956)는 침투성 살충제인 Schradan은 천적류가 접촉하여도 거의가 살아남을 수 있으나 흡즙성인 진딧물류나 사과응애, 가루이 등에 대하여는 강력한 살충력이 있음을 보고한 바 있다. 표 4-12는 몇 가지 살충제의 쥐와 집파리에 대한 독성이다.

〈표 4-12〉 몇 가지 살충제의 쥐와 집파리에 대한 LD_{50} (mg/kg) (Metcalf 1972)

분 류	쥐	집파리	비율(%)
유기염소제			
DDT	118	2.0	59
DDD	3,400	19.5	174
Methoxychlor	6,000	9.0	668
Prolan	4,000	4.8	833.3
Aldrin	60	2.25	27
Dieldrin	46	0.95	24
Endrin	67.5	3.15	21.4
Heptachlor	162	2.25	72
Lindane	91	0.85	107
Toxaphene	80	11.0	7.3
유기인제			
Parathion	3.6	0.9	4.0
Methyl parathion	24	1.2	20
Ronnel	2630	2.0	1315
Fenthion	245	2.3	106
Fenitrothion	503	2.3	219
EPN	7.7	1.2	6.4
Malathion	1000	26.5	37.7
Diazinon	76	2.95	25.8
Dimethoate	215	0.55	390
Demeton	2.5	0.75	3.3
카르바메이트제			
Carbaryl	540	900	0.6
Carbofuran	4.0	4.6	1.0
Aminocarb	30~50	85	0.35
Aldicarb	0.96	5.5	0.175
Butacarb	>4000	39.0	100

표에서 보는 바와 같이 살충제류의 집파리와 쥐에 대한 독성에는 큰 차가 있어 Ronnel(Fenchlorphos) 같은 것은 파리에 대한 독성이 쥐에 대한 독성의 1,300배나 강하나 카바메이트계인 Carbaryl은 쥐에 대한 독성이 파리에 대한 그것의 2

배이다. 또 같은 계통의 살충제라고 해도 곤충에 대한 독성과 포유류에 대한 독성간에는 차이가 있어 인축에는 저독성이면서도 살충력이 큰 살충제의 개발 가능성은 상당히 큰 것을 알 수 있다. 이와 같은 것은 살충제의 살충기작과 관련이 있는 것으로 이질바퀴와 바퀴에 대한 독성은 주사하였을 때는 거의 차이가 없으나 충체에 바르면 큰 차이가 있어 두 종간의 선택성은 체벽의 이 약제에 대한 투과성의 차이 때문임을 알 수 있다.

한편 체내에 들어간 살충제는 생물체내의 효소에 의하여 활성화되기도 하고 산화 환원 가수분해, 탈할로겐, 복합체 형성 등으로 대사되는데 생물의 종류에 따라 이러한 작용을 하는 효소에 차이가 있으므로 이에 의한 선택성도 생각할 수 있다. 예를 들면 Malathion은 생물체내에서 Malaoxon으로 되면서 활성화되어 살충력을 발휘하나 포유동물에서는 분해가 빨라 독성이 극히 낮다. 그리고 MEP와 같이 Methyl기를 가진 유기인제는 Methyl기를 제거하는 효소를 갖는 포유류에 대한 독성이 낮으나 곤충류에서는 이러한 효소의 기능이 극히 약하여 독성이 강하다.

니코틴이나 Cartap은 Synapse 후막과 결합하면 이것을 폐쇄하여 Acethlcholine이 자극을 수용할 수 없게 만드는 등 다른 살충제들과 작용기작에 차이가 있는데 Cartap은 유기인제에 대하여 저항성인 해충에 유효하다. 또 작용점에서의 감수성에도 생물에 따라 차이가 있는 경우가 많다. 그리고 대부분의 살충제가 경피투과하나 소화중독제는 경구 침투해야 하므로 일종의 선택성을 갖고 있다고 하겠다.

초기에 개발된 유기합성 살충제는 대부분이 선택성이 없는 광역 살충제였으나 그 후 그들의 부작용이 널리 알려지면서 선택 독성 특히 해충과 천적간의 선택성이 중요시되게 되었으며 사용방법에 있어서도 천적에 대한 영향이 적은 방법, 예를 들면 천적의 활동시기를 피하거나 대상(띠)살포로 비살포 지역의 천적을 보호하는 방법 등 여러 가지가 연구되었다.

한편 살충제의 광범위한 사용은 해충류 뿐 아니라 천적류에서도 살충제에 대한 저항성 계통이 여러 지역 개체군에서 발견되었다. 특히 과수 해충인 응애류의 천적류에서 이와 같은 사실이 보고되어 많은 관심을 끌고 있다.

Croft(1977)는 7종의 포식성 응애류의 여러 가지 살충제에 대한 저항성의 정도를 여러 사람들의 보고를 참고 종합한 바 있다. 대표적 포식응애인 *Amblyseius fallacis* 이리응애의 경우 DDT, Carbaryl 그리고 Azinphosmethyl, Parathion, Phosmet, Diazinon, Stirofos 등과 같은 유기인제에 대하여 저항성인 계통이 발견되었으며 그들에 대한 저항성 수준은 실험방법에 따라 차이가 있었으나 낮은 것은 8배(Carbaryl)에서 높은 것은 944배(Azinphosmethyl)였다. 그리고 Azinphosmethyl에 대한 이 이리응애의 저항성은 같은 slide dip법으로 조사한 것에서도 74배와

117배인 것이 있어 지역개체군에 따라 상당한 차이가 있음을 알 수 있다. 그리고 DDT와 Carbaryl에 저항성인 개체군은 한정된 지역에서 발견되었으나 유기인제에 대한 저항성 계통 이리응애는 중서부와 동부 북미에 널리 분포되어 있었다고 한다. 그리고 유기인계 살충제에 대한 저항성 이리응애는 과수 재배지대에서 흔히 쓰이고 있는 11종의 다른 살충제에 대하여 교차저항성(두 종 이상의 살충제에 대하여 저항성을 나타내는 것)을 보였다고 한다. *A. fallacis* 이리응애의 유기인계 살충제에 대한 저항성은 쉽게 생기며 종 내에서 안정적이나 Carbaryl에 대한 저항성 계통은 강력한 선발 하에서만 생기며 저항성은 훨씬 불안정한 것이었다고 한다. *A. fallacis*에서와 마찬가지로 *Typhlodromus occidentalis* 포식성 응애도 몇 가지 유기인계 살충제에 상당히 높은 저항성계통이 발견되고 있어 북미 서부지역의 사과, 복숭아, 자두 그리고 포도원에서는 이들의 저항성계통이 실제로 이용되고 있다.

한편 *Typhlodromus pyri* 포식성 응애는 북미 서북부와 동북부, 유럽의 서부와 동부, 뉴질랜드 등 유기인계 살충제를 많이 사용하는 지역에 널리 분포하고 있으나 이 종은 *A. fallacis*와 *T. occidentalis*와는 달리 이들에 대한 저항성은 별로 발달하지 않고 있다고 한다(Croft 1977). 따라서 같은 포식성 응애에 있어서도 종류에 따라 저항성 발달에는 차이가 있음을 알 수 있다.

Asquith(1980)는 미국 펜실베니아 지역 사과원에서 종합적 병해충 관리에 이용할 수 있는 농약류로 다음 표와 같은 것이 있다고 하였다.

〈표 4-13〉 펜실베니아 지역 사과원에서 종합적 병해충 관리에 이용 할 수 있는 농약류 (Asquith 1980)

살균제	살충제	살비제
Benlate	Guthion	Carzol
Captan	Imidan	Plictran
Cyprex	Zolone	Verdex
Polyram	Penncap M	Omite
Qikar	Cygon	
Karathane	Systox	
유황	Lannate	
	Thiodan	
	Superior oil	

우리나라에서는 시설재배에서의 해충방제와 관련 생물적 방제와 화학적 방제의 조화로운 이용을 목적으로 천적에 대한 저독성 약제 선발이 진행되고 있다. 최 등(2004)은 127종 농약의 오이이리응애(*Amblyseius cucumeris*) 성충에 대한 독성을 조사하고 살충제 5종, 살균제 21종 그리고 나팔이리응애(*A. bakeri*) 성충에 대하여는 살충제 11종, 살균제 26종, 굴파리좀벌(*Diglyphus isaea*) 성충에 대하여는 살충제 23종, 살균제 47종 그리고 진디좀벌(*Aphidius asychis*) 번데기에 대하여는 살충제 42종, 살균제 32종 등을 저독성인 농약으로 선발하였다.

표 4-14는 *A. chilenensis, A. fallacis, T. occidentalis* 그리고 *T. pyri* 4종 포식성 이리응애의 7종 살충제에 대한 교차저항성과 야외 살포량에 대한 상대적 독성이다.

〈표 4-14〉 4종 Azinphosmethyl 저항성 이리응애의 7개 살충제에 대한 교차저항성과 야외 살포량에 대한 상대적 독성 (Croft 1977)

살충제	Species			
	Amblyseius chilenensis	*Amblyseius fallacis*	*Typhlodromus occidentalis*	*Typhlodromus pyri*
Azinphosmethyl	M[a]	L,	L,	M,
Phosmet	M, (+)[b]	L, (+)	L, (+)	M, (+?)
Parathion	H, (−)	M, (+)	L, (−)	M, (+?)
Stirophos	L, (+)	M, (+)	M, (+)	NI[c]
Phosalone	NI	H, (−)	L, (+?)	L, NI
TEPP	NI	H, (−)	L, (+?)	NI
Carbaryl	L, (−)	H, (−)	H, (−)	L, (−?)

[a]L = 저독성; M = 중간독성 ; H = 강독성. [b](-) = Azinphosmethyl에 대한 교차저항성: (-);없음, (+);있음. ? = 간접적 자료에 의함. [c]NI = 자료없음.

*A. fallacis*와 *T. occidentalis*는 Azinphosmethyl에 대하여 높은 저항성이 발달하여 야외 살포농도에서는 거의 영향을 받지 않으나 *A. chilenensis*와 *T. pyri*는 저항성이 거의 발달하지 않고 있다. Phosmet은 Azinphosmethyl와 강한 교차저항성관계를 나타내지 않으며 이 두 살충제에 대하여 4종 포식응애 모두가 비슷한 반응을 보여주고 있다. Parathion에 대한 이들 4종 포식성이리응애의 반응은 상당한 차이가 있어 *A. chilenensis*에는 강독성이나 Azinphosmethyl과 교차저항성관계는 없었다. *A. fallacis*의 경우는 중정도의 독성을 갖고 있으면서

Azinphosmethyl과는 교차저항성관계가 높다. *T.pyri*의 경우 Parathion은 중정도의 독성을 갖고 있으며 Azinphosmethyl에 대한 내성을 갖게 할 가능성이 있다. *T. occidentalis*의 경우 Parathion은 거의 무독성인데 이것은 이 종의 유전적 특성으로 획득한 성질은 아닌 것으로 생각된다고 하였다. Croft와 Jeppson(1970)은 Parathion의 강한 선발을 받은 계통과 처리되지 않은 계통의 LC_{50}(50%의 개체군을 죽이는 살충제 농도)를 비교한바 차이가 거의 없다고 하였다. Field(1974)는 호주 원산 중에는 Parathion에 대하여 유전적으로 저항성인 계통이 있으며 이것은 Azinphosmethyl에는 극히 감수성인 것이 있다고 하여 *T. occidentalis*의 저항성에 대한 유전적 특성의 존재를 뒷받침 한 바 있다. Stirofos에 대한 저항성은 4종 모두에서 Azinphosmethyl과 교차저항성관계를 갖고 있다. 그러나 *A. chilenensis*에 대하여는 *A. fallacis*와 *T. occidentalis*와 달리 비교적 독성이 낮다. Phosalone과 TEPP는 *A. fallacis*에 대하여 높은 독성을 갖고 있으며 Azinphosmethyl과의 교차저항성관계는 없다. 끝으로 Carbaryl은 *A. chilenensis*와 *T. pyri*에 대하여는 거의 무독성이나 *A. fallacis*와 *T. occidentalis*에 대하여는 독성이 극히 강하며 이 카바메이트계 살충제와 Azinphosmethyl간에는 교차저항성은 없다.

이상에서 보는 바와 같이 이들 4종의 포식성 이리응애는 살충제에 대해서나 교차저항성관계에 있어서 종간에 다른 특성을 갖고 있으며 그들의 내용도 다양함을 알 수 있으며 각 종간의 차이는 그들이 포식하는 응애류에서의 차이 이상일 것임을 짐작할 수 있다.

3. 살충제의 안전성

살충제 사용에 따르는 여러 가지 부작용은 살충제의 독성과 표적 외 생물에 미치는 영향 때문이다. 살충제의 독성을 단기간에 나타나는 급성독성(Acute toxicity, 急性毒性)과 장기간에 걸쳐 생리적 장해를 일으키거나 암을 유발하는 만성독성(Chronic toxicity, 漫性毒性)으로 구별한다. 앞서 표 4-12에서 본 바와 같이 쥐에 대한 Parathion의 급성독성은 3.6mg/kg로 DDT의 118mg/kg에 비하면 약 33배나 높다. 그러나 DDT와 같은 유기염소계 살충제는 분해가 어렵고 동물체내에 장기간 잔류하고 먹이사슬을 통하여 생물학적 농충이 일어나 만성독성을 일으킨다. 따라서 1970년대 이후 이런 유기염소계의 살충제는 농작물의 해충 방제용으로는 사용이 금지되어 있다. 그리고 인축에 대한 독성이 강한 Parathion이나 EPN 같은 살충제는 그의 사용이 극히 제한되어 있다. 최근에 개발된 살충제는 독성이 낮은 것이 대부분이다. 농약의 동록에는 쥐에 대한 만성독성에 대한 시험결과가 의무화되어 있을 뿐 아니라 야생생물에 대한 독성이 잉어나 꿀벌, 누에, 조류에 대하여 의무화 되어 있다. 표 4-15는 살충제의 독성평가의 한 기준이다.

〈표 4-15〉 살충제 독성평가 기준 (Metcalf 1975)

등급	포유류 ①	꿩 ②	무지개송어 ③	꿀벌 ④
1	＞1000	＞1000	＞1.0	＞100
2	200~1000	200~1000	0.1~1.0	20~100
3	50~200	50~200	0.01~0.1	5~20
4	10~50	10~50	0.001~0.01	1~5
5	＜10	＜10	＜0.001	＜1

①: 쥐에 대한 경구 독성 LD_{50}mg/kg, ②: 꿩에 대한 경구 독성 LD_{50}mg/kg, ③: LC_{50} 48시간 ppm, ④: 국소처리 LD_{50}mg/kg.

우리나라 농약관리법상의 독성 평가 기준은 다음과 같다.

〈표 4-16 Ⅰ〉 인축독성 (반수치사량 LD_{50}; mg/kg 체중)

구분	경구독성		경피독성	
	고체	액체	고체	액체
Ⅰ(맹독성)	＜5	＜20	＜10	＜40
Ⅱ(고독성)	5~50	20~200	10~100	40~400
Ⅲ(보통독성)	50~500	200~2000	100~1000	400~4000
Ⅳ(저독성)	＞500	＞2000	＞1000	＞4000

〈표 4-16 Ⅱ〉 어독성 (반수치사량 LD_{50}; mg/l)

Ⅰ	Ⅱ	Ⅲ
＜0.5	0.5~2.0	＞2.0

이와 같은 독성정도는 농약 포장에 다음과 같이 표시되어 있다.

〈그림 4-6〉 농약의 독성에 대한 표시.

농약의 잔류는 야생생물 뿐 아니라 작물의 잔류를 통하여 인체에 위험을 미친다. 따라서 식품의 안전성을 높이기 위하여 농약의 잔류허용량(Tolerance for residue, 殘留許容量)의 기준이 설정되어 있다. 만성독성시험으로 무해약량이 정해지면 그에 안전계수로 1/100를 곱하여 사람의 1일 섭취허용량(Acceptable daily intake, ADI, 攝取許容量)를 구하고 그 값과 사람의 체중, 섭취 식품의 종류 그리고 각각의 식품섭취량을 참작한 식품계수(Food factor, 食品係數)를 이용하여 잔류허용량을 결정한다. 포장에서는 각 농약의 사용농도와 살포 횟수 그리고 최종살포를 수확 전 며칠까지 끝내야 하는가를 그 작물에 대한 잔류허용량으로 하여 각 작물에 대한 그 농약의 안전사용기준을 설정한다. 살충제의 안전사용기준은 살충제의 종류, 제제 그리고 사용농도 별로 사용횟수와 최종살포시기(수확 전 일수)가 정해져 있다. 따라서 Diazinon 유제(34%)의 경우 벼에서는 4회 이내로 하고 최종살포기는 수확 전 15일이나 Buprofezin은 수확 15일전까지 3회 이내 살포하도록 되어 있으며 오이에 대한 Buprofezin의 그것은 수확 3일전까지 3회 이내로 되어 있는 등 작물의 종류나 약제의 종류에 따라 차이가 있다.

Metcalf(1974)는 포유류, 물고기, 꿩, 꿀벌 등에 대한 독성과 환경잔류를 등급화하여 살충제의 독성을 종합적으로 평가하고 일반용(4~7), 전문가의 지도하에서 사용할 농약(8~10) 그리고 종자처리나 토중처리와 같은 특별용 농약 등으로 분류한 바 있다.

4. 살충제 저항성 해충의 관리

해충류의 저항성 수준이나 그의 발달속도를 감소시키고 천적류에 대하여는 저항성을 증가시키기 위한 저항성 관리 방안이 여러 가지 연구되고 있다

현재 살충제에 대한 저항성이 문제가 되고 있는 것은 보통작물의 해충보다 과수나 채소해충에서 이며 원예작물의 해충에서도 과수류에서는 관건 종보다는 2차 해충인 응애류, 진딧물류 그리고 매미충류 등에서 이다. 그러나 모든 관건종이 살충제에 대한 잠재적 저항성 유전인자를 갖고 있지 않다고는 생각하기 힘든 일

이다. 미국에서 사과류의 중요해충인 코드링나방(*Laspeyresia pomonella*)은 DDT 사용 6~20년 후에 저항성이 보고된 바 있다. 유기인계 살충제에 대하여도 DDT와 같은 선발압을 받는다면 이 해충은 유기인계에 대하여도 마찬가지로 저항성이 생겨야 할 것이다. 그런데 30여년을 사용하여 왔음에도 불구하고 미국의 일부 지역에서는 아직 주목할 만한 저항성이 생기지 않았다고 한다(Croft와 Bode 1983). 그런데 2차 해충류인 응애류, 진딧물류 그리고 매미충류의 경우는 유기인계 살충제를 사용하기 시작한 후 5~20년간에 저항성 계통이 발달하였다고 한다(Croft 1979). 다행히도 이들 해충류에 대하여는 유력한 포식자나 기생자가 있어 관건 종 방제에 사용하는 살충제의 영향을 받지 않을 때는 충분한 억제효과를 발휘한다고 한다. 1950년대 말에서부터 1960년대 초까지 유기인계 살충제를 사용하면서 천적류가 큰 영향을 받아 2차 해충류가 큰 문제가 되었으나 동시에 1960년대 중반부터 천적류에도 저항성 계통이 생겼다(예; 포식성 응애류인 *Typhlodromus occidentalis*, *Amblyseius fallacis* 그리고 꼬마무당벌레(*Stethorus punctum*).

이와 같은 관건해충류와 2차 해충류 그리고 천적류에서의 살충제 저항성 양상에 있어서의 차이는 그들의 생물학적 특성인 생활사의 차이와 관계가 있을 것이며 Croft와 Bode는 그의 특성을 표 4-17과 같이 정리한 바 있다.

〈표 4-17〉 사과원 해충류와 천적류의 살충제 저항성 발달과 관련된 생물학적 특성 (Croft와 Bode 1983)

비저항성
관건종 : 코드링 나방, *Rhagoletis pomonella* 과실파리 *Conotrachelus nenuphar* 거위벌레, *Argyrotaenia velutinana* 잎말이나방
천적류 : 꽃파리류, 장님노린재류, 풀잠자리류
선택압 감소요인 : (1) 살충제에 접촉하는 생육단계 적음 (2) 년간 세대수가 적음 (1~4)
개체군 증가를 억제하거나 저항성인자 희석요인 : (1) 비교적 증식율이 낮음 (2) 분산력이 크다
저 항 성
2차 해충류 : 응애류, 진딧물류, 매미충류
천적류 : 이리응애류, 무당벌레류, 꼬마무당벌레류
선택압 증가요인 : (1) 모든 활동생육단계가 살충제에 노출됨 (2) 년간 세대수 많음(2~17)
개체군 증가를 돕거나 저항성 인자 희석을 억제하는 요인 : (1) 빠른 증식 (2) 분산력이 낮음

표에서 보는 바와 같이 살충제에 대한 저항성 발달과 관련하여 중요한 것은 생식력, 연간 세대수, 살충제에 노출되는 생육단계, 숙주특이성 그리고 분산력 등에서의 차이점이다. 예를 들면 분산력이 큰 1차 해충류나 일부 천적류의 경우 저항성 유전인자는 다른 포장이나 숙주로부터의 이동으로 희석될 가능성이 높다고 하겠다.

한편 살충제의 사용 패턴도 저항성 발달과 관련이 있겠다. 유기인계 사용 초기에는 Azinphosmethyl과 같은 유기인제를 비교적 고농도로 이용하였으나 그 후에는 25~50%정도 낮은 농도로 이용하였다. 특히 과수해충의 경우 종합적 허충관리의 개념의 발달과 더불어 유기인계 살충제의 사용횟수를 줄이려는 노력이 있어 관건 종에 대한 살충제의 압력감소는 꾸준히 이어왔다. 그리하여 관건 종에서의 살충제 저항성 존재 자체에 대한 의문이 제기될 정도에 이르고 있다고 한다(Croft와 Bode 1983).

Comins(1977)는 살충제에 대한 저항성의 발달을 피하거나 지연시키는 수단으로 ① 잔류기간이 짧은 것 ② 성충태와 같은 특정 발육단계에 유효한 선택성인 것 ③ 국지적인 살포 ④ 일부 세대만 대상으로 할 것 등을 들고 유기인제에 대한 저항성은 불안정하여 관건 종에서는 저항성이 감수성인 것으로 되돌아갈 수도 있음을 감안할 것을 들고 있다.

제6장 생물적 방제법

자연계에서 해충류는 포식자나 기생자의 공격을 받는다. 이와 같은 해충의 밀도억제에 관여하는 생물들을 천적(Natural enemy, 天敵)라고 하며 천적을 이용한 해충방제법을 생물적 방제(Biological control, 生物的 防除)라고 한다. 원래 생물적 방제는 천적류를 이용한 해충밀도억제나 식식성 동물을 이용한 잡초의 방제에 사용되었으나 넓은 의미로는 어떤 형태든지 살아있는 생물을 이용한 유해생물의 방제까지도 포함시킬 수 있어 내충성 품종의 이용이나 유전적 수단이나 불임성의 이용 그리고 경쟁자의 이용까지도 포함시킬 수도 있어 이런 것들도 생물(학)적 방제(Biorational control)를 뜻하는 것일 수도 있겠다. 즉 불임성은 불임을 일으키는 수단은 방사선이나 화학적 물질 또는 유전적 불화합성이나 실제로 해충의 밀도억제에 관여하는 것은 생식현상에 미치는 생물학적 영향이기 때문에 사용 수단은 달라도 그 영향은 생물학적인 것이기 때문이다. 그러나 여기서는 좁은 뜻으로 해석하여 포식자나 기생자를 이용한 방제법을 중심으로 설명하려 한다. 그리고 미생물을 이용한 생물적 방제는 그의 특성 때문에 따로 설명하려 한다.

천적을 이용한 해충방제의 역사는 오래된 것이나 생물적 방제가 각광을 받게 된 것은 1888년 미국 농무성의 C. V. Riley가 캘리포니아주의 감귤재배에 큰 피해를 주고 있던 이세리아깍지벌레를 이 해충의 원산지가 호주나 뉴질랜드일 것으로 생각하고 Albert Koebel을 파견하여 그의 포식자인 베달리아무당벌레를 도입케 하여 영구적으로 방제하는데 성공한 것이 계기가 되었다. 그 후 이 무당벌레는 40여개국에 도입되어 적어도 32개국에서 정착에 성공하였다. 이런 성공으로 세계 각국에서 천적에 의한 해충방제에 관한 관심이 높아졌으며 특히 미국, 캐나다, 영국, 프랑스, 일본 등에서 많은 연구가 있었으며 미국 농무성, 영국의 Commonwealth Institute of Biological Control(1927년 설립)등은 세계 여러 나라에 연구원을 파견 또는 주재시키고 있으며 1958년에는 유해 동식물의 생물적 방제를 위한 국제적 기구가 스위스의 취리히에서 발족하여 1970년에는 국제기구 (Organization Internationale de Lutte Biologique, OILB 또는 IOBC)로 발전하였다.

우리나라에서는 앞서 제 1편에서 설명한 바와 같이 사과면충 방제에 사과면충좀벌의 도입으로 성공한 예가 있었고 해방 후에는 솔나방의 알 기생봉의 이용에 관한 연구(김, 이 1964), 솔잎혹파리의 기생봉류 이식 정착에 관한 연구(고 등)이 있었으며 감귤의 루비깍지벌레의 루비붉은좀벌이 1975년 일본에서 제주도로 도입되어 정착에 성공하였으며 최근에는 시설원예 해충 방제를 위한 천적류 이용이 활발하게 진행되고 있으며 천적류의 대량생산이 기업화 되고 있다.

1. 천적류의 종류

해충의 생물적 방제에 이용되는 천적류에는 포식동물, 포식기생동물 그리고 병원성 미생물 등이 있으며 병원성 미생물은 다음 장에서 설명하려 한다.

1) 포식동물

해충의 포식자로써는 척추동물, 거미류, 곤충류 등이 있다. 척추동물에는 물고기, 개구리, 새, 짐승 등에서 식충성인 것을 볼 수 있다. 이들은 한 마리가 포식하는 해충수가 많아 유력한 천적이 될 수 있는 가능성이 크나 실제로 생물적 방제에 이용되는 예는 적다. 피라미나 구피 또는 왜몰개 등은 모기류 방제에 이용할 방안이 검토된 바 있으며 식충성 새를 각국에서 법으로 보호하고 새집을 나무에

달아 주고 겨울철에 먹이를 공급해 주고 있다. 그러나 이것은 해충밀도의 증가는 급진적이고 증가율이 대단히 큰데 새의 밀도증가는 이를 따르지 못하는 경우가 많아 자연적 억제요인으로의 역할 강화의 의미는 크나 방제인자로써의 이용에는 어려움이 많다.

거미류에는 거미류, 진드기류, 응애류 등이 포함되어 있는데 이들은 대부분이 육식성이어서 해충을 잡아먹거나 또는 해충에 기생하는 것으로 생각되나 아직 그의 생물적 방제에의 이용에는 포식습성, 생활사, 개체군 동태, 기타 여러 가지로 구명해야 할 점들이 많다. 특히 거미류는 다식성이어서 여러 가지 먹이가 있을 때 먹이선택이나 포식량에 관한 문제의 구명은 실제 이용상 중요한 것이라고 생각된다. 논에 살고 있는 거미류의 종류는 한국에는 15과 47속 85종이 보고되고 있으며, 일본에서는 16과 58속 86종, 대만에서는 15과 38속 72종 그리고 태국에서는 13과 31속 59종(백과 남궁, 1976)이 보고 되고 있는데 논에서의 우점 종은 나라에 따라서 다소의 차이가 있어 황산적거미(*Pirata subpiraticus*, 한국), 등줄애접시거미(*Oedothorax insecticeps*, 일본), 민갈거미(*Tetragnatha japonica*, 대만), 갈거미의 일종(*Tetragnatha mandibulata*, 태국) 등의 우점 종이 보고 되고 있다.

응애류에는 사과응애나 점박이응애와 같이 주요한 해충도 있으나 포식성인 것이 많으며 부식질 분해에 관여하는 등 생태계에서 다양한 역할을 한다. 생물적 방제인자로 중요한 응애류로는 이리응애과(Phytoseiidae)와 마름응애과(Stigmagmaeidae)에 속하는 종들이다. 이리응애류는 먹이의 요구량이 크지 않아 해충응애류의 밀도가 낮을 때에 효과가 크며 사는 곳도 해충응애류와 같아 유용한 천적으로 생각된다. 긴털이리응애(*Amblyseius longispinosus* Evans)는 점박이응애의 유력한 천적임이 밝혀지고 있으며(한국, 일본) 미국이나 캐나다에서는 *A. fallacis*(Grarman)가 실용화되고 있고 그의 약제에 대한 저항성 계통의 이용에 관해 다방면에 걸친 연구가 이루어지고 있다. 영국 사과원에서의 대표적인 포식성응애는 *Typhlodromus pyri*로 살충제의 선택적 이용과 관련하여 많은 연구 결과가 발표되고 있다. 우리나라에서도 이(1990)는 사과원에서 *A. longispinosus*가 6월 중에 발생이 시작되면 점박이응애의 밀도억제에 효과적이나 7월 이후가 되면 그 효과는 떨어진다고 하고 이 긴털이리응애의 여러 가지 약제에 대한 저항성을 검토하고 약제의 선택적 이용에 관하여 논하였다. 현재 포식성 응애류 5종이 상품화되어 주로 시설재배에서 이용되고 있다.

백(1983)은 우리나라에서 기생포식자를 포함한 식충성 곤충류 502종을 보고한 바 있다.

〈표 4-18〉 한국의 식충성 곤충 (백, 1983)

목	과	속	종
잠자리목	1	4	4
사마귀목	1	2	3
메뚜기목	1	2	2
집게벌레목	2	2	2
노린재목	8	18	18
풀잠자리목	2	2	7
나비목	1	8	8
딱정벌레목	9	46	70
벌 목	29	186	356
파리목	8	8	32
계	62	317	502

표에서 벌목에 속하는 것은 대부분이 기생포식자이나 다른 목에 속하는 곤충류는 거의가 포식자이다.

포식성 곤충류로 중요한 분류군은 딱정벌레류, 노린재류, 파리류, 풀잠자리류, 사마귀류, 집게벌레류 등이 많이 알려져 있으나 나비류 중에는 진딧물류를 포식하는 Heliodinidae과의 나방이나 바둑돌부전나비나 깍지벌레류를 포식하는 대창날개뿔나방 등이 알려지고 있다.

무당벌레류는 대부분이 포식성이며 해충의 알, 유충 그리고 성충을 포식하며 유충과 성충 모두가 진딧무류, 깍지벌레류, 가루이류, 나무이류와 같은 군서성 해충류를 포식한다. 딱정벌레류도 대부분이 포식성이며 유충과 성충이 지표에서 활동하는 해충류를 포식한다. 박과 현(1977)은 솔잎혹파리의 낙하 후 토중서식기의 포식자의 활동을 조사하기 위하여 비닐장벽을 설치하여 외부로부터의 포식성 천적의 침입을 막고 장벽 내외의 솔잎혹파리 유충 생존율을 조사하여 내외에서 생존율에 약 22%의 차이가 있었다고 하였는데 여기에는 개미류와 같은 다른 곤충도 관여하였을 것으로 생각되나 딱정벌레류가 큰 영향을 미쳤을 것으로 생각된다.

노린재류는 흡즙성 곤충으로 해충도 많으나 침노린재류나 꽃노린재류, 긴노린재류, 기타에는 포식성인 것도 많아 생물적 방제에 많이 이용되고 있다. 노린재과의 포식 곤충류 중에는 어린 약충기에는 식물의 즙액을 빨아먹으나 영기가 진행되면서 잎벌레류나 나비목 곤충의 알에서 흡즙하는 것이 있다. 장님노린재류에는 해충도 많으나 포식성인 것도 있으며 약충이나 성충이 매미목 곤충의 알을 포식하며 특히 식물체내에 산란된 매미충류나 멸구류의 알을 포식하고 어떤 종은 응애류나 기타의 소형곤충류를 포식한다. 꽃노린재과의 *Orius* 애꽃노린재류는 파밤나방이나 총채벌레류에 대한 중요 천적으로 현재 유럽 애꽃노린재(*Orius laevigatus*)와 으뜸애꽃노린재(*O. strigicollis*)는 시설재배시의 총채벌레 방제용으로 시판되고 있다.

풀잠자리목의 유충은 모두가 포식성이다. 이들은 소형곤충류나 응애류를 포식한다. 어리줄풀잠자리(*Chrysopa carnea*)는 과수원에서 진딧물류의 방제에 이용되고 있으며 성충이 설탕물에 유인되는 습성을 이용하여 10% 설탕액을 옥수수에 살포하는 방법이 이용되기도 하였다(Ewert와 Chiang 1966).

2) 포식기생동물

해충의 체내 외에 기생하여 숙주로부터 영양물질을 취하면서 생육하고 기생 결과 숙주를 죽게 하는 것을 포식기생자(Parasitoid, 捕食寄生者)라고 한다. 일반적으로 기생생물은 숙주생물에 비해 몸이 작으므로 한 마리의 숙주에 많은 수가 기생하였을 때는 숙주를 죽이는 수도 있으나 한 마리가 기생하였을 때 숙주가 죽지 않는 일도 있다. 포식기생 생물은 전부가 분류학상 곤충강에 속하며 몸의 크기는 숙주보다 적거나 비슷한 크기의 것이 많고 일생 동안에 한 마리가 한 마리의 숙주를 요구하며 기생을 당한 숙주는 죽게 된다. 이와 같이 이들은 숙주를 죽게 한다는 점에서는 포식생물과 같다. 그리고 포식기생 동물의 성충은 자유롭게 활동하면서 적당한 숙주(대상종, 대상발육단계)를 찾으며 기생생활은 유충기에만 한다.

포식기생 곤충은 숙주의 알 유충 번데기 성충 등 어느 생육단계에도 기생할 수 있으나 대개의 경우 성충이 공격하는 대상은 알이나 유충기이며 용기나 성충태인 숙주를 공격하는 일은 드물다. 그러나 숙주의 유충기에 산란된 기생자가 용화 또는 우화하는 시기는 숙주의 유충기나 용기 또는 성충기가 되는 경우를 흔히 볼 수 있다.

포식기생자로서 중요한 분류군으로 딱정벌레목, 부채벌레목, 나비목, 파리목, 벌목 등에 속하는 곤충들이 알려지고 있다. 부채벌레목 곤충은 전부가 기생성이나 해충의 천적으로 이용될 수 있는 종은 없으며 딱정벌레목이나 나비목에 속하는 포식기생자도 생물적 방제에 이용될 수 있는 것은 별로 없다. 가장 중요한 것은 벌목 중 맵시벌상과와 수중다리좀벌상과에 속하는 기생봉류와 파리목의 기생파리과의 곤충들이다.

기생파리과의 곤충들은 나비목이나 딱정벌레목의 유충이나 성충에 기생하며 노린재목이나 메뚜기목의 약충이나 성충에도 기생한다. 이들은 난생이나 유생태로 생식을 하는 것도 많다. 그리고 생식을 할 때에는 숙주의 체외 또는 체내에 산란하는 것과 지표 또는 식물체에 산란하는 것 등 다양하다. 주로 유충기간 동안 기생생활을 하며 숙주 곤충류의 노숙 유충기나 용기에 우화하나 종에 따라서는 성충기까지 가는 것도 있다.

맵시벌상과는 소수의 포식성인 종류도 있지만 거의 전부가 기생생활을 한다. 이 상과에는 대단히 많은 종이 있으며 해충의 천적류로 중요한 것은 고치벌과와 맵시벌과의 기생봉류이다. 맵시벌과 기생봉의 기생 대상은 주로 나비목 유충이며 잎벌류나 딱정벌레목 곤충류의 유충에 기생하는 것도 상당히 많다. 그러나 파리목 곤충류에 기생하는 예는 적다. 대부분이 내부 기생성이나 외부 기생성인 것도 소수나마 알려져 있으며 2차 기생성인 것은 흔하지 않고 비교적 몸이 큰 기생봉이다.

고치벌과의 기생봉은 미소종으로 나비목이나 딱정벌레목 곤충류의 유충에 기생하나 파리목이나 매미목의 곤충류에 기생하는 종도 많으며 벌목이나 노린재목의 곤충류에 기생하는 종류는 적다. 고치벌과의 기생봉 중 진딧물류, 나비목 곤충류의 유충 그리고 딱정벌레목 곤충류의 성충에 기생하는 것들은 주로 내부 기생성이나 재질부가해 딱정벌레류나 나비류 유충에 기생하는 것은 외부 기생성이며 2차 기생성인 것은 드물다. 이들은 생활사가 짧아 일년에 수세대를 거치는 종류가 많다.

수중다리좀벌상과에 속하는 벌은 대단히 종류가 많다. 이들은 소형종이 보통이나 꿀벌 정도의 크기인 종도 있다. 대개가 해충류에 기생하는 것이 많으나 식물에 기생하여 충영을 만들거나 종자에 기생하는 수도 있다. 그리고 2차 3차 기생봉에 속하는 것도 있다. 수중다리좀벌상과의 기생봉은 곤충류의 알 유충 번데기 등에 기생하며 성충에 기생하는 것도 소수 있다. 기생대상 곤충류에는 나비목, 매미목, 파리목, 딱정벌레목, 벌목 등에 속하는 곤충류가 가장 많고 메뚜기목, 풀잠자리목, 총채벌레목, 노린재목 등도 기생의 대상이 된다.

난기생벌에는 총채좀벌과(Mymaridae)와 알좀벌과(Trichogrammatidae)가 중요하다. 총채좀벌과 난기생봉은 주로 매미목 곤충의 알에 기생한다. 알좀벌류에는 다양한 종류의 난기생봉이 있다. 좀벌과 기생봉은 여러 가지 곤충류의 알과 잠엽성인 굴파리류나 굴나방류 또는 벌류의 유충에 기생한다. 수중다리좀벌과 기생봉은 다양한 종류가 있고 나비목, 딱정벌레목, 메뚜기목, 풀잠자리목, 파리목의 유충에 기생하며 기생봉류의 2차 3차 기생봉인 종류도 상당수 있다.

보통 포식기생자들의 암컷은 같은 종이나 다른 종이 먼저 산란한 숙주와 그렇지 않은 것을 구별할 수 있으나 그러한 능력이 없는 종도 있는데 특히 기생파리류에서 그런 예가 많다. 식별능력이 있는 종은 공기생이나 과기생과 같은 현상을 피할 수 있다.

한편 숙주곤충 중에는 혈구로 기생자의 알이나 어린 유충을 둘러싸서 죽게 하는 피낭현상(Encapsulation, 被囊現象)을 일으키는 것이 있는데 곤충이 갖고 있는 피낭능력은 한 두 개의 알이나 유충에 대한 것에 한정되어 있다. 따라서 이러한 경우에는 공기생이나 과기생 현상으로 기생율을 증대시킬 것이다.

포식기생자의 생활은 포식자와 달리 상당한 제약을 받을 것이다. 특히 그들의 유충은 숙주의 체내에서 지내야만 하기 때문에 살아가는 환경조건이나 먹이에 있어서 선택의 여지가 극히 제한되어 있을 것이다. 포식기생자는 대부분 협식성이며 어떤 것은 단식성인 것도 있으며 다식성인 것은 극히 드물다.

기생자는 기주의 특정 발육단계에서 생육하기 때문에 두 생물의 생육단계는 밀접하게 연관되어 있어야 하는데 생활을 완전히 숙주의 생리적 조건에 의존하고 있는 기생자에 있어서는 이것은 중요한 일이다. 동시에 이러한 현상으로 발육상황이 다른 여러 가지 다른 해충이 기생의 대상에서 제외되기도 한다.

포식기생자 곤충류에는 기생자 한 마리가 한 마리의 숙주에서 자라는 단포식기생자(Solitary parasitoid, 單捕食 寄生者)(예; 맵시벌류), 한 종 기생자 여러 마리가 한 마리의 숙주에서 자라는 다포식 기생자(Gregarious parasitoid, 多捕食 寄生者)(예; 수중다리좀벌류나 다배생식성 깡충좀벌류), 해충에 기생하는 제1차 포식기생자(Primary parasitoid), 다른 포식기생자에 기생하는 중복기생(Hyperparasitism, 重複寄生), 한 숙주에 두 종 이상이 기생하는 다중포식기생자(Multiple parasitoid, 多重捕食寄生者), 한 숙주에 같은 종 포식기생자가 기생하는 과포식기생(Superparasitism, 過捕食寄生) 그리고 근연종 숙주에 기생하는 동종기생(Adelphoparasitism, 同種寄生) 등과 같은 기생특성을 가진 것들이 있다.

기생자의 암컷 성충은 대개 자유롭게 활동하면서 숙주를 찾아 산란하는 것이 보통이다. 따라서 성충의 출현 시기는 기생률과 밀접한 관계가 있다. 구체적 내용으로는 성충이 우화한 다음 난자나 정자가 형성되고 교미하여 수정이 일어나 난자가 성숙한 다음에 숙주를 찾아 산란하게 되는 것이다. 이러한 일련의 현상은 연속적이며 앞뒤가 질서 있게 연결되어 있어야 하며 그때의 환경조건은 대단히 중요한 영향을 미친다. 즉 온도 습도 광도 일장 등과 같은 물리적 조건은 물론이고 대개의 성충은 성적 성숙 이전에 꿀과 같은 먹이를 취해야 하는 수가 많아 먹이의 존재여부 또는 그 질과 양이 문제가 되기도 한다. 이러한 숙주와 기생자간의 발육 상황의 일치성은 기생자를 다른 지역으로부터 새로운 곳으로 도입할 때 대단히 중요한 것이다. 일반적으로 숙주가 기생하기에 알맞은 기간은 극히 짧아서 천적을 도입할 때는 도입 즉시 산란할 수 있는 상태의 기생자를 적절한 시기에 도입하도록 해야 한다.

기생자의 성충이 숙주를 발견하는 과정은 숙주가 살고 있는 곳을 찾아가는 행동적 측면과 적절한지 여부를 판단하는 감각적 측면이 있으며 그 내용은 극히 복잡한 것이다. 실제 문제로 활엽수림에 살고 있는 숙주가 침엽수에 살고 있는 기생자의 기생을 받는 일은 거의 없을 것이며 같은 곳에 살고 있다 하여도 기생자가 숙주를 찾지 못하거나 적절한 지 여부를 구별할 수 있는 능력이 없다면 기생이 일어나기 힘들기 때문에 행동적인 특성과 감각적 특성은 기생자의 숙주 선택능력과 관련하여 중요한 일이다.

기생자의 숙주 탐색능력은 보통 종에 따라 차이가 있는데 탐색력이 약한 기생자는 증식력이 커서 숙주가 고밀도일 때 밀도를 증가시키는 반면 탐색력이 큰 기생자는 증식력은 작으나 숙주가 저밀도일 때에도 적당한 밀도를 유지할 수 있는 것이 보통이다. 그러나 루비깍지벌레의 기생봉인 루비붉은좀벌의 경우 숙주가 연 1세대인데 반하여 기생봉은 연 2회 발생하며 숙주가 정착 후 5일경부터의 어린 약충(1세대)에서부터 성충(제2세대)에 이르는 여러 가지 발육단계의 숙주에 산란할 수 있는 등 탐색과 증식이 모두 유리한 경우도 있다.

2. 생물적 방제의 생태학적 배경

생물적 방제란 한 종 또는 몇 가지 종의 천적을 이용하여 해충밀도를 억제하는 것이다. 생태계내의 해충류는 공간적으로나 시간적으로 분포나 활동상태를 달리하고 있다. 또 한 해충에 대한 천적류는 한 종만이 아니고 여러 종이 있으며 천적류도 공격하는 해충의 종이 하나가 아니고 여러 종인 수가 많다. 그리고 천적의 종류에 따라 공격하는 방법이나 시기가 다르고 해충밀도나 기타의 환경조건에 대한 반응도 다르다. 이와 같이 군집을 구성하고 있는 생물들은 서로가 영향을 주고받으면서 총체적 균형을 이루고 있다. 따라서 생물적 방제의 연구에 있어서 군집을 구성하고 있는 생물적 요인 상호간의 관계의 이해는 대단히 중요하며 이것을 바탕으로 그의 기능과정을 언제, 무엇을, 어떻게 변형할 것인가를 구명하여 합리적으로 그를 조절하도록 해야 할 것이다.

포식자(또는 기생자)의 먹이밀도(또는 숙주밀도)에 대한 반응 방식에는 기능적 반응(Functional response, 機能的 反應)와 수적반응(Numerical response, 數的反應)이 있다. 전자는 먹이밀도가 달라지면 한 마리의 포식자의 포식수가 달라지는 것을 말하는데 그의 반응양식에는 다음과 같은 것이 있다.

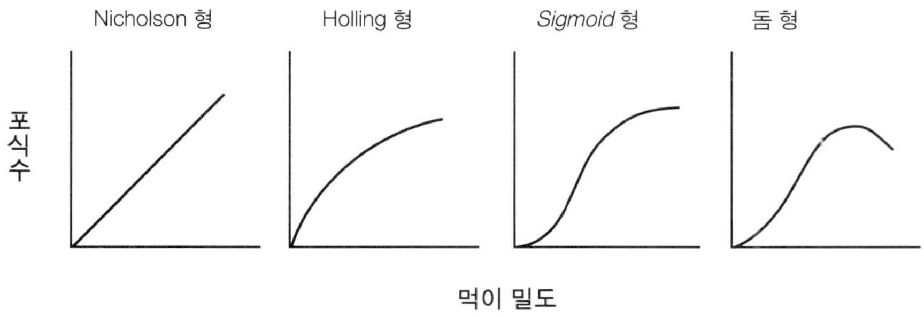

〈그림 4-7〉 포식(기생)자의 먹이(숙주)밀도에 대한 기능적 반응 양식

그림에서 Nicholson형은 포식자가 먹이를 확률적으로 탐색하고 발견된 먹이는 곧 먹는 경우이고 Holling형은 포식자가 먹이를 발견한 후 일정시간(Handling time)이 지난 다음에 먹는 경우로 포식(기생)곤충에서는 가장 흔한 경우이다. Sigmoid형은 새나 포유류의 경우와 같이 먹이의 분포나 맛에 대한 학습효과를 가진 경우이고 돔형은 높은 밀도의 먹이에서는 포식효율이 저하할 때 볼 수 있다.

수적반응은 먹이 밀도에 대한 포식자의 개체 수 변화를 말하는데 이것은 먹이 밀도에 대한 포식자의 집중현상과 같은 행동적 반응에 의한 경우와 먹이밀도에 따르는 포식자의 증식률 변화와 같은 생식적 반응이 있으며 그 반응양식은 그림과 같다.

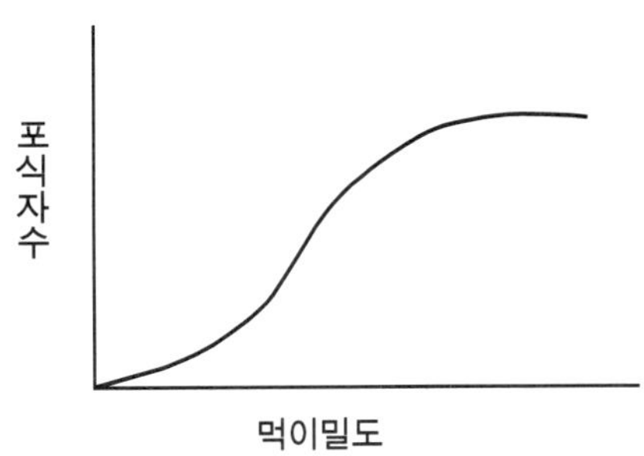

〈그림 4-8〉 먹이밀도에 대한 포식자의 수적 반응

먹이동물과 포식자 관계의 이론은 Lotk-Voltera(1926)의 미분방정식 제기 후 Nicholson과 Bailey(1935)의 모델 그리고 기생자가 기주를 발견한 다음 기생할 때까지의 처리시간(Handling time)을 감안한 Holling(1959)의 모델이 있으며 여러 마리의 기생자가 기주를 탐색할 때 일어나는 기생자간의 간섭에 따라 기생자 밀도가 높아지면 기생효율이 저하하는 것을 고려한 Hassell과 Varley(1969)의 모델이 있다.

겨울물결자나방(*Operophtera brumata*)은 유럽 원산인 과수와 임업의 해충인데 1930년경 이 해충이 캐나다에 침입하여 삼림에 큰 피해를 주었는데 1954년 원산지에서 기생파리 *Cyzenis albicans*와 맵시벌의 1종인 *Agrypon flavolatum*를 도입하여 생물적 방제에 성공하였는데 Hassell(1980)은 원산지인 영국과 캐나다에서의 이 해충의 개체 수 변동을 모델에 의한 추정치와 실측치를 비교하여 그림과 같은 결과를 보고 하였다.

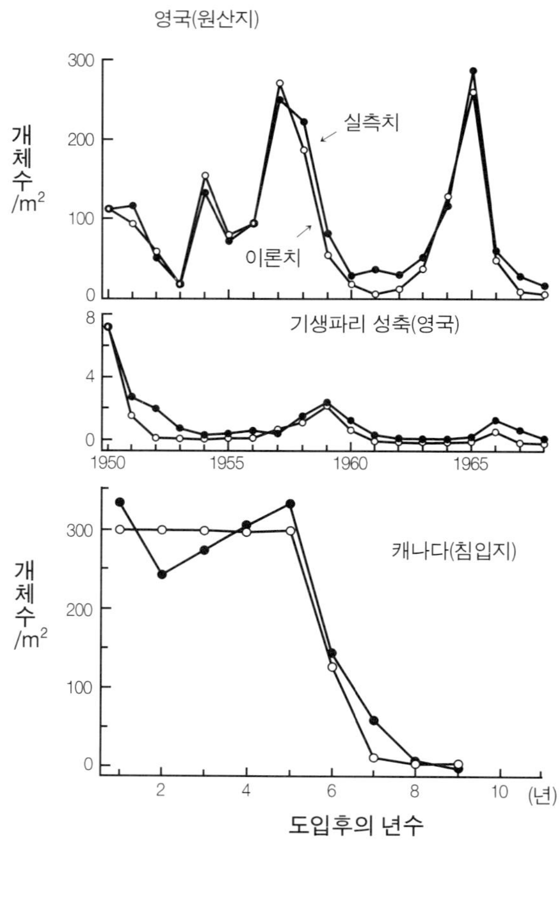

〈그림 4-9〉 영국에서의 겨울물결자나방(위)과 기생파리 *Cyzenis albicans*의 개체수의 년차변동 (중) 실측치와 예측치, 동해충의 침입지 캐나다에서의 기생파리와 맵시벌의 일종 *Agrypon flavolatum* 도입 후의 연차적 밀도 변동 실측치와 예측치(하) (Hassell 1980).

그림에서 보는 바와 같이 이 해충의 원산지인 영국에서의 기생파리의 효과는 별로 크지 않으나 캐나다에서는 기생파리의 효과가 커서 도입 6년 후 경부터는 해충 밀도는 크게 감소하고 있다. 영국에서는 월동 번데기에 작용하는 포식자류가 중요하다고 한다.

일본의 Yano(1988)는 온실내에서 온실가루이(*Trialeurodes vaporariorum*)와 온실가루이좀벌(*Encaria formosa*)의 개체군 밀도변동을 모델의 값과 실측치를 비교한 바 있다.

여기서 온실가루이와 그의 기생봉의 개체군 밀도 변동은 Leslie 행렬을 참고도 기재하고 기생수의 추정은 Holling형 기능적 반응 모델을 이용하였다. 낮 30℃, 밤 20℃로 조절된 두 곳 토마토에 온실가루이 성충을 주당 4마리 접종하고 약 20일후부터 20일 간격으로 3회 한 온실에 *E. formosa* 마미를 주당 8개씩 방사하였다.

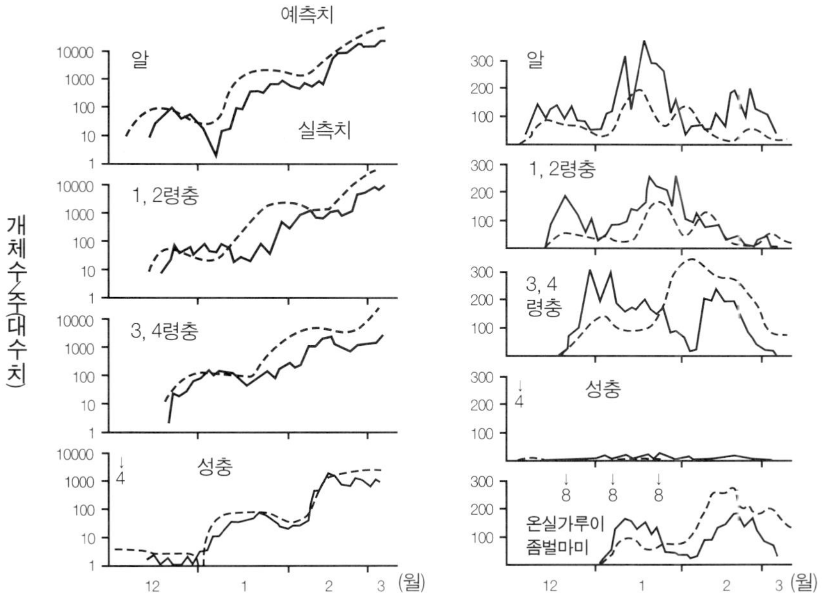

〈그림 4-10〉 **좌:** 온실내 토마토에 온실가루이 성충을 방사 후 각 발육단계의 개체 수 변화의 실측치와 모델에 의한 예측치와의 비교, **우:** 위와 같은 조건의 온실에서 온실 가루이좀벌을 방사하였을 때의 온실가루이 각 발육단계와 온실가루이 좀벌마미(최 하단)의 개체수 변동의 실측치와 모델에 의한 예측치의 비교. 좌측의 개체 수는 대수값으로 되어 있다(Yano 1988).

그림에서 보는 바와 같이 모델의 값과 실측지는 대조구와 처리구를 막론하고 잘 일치한다. 그리고 대조구에서는 알을 비롯한 각 생육단계의 밀도는 성충 접종 후 크게 증가하고 있으나(그림에는 대 수치로 되어 있다) 기생봉 접종구에서는 주당 개체 수가 300을 넘는 일이 별로 없었으며 특히 성충의 개체 수는 극히 낮은 밀도로 억제되고 있다. 그리고 가루이의 밀도는 기생봉의 밀도를 반응하여 변동하고 있음을 짐작할 수 있다.

이와 같은 모델의 이용으로 천적의 방사 수나 방사시기, 온실의 온도관리 등을 미리 검토하여 효과적인 방제계획을 수립할 수 있겠다. 이와 같은 Systems model에 관한 연구는 외국에서는 많이 이루어지고 있으나 우리나라에서는 아직 초보적인 단계에 있다. 보다 신뢰성이 큰 모델의 개발을 위하여 장기간에 걸쳐 또는 여러 가지 서로 다른 환경조건에서 상세한 개체군의 조사와 필요한 변수들을 결정하기 위한 실험이나 야외조사가 필요하겠다. 모델의 수량적 취급에 관하여는 그 분야의 전문가의 협력을 얻을 필요가 있겠다.

한편 Sther(1975)는 생물적 방제의 성공을 위하여 다음과 같은 점이 고려되어야 한다고 하였다.

① 가해허용밀도

작물이 해충으로부터 가해를 받게 되면 수량이 감소하거나 품질이 나빠지면서 상품가치가 떨어지는데 그 피해는 해충의 종류에 따라서 차이가 있다. 만약 어떤 작물이 해충의 가해에 대한 감수성이 커서 극단적으로 한 마리가 있어도 문제가 되는 해충이 있다면 이 해충에 대한 생물적 방제법의 적용은 불가능할 것이다. 즉 생물적 방제의 성공 가능성은 가해 한계밀도가 높은 해충류(예; 임업해충)에서 높다.

② 작물의 경제성

작물의 경제성은 가해허용 한계밀도와도 관계가 있는 것이다. 한 해충이 가해하는 작물은 여러 가지가 있을 수 있으며 작물의 경제성은 그 종류에 따라 다르다. 따라서 단위면적에서의 경제성이 낮은 작물(예; 목초, 삼림)일수록 가해허용 한계밀도는 높아지기 때문에 생물적 방제 성공가능성은 커진다. 반대로 경제성이 높은 작물의 경우에는 낮은 해충밀도에서도 경제적 손실은 크고 낮은 밀도로 억제할 수 있는 천적류란 존재하기 힘들기 때문에 생물적 방제의 성공 가능성은 적어진다. 같은 뜻에서 수량의 대상이 되는 기관(예; 과실)을 가해하는 해충보다는 그렇지 않은 기관을 가해하는 해충이 생물적 방제의 대상이 될 가능성이 크다.

③ 영년생 식물과 일년생 식물

지금까지 생물적 방제에 성공한 예를 보면 삼림이나 과수류에서와 같이 영년생 식물인 경우가 많다. 물론 이것은 일년생 작물에서 생물적 방제가 성공할 수 없다는 것을 뜻하는 것은 아니나 일년생 작물에 있어서는 매년 생태계가 심한 파괴작용을 받게 된다. 즉 작물을 재배하려면 땅을 갈아엎고 잡초를 제거하고 매년수확을 하는데 이것은 천적류의 도피처를 제거하고 천적류가 일시적으로 이용할 수 있는 다른 곤충류를 제거하는 셈이 되어 천적류의 증식이나 세력유지를 어렵게 한다. 또 병이나 해충의 발생을 억제하기 위하여 일년생 식물을 재배할 때 윤작을 하는 경우가 있는데 이것은 병이나 해충의 발생을 억제하는 데는 도움이 되나 천적류의 정착이나 세력증대에는 불리한 조건을 만들기도 한다.

④ 토산천적과 외래천적

지금까지 생물적 방제의 성공 사례를 보면 외래 천적을 도입하여 이용한 경우가 많다. 이것은 대개 외국으로부터 침입한 해충을 대상으로 한 경우가 많기 때문이다. 실제로 대상 해충이 침입해충인 경우는 일차적으로 침입해충의 원산지에서 유력한 천적류를 찾았다.

토착의 해충류에 대해서는 일차적으로 토산 천적류의 이용이 고려되어야 하겠으나 외국에서 보다 유력한 천적류가 발견되는 경우도 있어 이 점을 간과해서는 안 되겠다. 반대로 침입해충에 대해 토산의 유력한 천적류를 찾아 이용한 예도 있다. 따라서 천적을 이용한 방제의 경우 모든 가능성이 검토되어야 하겠다.

⑤ 기존 천적류의 해충밀도 억제효과

실제로는 가해허용 한계밀도와도 관계가 있는 것으로 경제적 가해수준이 낮다는 것은 유력한 천적류를 발견하기가 어려울 것이라는 것을 뜻하기도 한다. 각각의 해충은 천적을 가지고 있다. 그러나 어떤 해충의 밀도를 경제적 가해수준 이하로 억제하고 있는 것이 한 종의 천적에 의한 것이냐 또는 두 종 이상의 것들에 의한 것이냐를 결정하는 일은 어려운 일이다. 따라서 토산 천적류의 세력을 강화시킬 것이냐, 외국으로부터 새로운 천적을 도입할 것이냐를 결정할 때에는 모든 가능성이 깊이 있게 검토되어야 할 것이다.

⑥ 대상해충의 종류와 그의 밀도수준

작물은 생육기간 중에 여러 가지 해충의 가해를 받는데 이들 모두가 방제의 대상이 되는 것은 아니다. 따라서 이때에는 피해가 커서 문제가 되는 해충에 대한 천적류의 이용방안을 고려하면 될 것이다. 여러 해충이 문제가 되고 경제적 가해수준 밀도가 낮을 때에는 살충제의 도입이 불가피하다. 그러나 이때도 천적류의 활동을 강화시키기 위한 작물생태계 개선의 노력이 전혀 필요 없다는 뜻은 아니다.

⑦ 선택성 살충제와 약제저항성 천적류의 이용

천적류에 대한 가장 큰 위협은 살충제다. 해충에만 독성이 있고 천적류에는 영향이 없는 살충제를 찾기란 어려운 일이다. 따라서 살충제를 이용할 때 사용농도, 사용 시기, 제제형태, 사용방법, 기타를 천적류에 영향을 덜 주는 방향으로 선택하는 일은 대단히 중요하다. 또 최근 특히 포식성 응애류에서 시도되고 있는 바와 같이 약제에 대한 저항성을 가진 천적류의 이용도 고려되어야 하겠다.

⑧ 성공사례 - 대상해충의 생태학적 특성

지금까지 성공한 예를 보면 환경조건이나 작물 그리고 해충이 같거나 비슷한 경우가 많아 대상해충의 생물적 방제 성공 예가 있다면 그곳의 환경조건이나 이용된 기술은 크게 참고가 되겠다.

3. 천적의 이용방법

천적을 이용한 해충방제 방법에는 천적을 외국으로부터 도입하여 정착시키는 전통적 생물적 방제법(Classic biological control method), 환경조건을 천적에게 유리하게 개선하여 그의 활동을 증대시키는 환경개선을 통한 천적의 효과증강법(Augmentation method, 效果增强法), 천적류의 효과적 보존법(Conservation method, 保存法) 그리고 천적을 대량 증식하여 방사하는 대량방사법(Mass release method, 大量放飼法) 등이 있으며 천적류의 효과증대를 위한 천적의 개량(육종)도 시도되고 있다.

1) 전통적 생물적 방제법

이 방법은 어떤 지역에 없는 천적류를 다른 지역에서 도입하여 정착시켜 해충개체군밀도를 억제하는 방법으로 영속적 방법이라고도 한다. 이 방법은 미국 캘리포니아주에서 감귤해충인 이세리아깍지벌레의 포식천적인 베다리아무당벌레를 도입하여 성공한 이래 여러 가지 해충류에서 성공 예가 상당히 많다. 우리나라에서도 사과면충에 대한 면충좀벌의 도입, 정착한 예를 비롯하여 제주도 감귤에서의 루비깍지벌레에 대한 루비붉은좀벌의 도입, 정착 등은 좋은 성공 예라고 하겠다.

도입천적으로 성공한 예를 보면 몇 가지 공통점이 있다. 그것은 대상해충이 침입해충인 경우가 대부분이다. 이것은 침입지의 해충은 억제요인이 없어 크게 발생하게 되는데 그 해충의 원산지에서 유력한 천적이 도입되면 천적류와 해충간 관계는 다른 요인의 영향을 받지 않고 숙주-기생자간 상호관계가 진행될 것이며 천적의 밀도억제효과가 클 때에는 해충밀도는 효과적으로 억제될 수 있겠다. 그러나 어떤 지역의 토착 해충에 대하여 다른 지역의 천적이 도입되어 정착하여 상당한 효과가 있었던 예도 알려지고 있다. 1896년부터 1968년까지 천적도입이 시도된 600예 230종 중 천적이 도입지에서 정착한 예는 34%이며 그 중 60%가 어느 정도의 효과가 있었는데 침입해충을 대상으로 한 경우 그 정착율은 34%이고 토착해충에 대한 그것은 25%로 침입해충에서의 성공률이 높다.

그리고 대상해충으로는 깍지벌레류와 같이 이동성이 적고 집단생활을 하는 해충에서의 성공률이 높으며 생태계의 특성으로는 일반작물, 과수원, 삼림 등의 순으로 영속성이 큰 곳에서 정착률이 높은 경향을 나타내고 있다.

천적을 도입하여 성공할 수 있는 경우란 ① 해충의 생활계에 비어 있는 생태적 지위(Ecological niche)가 있어 그것을 새로운 천적이 채워 줄 수 있는 경우와 ② 해충의 생활계에 천적류가 있기는 하나 그들의 해충밀도억제효과가 불충분할 때 외지의 천적류 도입으로 보다 큰 효과를 얻을 수 있는 경우이다. 천적을 새로이 도입할 때 첫째로 생각해야 할 문제는 어디서 어떤 천적을 도입할 것인가의 문제이다. 이것은 해충에 대한 정확한 동정이 필요하며 종 동정이 잘못되면 헛된 일이 되는 경우가 있을 수 있다. 종이 동정되면 문헌을 조사하여 그의 원산지를 찾아가 유력한 천적을 선정하여 도입하게 되겠다.

천적 탐색은 사정에 따라 다르겠으나 해충의 전체 발생기간을 통하여 조사되는 것이 바람직하며 여러 가지 발생상황이나 생태적 요구조건에 따르는 천적류의 효과를 조사해야 하겠다. 탐색하는 지역의 해충발생상황은 꼭 발생이 심하지 않은 곳도 대상으로 해야 한다.

천적을 도입할 때는 그의 2차 기생봉이나 그 천적의 다른 곤충류나 생물에 미치는 영향이 고려된 식물검역적 측면이 충분히 고려되어야 하겠다. 이를 위하여 폐쇄된 공간에서 일정기간 사육하면서 그 결과를 살피는 것이 필요하며 특별한 시설이 있어야 하겠다.

전통적 생물방제법은 침입해충에 대하여 1회 내지 몇 차례 비교적 적은 양의 천적의 도입 방사로 획기적인 성공을 걷을 수 있고 한 번 성공하면 그 후에는 천적과 해충의 관계가 안정되게 되어 장기적으로 문제를 해결할 수 있다.

2) 환경조건의 개선

천적류의 활동은 여러 가지 환경조건의 영향을 받게 된다. 따라서 그들의 보전을 위하여 불리한 조건을 개선하고 적극적으로 유리한 조건을 조성하고 그의 세력 강화를 위하여 천적류의 수명을 연장하고 증식을 도우며 그 지역에 천적류가 모여들 수 있는 수단을 강구하는 일은 천적류의 해충밀도억제효과를 증대시키는데 중요한 일이다. 이런 문제와 관련 몇 가지 중요한 것을 들어 보면 다음과 같은 것이 있겠다.

① 살충제의 선택적 이용

살충제는 화학적 성분이나 제제형태 여하를 막론하고 정도의 차이는 있으나 모두가 천적에 불리한 영향을 미치며 현대 농업에 있어서 살충제 사용은 불가피한 것이어서 그의 현명한 사용 즉 종류나 제제 그리고 사용 시기나 사용방법의 선택은 생물적 방제의 효과 증대에 대단히 중요한 것이다.

비산납과 같은 소화중독성 살충제는 씹어 먹는 해충류에 대하여는 살충력을 갖고 있으나 진딧물류와 같은 흡즙성 해충류에는 살충효과가 없다. 따라서 그의 영향은 포식자와 기생자에서 다를 것이다. 그러나 이 살충제는 잔류독성문제 때문에 현재에는 사용되지 않고 있다.

DDT를 비롯한 여러 가지 유기합성살충제의 보편화에 따르는 여러 가지 부작용이 알려지면서 1950년대 중반이후부터 식엽성 해충이나 과일을 가해하는 주로 나비목 곤충류에 대하여는 방제효과가 크면서도 천적류에 대하여는 영향이 적은 살충제에 대한 관심이 높아졌다. 현재까지 연구되고 있는 살충제의 선택적 이용에 관한 것에는 살충제에 대하여 저항성이 많이 생긴 식식성 응애류에 대하여는 살충효과가 크면서도 포식성 응애류나 포식곤충에 대하여는 독성이 낮은 살비제에 관한 연구가 주로 원예작물 특히 과수에서 많은 연구가 이루어지고 있다. 또 기틴합성저해제와 같은 소위 제3세대 살충제나 *Bacillus thuringiensis* 또는 대량포살이나 교미교란용 성페로몬 등과 같은 기능적인 선택성을 가진 살충제의 개발과 이용도 활발히 연구되고 있다. 여기서는 전자에 관하여 설명하려 한다.

DDT를 비롯한 유기합성살충제의 보급은 과수원에서의 2차 해충인 응애류의 피해를 증대시켜 왔다. 그리고 이와 같은 살충제는 주로 과일을 가해하거나 잎을 가해하는 소위 관건해충류를 대상으로 중요 천적류에는 영향이 적은 것을 선택적으로 이용하는 방법이 연구되어 왔다. 표 4-19는 몇 가지 살비제의 식식성 응애류와 그의 포식자에 대한 선택성이다.

〈표 4-19〉 선택성 살비제의 절지동물에 대한 독성 (Croft와 Bode 1983)

물질명	응애류	혹응애류	이리응애류	마름응애	포식곤충
Cyhexatin	H	H	L	H	L
Vendex	H	H	L	H	L
Propargite	H	H	L	H	L
Formetanate (Hydrochloride)	H	H	H	H	L
Endosulfan	L	H	L	H	M
Ethion	M	H	L	-	-
Dupont 3796	H	L	L	-	-
Fison 21314	H	L	L	-	-

H: 고독성 M: 독성 중정도 L: 저독성 -: 정보 없음.

표에서 보는 바와 같이 처음 3종은 식식성 응애류에는 독성이 커서 방제효과를 볼 수 있으나 이리응애류와 포식곤충에는 독성이 낮다. 그러나 포식성 마름응애에는 독성이 크다. 미국 펜실베니아주에서는 Formetanate를 꼬마무당벌레(*Stethorus punctum*) 보호용으로 이용하고 있다.

이(1990)는 사과원에서 흔히 사용하고 있는 살균제 5종, 살충제 14종, 살비제 7종의 응애류에 대한 유력한 천적인 긴털이리응애에 미치는 영향을 조사하고 살균제 중에서는 Mancozeb를 제외하면 대부분이 큰 영향이 없었고 살충제 중에서는 Pirimicarb 수화제는 독성이 없으나 다른 것 대부분이 독성이 컸으며 살비제 중에서는 Tetradifon, Chlorfenson, Fenbutatin 등은 점박이응애는 방지하면서도 긴털이리응애에는 큰 영향이 없었다고 하였다.

생리적으로 선택성을 가진 살충제의 개발에는 어려움이 많다. 즉 이런 특성을 가진 물질이 발견되었다고 하여도 그것이 여러 가지 작물에서 서로 다른 해충에 이용할 수 있을 정도로 광역적인 것이 못되면 기업은 경제적 이유 때문에 개발하려하지 않을 것이다. 예를 들면 진딧물용 Pirimicarb는 여러 가지 작물을 가해하는 진딧물에 효과적이나 시장성이 적고 독성학적 기준을 충족시키려면 많은 실험이 요구되어 이의 등록을 회피하고 있다. 이런 점에서 생장조절제나 병원미생물의 이용이 활발하게 추구되어 오고 있다. Ryania와 같은 식물에서 얻은 물질이 해충발생이 심하지 않아 생물적 방제 가능성이 큰 지역에서 부분적으로 이용되고 있다. 그러나 해충발생이 많은 지역에서는 이런 물질은 실용성이 낮다.

한편 미국이나 캐나다를 중심으로 유기인계 살충제에 대한 저항성인 포식 응애류의 이용이 활발하게 연구되고 있다. 북미에서 유기인계살충제에 대한 포식성 응애 *Typhlodromus occidentalis*와 *Amblyseius fallacis*의 저항성 계통이 발견된 것은 1970년경이었다. 그리고 응애류 포식자인 무당벌레에서도 저항성 계통이 발견되었다. 표 4-20은 북미 사과원에서 알려진 살충제 저항성 포식 응애류이다.

〈표 4-20〉 북미 사과원에서 알려진 살충제 저항성 포식 응애류 (Croft 1982)

종	살충제	저항성정도	조건	지역
Amblyseius fallacis	Azinphosmethyl	100~1000	F	North Carolina
	Carbaryl	25~77	F	Indiana
	Diazinon	119	F	Michigan
	Parathion	102~152	F	North Carolina Michigan
	DDT	14~100	F, L	Michigan
	Permethrin	10~100		
Typhlodromus occidentalis	Azinphosmethyl	101~104	F	Washington Utah, California
	Carbaryl	〈10	F, L	California
	Permethrin	〈10	L	Washington
Typhlodromus pyri	Azinphosmethyl	10~42	F	U.S. New Zealand

F: 포장 L: 실내선발.

유기인계 살충제에 대한 저항성 계통 *T. occidentalis*가 발견된 것은 1952년 Huffaker와 Kennett에 의해서 였고, 그 후 Azinphosmethyl, Diazinon, Phosmet, Parathion, TEPP, Phosalone 등에 대한 저항성 계통이 미국 서부의 반건조지대 과수원에서 보고되었다. 그리고 Carbaryl이나 Permethrin에 대한 저항성 계통도 알려졌다.

*T. occidentalis*와 달리 *T. pyri*는 북미의 서북부와 동북부, 유럽의 서부나 동부 그리고 뉴질랜드에서는 유기인계 살충제를 많이 사용하고 있음에도 불구하고 이에 대한 저항성은 높지 않다. Hoyt(1972)는 뉴질랜드에서 Azinphos-methyl에 대한 저항성 10배를 보고하였고 Collyer와 van Geldermalsen (1975)은 14배의 저항성을 보고하였다. Watve와 Lienk(1976)는 LC_{50}이 Hoyt의 감수성 계통의 20배를 보고하였는데 이런 수준의 포식자의 저항성 수준으로도 사과원에서 사과응애에 대하여 상당한 방제효과를 나타낸다고 한다.

DDT, Carbaryl 그리고 몇 가지 유기인계 살충제에 대한 저항성 계통 *A. fallacis*가 알려졌으며 유기인계 살충제에 대한 교차저항성이 11종 살충제에서 보고되고 있다. DDT와Carbaryl에 대한 저항성 계통은 지역성을 갖고 있으나 유기인계 살충제에 대한 저항성은 북미의 중서부와 동부 전역에서 보고되고 있다. 유기인계 살충제에 대한 *A. fallacis* 저항성은 쉽게 발달하여 안정되어 있으나 Carbaryl에 대한 저항성은 강력한 선발을 통해서만 발달한다고 한다.

호주에서는 저항성 계통 이리응애를 미국으로부터 1972년에 도입하여 정착에 성공하였다. Canberra 지역의 과수원에서는 코드링나방 방제를 위하여 Azinphosmethyl을 6회 살포한 경우도 도입된 *T. occidentalis*는 월동하여 점박이응애를 피해수준이하로 유지할 수 있게 되었다고 한다. 다만 Tasmania를 포함한 습도가 높은 지역에서만은 실패하였다.

이상에서 보는 바와 같이 살충제 저항성 계통 포식자의 식식성 응애류의 생물적 방제에의 이용은 여러 가지로 가능성을 보여 주고 있다.

② 재배적 방법, 기타

천적의 활동을 증대시키기 위하여 작물의 재배조건을 개선하거나 대체 먹이를 공급하여 천적을 유인하고 증식을 돕는 방법이 이용된다. 맵시벌류의 성충은 꿀을 먹으면 산란 수가 증가하는 수가 많다. 따라서 포장 주위에 꿀을 생산하는 식물을 심어 이 기생봉의 기생률을 높일 수 있겠다.

캐나다의 사과원에서 하초의 꽃의 량과 코드링나방 유충의 기생봉 기생률 관계를 조사한 것을 보면 하초의 꽃이 많은 과수원과 꽃이 적은 과수원에서의 기생률은 각각 34%와 7%로 전자에서 훨씬 높았다(Leius 1967). 이와 현(1985)은 사과원에서 활동하는 포식성인 *Amblyseius longispinosus* 긴털이리응애의 활동상황을 조사하고 살비제를 지면에 살포하거나 청정재배를 하면 이 포식성 응애의 활동에 영향을 준다고 하였다.

작물이 재배시기를 조절하고 주위의 잡초를 남겨두는 등의 방법은 식생의 다양성을 증대시켜 천적류의 대체 먹이를 공급하게 된다. 미국 캘리포니아주의 감귤원에서는 과수원 주위에 협죽도류를 심어 그에 발생하는 검은철모깍지벌레의 기생봉 *Metaphycus helvolus*의 증식을 돕고 있다. 솔나방의 중요한 난기생봉인 송충알벌(*Trichograma dendrolimi.*)은 일반적으로 단순림에서 보다는 혼효림에서 기생률이 높은데 이것은 이 난기생봉이 미국흰불나방이나 어스렁이나방을 비롯한 10여종의 난에 기생하기 때문에 솔나방 알이 없는 시기에도 이들 곤충난을 대용기주로 이용하기 때문인 것으로 생각된다. 또 천적류의 대용먹이를 포장에 살포하여 천적을 유인하여 증식율을 높이려는 시도도 있었다. *Chrysopa carnea* 풀잠자리 성충이 이스트가수분해물질에 유인되는 것을 이용하여 목화밭에 이스트가수분해물질과 설탕을 물에 섞어 살포하여 *Helicoverpa* 담배나방류의 방제에 이용한 결과 무처리에 비하여 처리구에서의 풀잠자리 밀도가 2배 증가하여 목화과실피해가 무처리구의 5.3%에서 2.2%로 약 반으로 줄었다고 한다.

벼의 멸구류나 매미충류에 대하여는 거미류의 포식작용이 상당히 중요한데 벼를 이앙하기 전 논갈이나 써레질은 포식자의 활동을 감소시켜 이앙 후에 침입하여 증식하는 멸구, 매미충류의 초기 증식을 억제하지 못한다. 따라서 최근 비경기 벼 재배법이 상당한 관심사가 되고 있다. 그리고 천적류의 도피처 확보를 위하여 과수원에서 열별 살충제 처리나 알파알파에 대한 열별 수확이 시행되고 있기도 하다.

3) 천적의 방사증강

천적의 방사증강에는 접종적 방사(Inoculative release, 接種的 放飼)와 대량 방사(Inundative release, 大量放飼)가 있다. 전자는 작물재배 초기 천적활동이 약한 시기에 천적을 방사하여 적은 량의 천적방사로 해충개체군의 밀도를 억제하려는 것으로 천적의 밀도가 낮거나 없을 때 인위적으로 천적을 방사하여 다음 세대 이후 일정기간 유효하게 작용하도록 하는 것이다. 후자는 기본적으로 살충제 사용과 같은 생각에 따르는 것으로 생물농약(Biotic insecticide, 生物農藥)적 이용이라고도 한다.

천적의 생산과 이용은 러시아나 중국에서 상당한 규모로 이루어지고 있으며 최근 유럽에서 시설해충의 방제를 위하여 많은 천적류가 기업적으로 생산되고 있으며 우리나라에서도 표 4-21에 예시한 천적류가 기업에서 생산되고 있으며 이리응애류나 꽃노린재류가 시설해충에 일부 이용되고 있다.

접종적인 이용은 해충발생 초기에 천적을 일정간격으로 수차 방사하여 해충

〈표 4-21〉 우리나라에서 생산되고 있는 천적류 (세실 2007)

과 명	명 칭	학 명	대상해충
고치벌	코래마니벌	*Aphidius colemani*	진딧물
고치벌	어비진디벌	*Aphidius ervi*	진딧물
고치벌	잎굴파리고치벌	*Dacnusa sibirica*	잎굴파리
명충좀벌	황온좀벌	*Eretmocerus eremicus*	담배가루이
명충좀벌	온실가루이좀벌	*Encarsia formosa*	온실가루이
좀벌	굴파리좀벌	*Diglyphus isaea*	잎굴파리
알벌	쌀좀알벌	*Trichogramma evanescens*	나방류
혹파리	진디혹파리	*Aphidoletes aphidimyza*	진딧물
꽃노린재	유럽애꽃노린재	*Orius laevigatus*	총처벌레
꽃노린재	으뜸애꽃노린재	*Orius strigicollis*	총처벌레
이리응애	지중해이리응애	*Amblyseius swirskii*	담배가루이
이리응애	칠레이리응애	*Phytoseiulus persimilis*	응애류
이리응애	캘리포니쿠스응애	*Neoseiulus californicus*	응애류
이리응애	오이이리응애	*Amblyseius cucumeris*	총처벌레
이리응애	아쿠레이퍼응애	*Hypoaspis aculeifer*	총처벌레
선충류	곤충병원성선충(C)	*Steinernema carpocapsae*	나방류
선충류	곤충병원성선충 (H)	*Heterorhabditis sp.*	작은뿌리파리

과 천적의 상호작용계를 성립시키려는 것으로 방사시의 해충의 밀도수준이 성공에 중요하다. 또 처음에 소량의 해충을 방사하고 뒤이어 천적을 방사하는 천적의 작용계를 이용하는 방법도 쓰이고 있다.

천적류는 장기적 보존이 힘든 고로 활력이 강한 상태의 천적을 사용자에 공급하는 것이 중요하다. 이를 위하여 생존력과 활동력이 강하고 먹이 탐색력이 큰 천적류를 대량생산할 수 있는 방법, 유효한 보존방법과 수송법 그리고 품질관리법의 연구가 필요하다 하겠다. 또 사용시는 해충의 밀도를 정확하게 파악하고 각 천적류의 생리, 생태, 행동 등의 특성을 충분히 이해하고 제품의 사용법에 대한 지도도 필요하겠다.

표적해충이외의 대체먹이를 확보하여 천적류의 활동을 증대시키는 방법도 병행되고 있다. 예를 들면 대만총채벌레의 포식자인 꽃노린재류는 노지가지에서 대만총채벌레에 앞서 발생하는 피해가 없는 총채벌레류를 포식하면서 증식한다.

최근 포식곤충류나 포식기생곤충류의 먹이 탐색과 관계가 있는 Kairomone에 관한 연구도 진행되고 있으며 특히 해충의 성페로몬이나 집합페로몬을 포식기생곤충류의 숙주탐색에 이용하려는 연구도 이루어지고 있다.

환경조건의 개선을 통한 천적류의 효과증대는 종합적 해충관리체계에서 중요한 것이다. 여러 가지 경종적 방법이나 Kairomone 등의 이용을 통한 천적효과 증대방안이 보다 깊이 있게 평가되어야 하겠다.

제7장 미생물을 이용한 해충방제

해충류도 다른 생물들과 마찬가지로 여러 가지 병에 걸린다. 따라서 이런 병들을 방제수단으로 이용할 수 있겠다. 미생물을 이용한 해충방제법을 미생물적 방제(Microbial control, 微生物的 防除)라고 하며 이는 생물을 이용한 방제법인 고로 생물적 방제의 범주에 속하나 그의 이용에는 다른 천적류의 이용과는 여러 가지 면에서 특징이 있어 여기서는 따로 설명하려 한다.

곤충류의 병에 관하여는 꿀벌이나 누에와 같은 유용곤충류에서는 기원전 2700년 경부터 알려져 있었으며 해충방제에의 이용시도는 18세기에 *Cleonus punctiventus* 사탕무바구미를 방제하기 위하여 *Metarrhium anisopliae* 균을 대량생산한 일이 있었고 Metchnikoft(1879)는 *Anisophia austriaca* 풍뎅이를 방제할 목적으로 이 균의 이용에 관한 실험을 하였고 미국에서는 밀 등의 해충인 *Blissus leucopterus* 긴노린재의 방제를 위하여 *Beauveria globulifera* 균의 이용이 시도되었다.

한편 옥수수류의 대해충인 *Pyrausta nubilalis* 명나방의 방제에 관한 국제전 연구사업이 캐나다, 프랑스, 헝가리, 미국 등에서 1927~1931간에 있었는데 이 때 *Bacillus thuringiensis*의 이용에 관한 연구는 그 후의 미생물적 방제연구에 많은 영향을 미쳤다. 그리고 미국에서는 동양에서 침입한 왜콩풍뎅이의 심한 피해를 입고 있었는데 1933년 우연히 뉴저지주에서 그의 유충에 기생하는 *Bacillus popillae* 유화병균이 알려지면서 농무성은 이 세균의 대량생산사업을 시작한 바 있다.

제 2차 세계대전 후 미국 캘리포니아 대학(1945)과 캐나다 농무성(1946)에 곤충병리학 연구실이 창설되었고 1960년에는 *B. thuringiensis* 제제가 농약으로 등

록허가(미국) 되었으며 1967년에는 무척추동물병리학회가 발족하였다.

미생물적 해충방제법은 자연환경구성원의 일종인 미생물을 이용함으로 화학적인 살충제와 같이 인축을 비롯한 다른 유용생물 등에 악영향을 미칠 위험이 없으며 일단 정착하면 미생물은 재생산되어 이차적 감염원이 되는 고로 오랫동안 그 효과를 유지할 수 있겠으며 병원미생물류는 숙주특이성이 커서 목적해충을 선택적으로 공격하여 천적류나 유용곤충류에는 해를 미치지 않고 저항성 해충의 출현 가능성도 매우 낮다. 또 농약사용에 따르는 약제저항성 해충이나 적당한 포식충이나 기생봉이 없는 경우에도 효과적으로 이용할 수 있겠다.

현재 여러 나라에서 미생물적 방제가 시도 되고 있는데 그 내용은 각 국의 여건에 따라 차이가 있다. 예를 들면 캐나다, 독일, 스위스, 유고 등에서는 주로 삼림해충을, 뉴질랜드, 인도네시아, 오스트레일리아, 이집트, 영국 등에서는 목초, 과수 또는 보통작물해충을 그리고 프랑스, 소련, 미국 등에서는 삼림, 과수 그리고 전작물해충을 대상으로 하고 있으며 위생해충이나 식물병매개곤충류에의 이용도 시도되고 있다.

우리나라에서는 미생물적 방제가 아직 실용화되고 있지는 않으나 1960년대 후반 산림조합연합회는 솔나방 방제를 위한 경화병균이나 바이러스 생산이 이루어지기도 하였다. 앞으로 생식용 엽채류의 생산에 이용이 기대되는 바가 크다고 하겠다.

1. 병원미생물의 종류

곤충류의 병원미생물에는 여러 가지가 있으나 해충학적 측면에서 중요한 것어는 다음과 같은 것들이 있다.

1) 바이러스류

바이러스류에는 여러 가지가 있으나 해충학적으로 중요한 Baculovirus에는 핵다각체바이러스(Nuclear polyhedrosis virus)와 과립바이러스(Granulosis virus)가 있고 Reovirus류로는 세포질다각체바이러스(Cytoplasmic polyhedrosis virus)가 중요하다.

핵다각체바이러스는 대부분이 나비목 유충에 병을 일으키나 잎벌류의 유충에도 감염한다. 현재 400종 이상이 알려지고 있으며 전체 곤충 바이러스병의 약 40%를 차지하고 있다.

핵다각체바이러스류는 주로 경구전염을 하며 곤충체내에 들어가면 밖을 둘러싸고 있는 Polyhedra층이 용해되어 바이러스 입자가 장내에 방출되어 숙주 체세포에 침입하는 것으로 알려져 있다. 핵다각체바이러스에 걸린 곤충이 죽는데 까지 걸리는 시간은 그의 종류, 숙주, 침입바이러스의 양, 감염시의 유충의 영기 그리고 온도 등에 따라 차이가 있다. 죽기 1~2일전에는 유충의 색이 검게 되거나 노란색 반점이 생기며 조직이 완전히 액화하여 입으로 빠져나오게 되어 미이라 모양의 유충체가 식물체에 거꾸로 매달리게 된다.

핵다각체바이러스 중에는 감염된 암컷이 산란하는 알을 통하여 감염되는 수도 있는데 이것은 감염량이 적거나 노숙유충기의 적은 량의 감염바이러스가 이어진 것으로 생각된다.

과립바이러스는 주로 나비목 유충의 지방체를 침범하나 표피층이나 기관계에도 침범한다. 현재 70여종이 알려져 있으나 이것은 세포내에서 핵과 세포질 모두에서 복제가 가능하다는 점이 핵다각체바이러스와 다른 점이다. 이 바이러스는 경구 또는 경란전염을 하며 감염 후 숙주곤충이 죽는데 까지는 4~25일이 걸린다. 감염 초기의 병징은 뚜렷하지 않으나 병이 진전되면서 유충의 색이 연해지는 것이 보통이다. 그리고 체액은 우윳빛으로 변하며 여기에는 많은 바이러스 입자가 존재하게 된다. 조직의 액화현상은 바이러스가 표피조직에 침범하였을 때만 일어난다.

세포질다각체바이러스는 200여종의 나비목, 10여종의 벌목 그리고 30여종의 파리목 등에서 알려지고 있으며 많은 곤충에서 교차감염이 일어나지만 그 증상은 만성적이며 침범부위는 중장벽 세포의 세포질에 한하는 것이 특징이다. 감염된 유충은 발육이 느려지고 머리에 비해 몸통의 크기가 작으며 때에 따라서는 체액의 변화도 생긴다.

세포질다각체바이러스는 경구 또는 경란전염을 하며 이것은 병원성이 약하여 감염된 곤충이 죽을 때까지 긴 시간이 걸리며 숙주에 대한 선택성은 그리 크지 않다.

바이러스류는 인공배지에서 증식이 어려워 주로 해충을 다량으로 시육하여 감염시킨 것을 이용하거나 야외에서 감염충을 채집한 것을 이용한다. 최근 유약홀몬분해효소, 독소류, 곤충홀몬 그리고 키틴분해효소 등에 Baculovirus의 유전자를 도입하여 그의 효과를 증대시키기 위한 연구가 많이 이루어지고 있다.

2) 세균류

세균류 중에도 곤충에 병을 일으키는 종류가 대단히 많으나 실제로 해충방제에 이용되고 있는 것은 포자를 형성하는 세균류이다. 세균류 중 포자를 형성하지 못하는 세균류는 생산이나 저장 또는 시용 단계에서 활력을 잃는 수가 많아 이용에 많은 문제가 있으므로 생물적 방제에 이용하는데 어려움이 많다.

포자형성 세균류 중 가장 중요한 것은 *Bacillus* 속의 세균으로 왜콩풍뎅이의 유충에 기생하여 유화병(Milky disease)를 일으키는 *B. polilliae*와 여러 가지 나비목 유충의 방제에 이용되는 *Bacillus thuringiensis*는 현재 실용화되고 있다.

*B. polilliae*는 왜콩풍뎅이 외에도 여러 가지 풍뎅이류의 유충에 기생하는 속효성인 것으로 Doom 등의 이름으로 시판된 일도 있다. 이것은 유충의 먹이와 같이 포자가 체내에 침입하며 감염 후 굼벵이가 죽을 때까지의 기간은 먹은 포자의 양과 온도의 영향을 크게 받는다. 포자는 체내에서 발아하여 장내로 침입한다. 30℃일 때 균사가 체액 속에서 발견되는 것은 약 30시간 후의 일이며 균사가 성장하면서 포자가 형성된다. 체내에 포자수가 증가하면서 체액은 우윳빛으로 되면서 유충은 죽게 된다. 이 병균은 인공배지에서의 증식이 잘 되지 않으며 생체배양을 해야 한다. 토중에서는 10여 년간 활력이 유지된다고 한다.

*Bacillus thuringiensis*는 *B. polilliae*와는 달리 인공배지에서 대량생산이 가능하며 병세의 진전이 빠르다. 포자형성 세균으로 Thuriside(미국), Bactospeine(프랑스), Entobacterin(소련) 등의 이른바 B.t제가 있다. 우리나라에서는 B.t sub. *aizawai*, B.t sub. *kurstaki* 등의 제품이 있다.

이 세균은 포자를 형성할 때 유독성인 결정체를 형성하는데 이 내독소(Endotoxin)나 포자감염에 대한 감수성은 곤충의 종류에 따라 차이가 있다. 어떤 종류의 해충은 내독성 결정체만으로도 죽을 수 있으나 포자와 같이 있을 때에 한하여 죽는 것 또는 포자감염만으로 죽는 것 등 여러 가지가 있다. 내독성 결정체 단독으로 죽는 종류에는 제1형과 제2형이 있으며 두 형 모두가 이 결정체를 먹으면 수분 후에 중장의 기능이 마비되는데 제1형에 속하는 해충은 종류가 적으며 감염 후 1~7시간 후에 죽게 되고, 제2형에 속하는 해충은 결정체를 먹은 다음 2~4일 후에 죽게 된다. 결정체를 먹었을 때 유충은 먹는 것을 중단한다. *Bacillus thuringiensis*의 활력은 짧으며 식물체표에서는 길어야 수일간이다. 결정체의 작용은 곤충의 전장과 중장내 pH, 단백질 분해효소와 깊은 관계가 있다. 보통 나비목 유충의 장내 pH는 강한 알칼리성(보통 8.9 이상)이며 이런 pH하에서 단백질

분해효소가 활성화되게 된다.

포자만에 대하여 감수성이거나 포자와 결정체가 같이 있을 때에 한하여 반응하는 해충은 결정체만에 반응하는 종류에 비하면 종류가 적다. 포자는 체내에서 발아하여 혈강내에 들어가 패혈증을 일으켜 죽게 한다. *Bacillus thuringiensis*에는 여러 가지 계통이 있으며 우리나라나 일본에서는 누에에 대하여 저독성인 것이 알려지고 있다.

3) 균류

Robert와 Yendol(1971)에 따르면 36개 속 이상에 속하는 사상균의 종류가 곤충에 병을 일으킨다고 한다. 균류 중에는 독성 물질을 생산하는 것이 있어 속효성인 것도 있으나 대부분은 지효성이다.

균류의 해충학적 이용은 주로 도입이나 환경조건의 개선 등을 통하게 되며 살충제적 이용은 거의 없다. 특히 모기류, 흡즙성 곤충류, 토양해충, 목초지의 메뚜기류 등에서 이용될 수 있는 가능성이 크며 공중 습도와 깊은 관계가 있다는 점이 단점이나 동시에 환경조건의 개선이라는 면에서는 장점이 될 수도 있다. 이들은 인공증식이 용이하고 숙주범위가 넓으며 자연 상태에서 대류행성 발병이 가능하여 콩의 나비목 해충(예; *Nomurae rilegi*), 응애(예; *Hirsutella thompsonii*), 콜로라도감자잎벌레(예; *Beauveria bassiana*), 양배추 해충(예; *Entomophthora sphaeresperma*), 유럽조명나방(예; *Beauveria bassiana, Metarhizuim anisopliae*), 솔나방(예; *B. bassiana, M. anisopliae*) 등 해충에서 이용이 시도된 바 있다.

균류의 전염은 보통 포자나 포자체가 곤충의 체벽을 뚫고 체내에 침입한 다음 체내에서 수많은 균사를 생산한다. 따라서 이들은 저작구를 갖는 해충뿐만 아니라 흡즙성 곤충류에도 감염한다. 이렇게 하여 죽은 곤충은 몸이 굳어지고 체표에는 많은 포 자체를 볼 수 있다. 이런 병징 때문에 흔히 경화병이라고 한다.

균류의 전염은 다른 병원미생물에 비하면 환경조건 특히 공중습도의 영향을 크게 받는다. 그리고 이들은 실제로 숙주에 대한 선택성은 크지 않은 수가 많아 같은 종이 여러 가지 종류의 해충에 기생할 수 있으며 감염 생육단계도 다양하다. 대부분이 종류는 인공배지에서 증식이 가능하다. 그러나 인공배지에서 증식할 때에도 오랫동안 누대 증식시키면 병독성이 점점 떨어지는 수가 많아 이용에 주의해야 한다.

4) 원생동물류

편모충류, 섬모충류, 기타 여러 가지 원생동물이 곤충의 병원체가 되나 가장 중요한 것은 포자충류다. 지효성 병원생물로 포자에 의하여 경구적으로 감염되는 것이 보통이나 암컷으로부터 경란적으로 감염되는 수도 상당히 있다.

포자충류에 감염된 곤충은 체내에 많은 포자를 갖고 있으며 실제로 감염된 조직은 종류에 따라 차이가 있다. 대표적인 것은 나비목유충에 기생하는 *Nosema* 속의 포자충들이다. 이들은 인공배지에서는 증식이 어렵다.

5) 선충류

선충류 중에는 곤충에 기생하여 곤충을 죽게 하거나 생식력을 잃거나 감퇴케 하는 것도 있다. 우리나라에서도 이화명나방, 조명나방, 거세미나방, 갈참나무독나방 등의 유충이나 베짱이, 뽕나무순혹파리, 응애 등에 기생하는 선충이 알려지고 있다. 미국에서는 동양에서 침입한 왜콩풍뎅이에 기생하는 *Neoaplectana glaseri*가 1932년 처음으로 뉴저지주에서 발견된 이후 6년 이상이나 방사하여 현재 유력한 천적이 되고 있다. 우리나라에서는 나방류에 기생하는 *Steinernema carpocapsae* 선충과 작은뿌리파리에 기생하는 *Heterorhabditis* sp.가 생산되고 있다.

2. 병원미생물의 이용

병원미생물중에는 일부 세균류나 선충류와 같이 체벽을 뚫고 곤충체내에 침입하는 것도 있으나 대부분은 먹이와 같이 경구적으로 곤충체내에 침입하며 어떤 것은 감염된 모체로부터 알을 통하여 다음 세대 곤충에 감염되기도 한다.

병원체가 숙주에 침입하여 병을 일으키는 능력을 병원성(Pathogenecity, 病原性)라고 하며 바이러스의 경우에는 흔히 병독성(Virulence, 病毒性)라고 한다. 병원미생물의 병원성을 화학적 살충제의 경우와 같이 반수치사량(LD_{50})으로 평가하기도 한다. 그러나 이것만으로 병원성의 정확한 내용을 파악하는 데에는 여러 가지 어려움이 있다. 표 4-22는 몇 가지 곤충병원미생물의 LD_{50}과 약량-치사율 관계식의 기울기이다.

〈표 4-22〉 곤충병원미생물의 LD_{50}과 약량 - 치사율식의 기울기 (Bucher 1958)

병원 미생물	숙주 곤충	감염 경로	LD_{50}	기울기
Nosema locustae Canning	*Melanoplus bivittatus* (Say)	경구	9×10^3	0.84
Pseudomonas aeruginosa(Schroeter)	*Melanoplus bivittatus* (Say)	경구	19×10^3	0.83
핵다각체 virus	*Malacosoma disstria* Hubner	경구	3×10^5	0.86
Bacillus popilliae Dutky	*Popillia japonica* Newmann	경구	2×10^6	1.83
Bacillus thurinsiensis Berliner	*Pieris rapae* (Linnaeus)	경구	41×10^3	2.58
Bacillus thurinsiensis Berliner	*Bombix mori* (Linnaeus)	경구	2×10^6	2.25
DDT(대조)	*Musca vicina* Macquart	경구	6.2×10^{-3}	5.5

약량 : 병원미생물의 수, 살충제는 mg.

표에서 보는 바와 같이 곤충병원미생물의 LD_{50}의 값은 10^3~10^6대로 DDT의 10^{-3}대에 비하면 훨씬 높으며 약량-치사율 회귀선의 기울기는 2.58~0.84로 DDT의 5.5에 비하면 반 정도이다. 물론 미생물의 LD_{50}의 경우는 농도 뿐 아니라 처리시간이 살충제의 경우와는 차이가 있어 직접비교에는 문제가 있겠다. 그러나 병원미생물은 곤충체내에서 증식할 수 있어 낮은 농도일 때도 정착에 성공하여 효과적일 수도 있다. 예를 들면 *B. popiline*의 경우 LD_{50}은 2×10^6으로 대단히 크나 왜콩풍뎅이 유충이 감염되어 죽으면 많은 포자를 토중에 남기게 되어 포장 내 감염원이 증가하여 그 효과를 볼 수 있겠다. 그리고 약량-치사율 회귀선의 기울기 값이 적다는 것은 개체군내의 이병개체유지에는 유리하여 병원미생물의 유지에는 유리하게 작용하기도 하겠다. 즉 이병개체 내에서도 상당한 기간 생존하는 것이 있어 숙주와 미생물간의 안정된 관계가 유지될 수 있겠다.

병원미생물의 병원성은 미생물 자체의 병원성과 숙주곤충의 병에 대한 감수성이 얽혀 있는 대단히 복잡한 내용을 갖고 있다. 병원미생물은 숙주곤충에 영향을 미치며 반대로 숙주곤충이 병원미생물에 영향을 미치기도 한다. Aizawa (1971)는 병원미생물을 같은 종류의 곤충에 계속하여 감염시키면 병원성이 증가하는 일이 많다고 하였는데 Veber(1964)는 꿀벌부채명나방에 핵다각체바이러스를 8회 통과시켰을 때 병원성이 4배나 증가하였다고 하였는데 이것은 실용적 측면에서도 중요한 일면이라 하겠다.

병원미생물에 대한 곤충의 감수성은 종에 따라 차이가 있을 뿐 아니라 발육단계에 따라서도 차이가 있다. *B. thuringiensis*의 경우 여러 가지 나비목 유충에 감염할 수 있으나 성충이 감염되는 일은 거의 없다. 일반적으로 부화 직후의 어린 유충이 감수성이 높고 발육이 진행되면서 감수성이 낮아진다. 또 병원미생물 중에는 숙주범위에 차이가 있다. 일반적으로 핵다각체바이러스류는 세포질다각체바이러스류에 비하면 숙주선택성이 큰 것이 보통이다. 그리고 *B. thuringiensis*는 숙주범위가 비교적 넓다.

포자를 형성하는 세균류나 균류의 포자는 불리한 환경조건에 대한 내성이 커서 숙주에 따라서는 오랫동안 생명력을 유지하나 바이러스류는 숙주를 떠나서는 수주간을 견디기 힘들다. 환경조건 중 고온과 직사광선이 가장 중요하다. 예를 들면 *Trichoplusia ni* 밤 나방의 핵다각체바이러스는 증류수 속에서 암조건과 저온 하에서는 생명력이 15년 이상 유지되며 토양 속에서도 5년 정도 병원성이 유지되나 식물체상에서는 1주일을 넘길 수 없다고 한다(Jaques 1967).

병원미생물은 자체 이동력이 없으므로 장기간에 걸친 병원성의 유지와 숙주개체군의 전파기능은 상당히 중요한 것이다. 따라서 감염태가 장기간 유지되고 그의 밀도가 높으며 감수성 숙주밀도가 높다는 것은 발병률 증대와 깊은 관계가 있어 병원성의 유지는 미생물적 방제에 중요한 일이라고 하겠다.

지금까지 병원미생물을 접종하여 해충방제에 성공한 예를 보면 북미에서 *Diprion hercynia* 잎벌과 북방솔잎벌(*Neodiprion sertifer*)을 방제하기 위하여 핵다각체바이러스를 유럽에서 도입하여 정착에 성공한 경우와 같이 비교적 높은 해충 밀도에서도 작물이 받은 피해가 적은 경우였으며 미국에서는 일본에서 침입한 왜콩풍뎅이의 유충에 우연히 발견된 토착의 *B. popilliae*(유화병균)를 이용하고 있다.

우리나라에서는 솔나방의 경화병균(*Beauveria bassian*)이 1962년부터 산림조합연합회 특수임산물사업소에서 생산되며 연간 약 20만병(약 10만ha 살포량)이 공급된 일이 있었으며 그밖에 솔나방유충의 세포질다각체바이러스도 1966년경부터 생산된 바 있다. 또 미국흰불나방의 핵다각체바이러스나 담배거세미나방의 핵다각체바이러스의 이용에 관한 연구도 진행되고 있다.

한편 미생물을 대량으로 생산하여 살충제의 이용과 같이 살포하기도 한다. 세균류나 균류는 보통 인공배지를 이용하여 생산하나 바이러스류나 포자충류는 인공배지를 이용할 수 없어 살아있는 생물을 이용해야 한다. 해충방제에 이용되는 바이러스는 주로 Baculovirus류와 세포질다각체바이러스류이며 세균류로는 *B. thuringiensis*가 대표적인 것이다. 이 균의 아종인 *kurstaki*와 *aizawai*의 생균을 포함한 제제 또는 이 균이 생산하는 결정성독소만을 제제화한 제품이 B.t제로 이용되고 있다. 초기의 B.t제는 나비목이나 파리목 해충에만 유효하였으나 최근에는 딱정벌레목에도 효과가 있는 것이 시판되고 있다.

미생물 살충제의 경우 그의 제조과정 중에 유효성분이 불활성화 되거나 병원성에 변화가 생기는 수가 있어 역가를 평가하는 데에 생물검정법이 이용되는데 이와 같은 것을 통한 미생물 살충제의 규격화는 대단히 중요하다. 해충방제에 이용되는 농도는 역가를 기준으로 하는데 이것이 불확실하면 기준 살포량을 정할 수 없다.

현재 미생물 살충제에는 현탁액과 분제가 있으며 미생물의 효과를 증대시키기 위하여 부착제나 그 밖의 보조제가 사용되고 있다. 미생물 살충제의 이용방법으로는 액제나 분제의 살포 외에 먹이와 섞거나 다른 화학적 살충제와 혼합하여 사용하기도 한다. 살포기구는 일반 살충제의 그것을 사용하나 미생물 살충제는 경구적 접종이 필요하며 사용기구는 효과에 큰 영향을 미칠 것이다. 미생물 살충제의 방제효과는 어린 유충기가 크고 저온보다는 고온에서 크다. 그리고 직사광선은 미생물 살충제의 효과에 큰 영향이 있는 고로 살포시간이나 살포방법의 선택에도 유의하여야 하겠다. 또 해충의 활동시각이나 이동 습성에 관한 지식은 그의 효과증대에 많은 도움이 되겠다.

제8장 유전적 원리를 이용한 방제법

유전학은 작물이나 가축의 품질을 향상시키고 생산량을 증대시키는데 크게 공헌하여 왔으며 유전학적 원리는 초파리나 누에를 재료로 한 연구를 통하여 많은 것이 밝혀져 왔다는 것은 잘 아는 사실로 현재 초파리, *Anopheles gambiae* 학질모기, *Aedes aegypti* 숲모기 그리고 꿀벌(*Apis mellifera*) 등의 Genome sequencing은 완전히 이루어진 상태이다.

곤충류는 일반적으로 한 세대의 기간이 짧고 증식력이 커서 유용한 형질을 가진 개체들의 선발이 대단히 유리하며 그런 특성을 가진 개체의 대량생산도 가능성이 크다고 하겠다. 예를 들면 살충제에 대한 저항성이 문제가 되기 시작한 것은 DDT가 보급되기 시작한 1940년대 중반부터이나 현재는 약 500종의 해충에서 저항성이 알려지고 있다. 이들 살충제 저항성 계통은 형태, 생리, 생태 등 여러가지 측면에서 비저항성 해충과는 다르며 이런 특성은 모두가 특정 유전자 또는 몇 개 유전자와 관련되어 있다.

유전학적 원리의 해충학적 이용방법에는 천적류에 대하여는 그의 공격력이나 적응성을 증대시키고 천적류의 대량생산에 직접 이용할 수 있겠으며 천적류 증식을 위한 먹이 생물의 대량생산에도 이용할 수 있겠다. 그리고 해충에 대하여는 세대수의 감소나 생육기간의 연장 또는 단축을 통한 작물과의 생물현상학적 일치성의 교란이나 적응력 약화 등에 이용할 수 있겠다.

최근 유전공학의 발달은 해충의 유전자 조합을 변형시켜 증식력을 감소시키거나 피해를 덜 주는 해충개체군으로 변화시키려는 시도도 하고 있으며 특히 말라리아나 Tsutsugamushi병 등의 매개충의 매개능력을 약화시키기 위한 연구가 많이 이루어지고 있고 벼의 줄무늬잎마름병을 매개하는 애멸구에 대하여는 그의 소화관내에 공생하는 Wolbachia 세균의 유전자 변형을 통한 매개력 약화도 시도되고 있다(Kang 등 2003). 이와 같은 공생미생물에 대한 유전자 조작을 Paratransgenesis라고 한다.

그러나 이런 생물공학의 해충학적 이용에는 다른 경우와 마찬가지로 이와 같은 방법으로 육성된 해충이 정상적인 해충과 교잡하였을 때 일어날 수 있는 여러 가지 무제들에 대한 충분한 배려가 뒤따라야 하겠다.

1. 천적류에 대한 이용

유전학적 원리를 이용하여 천적류의 해충에 미치는 영향력을 증대시킬 수 있을 것이다. Wilker(1946)는 *Diprion hercyniae* 솔잎벌의 기생봉 *Dahlbominus fuscipennis*를 실내에서 사육하여 4세대 후에 온도선호성이 다른 계통을 선발할 수 있었으며 근친교배에 따르는 활력과 성비감소는 이계교배를 통하여 극복할 수 있었다. 그는 이런 방법으로 암컷의 비율을 크게 높일 수 있었고 생식력을 2배로 증대시킬 수 있었다. 또 복숭아순나방(*Grapholitha molesta*)의 기생봉인 *Horogenes molestus*는 감자뿔나방(*Phthorimaea operculella*)에는 잘 기생하지 않는데 유인 물질을 이용한 결과 11세대 후에는 유인 물질을 이용하지 않아도 기생하는 계통을 얻을 수 있었고 39세대를 다시 선발하여 원계통보다 24배가 효과적인 계통을 얻을 수 있었다고 한다. 그리고 살충제의 선택적 이용에서 설명한 바와 같이 최근 과수원이나 시설재배에서는 살충제 저항성계통 천적이 선발되어 그의 이용에 관한 연구가 이루어지고 있는데 이때 중요한 것은 선발된 특성의 유지 문제이다. 일반적으로 여러 가지 유전자의 지배를 받는 저항성은 다른 계통과 격리되어 있을 때 그 특성이 유지되는데 비저항성 계통과 같이 있게 되면 교잡으르 그 특성이 소실되기 쉬운 것이 보통이다.

유용천적류 선발에서 가장 많은 연구가 진행되고 있는 분야는 미생물 천적류의 선발이다. 예를 들면 *Bacillus thringiensis*는 subsp. *thringiensis*가 보다 강력한 subsp. *kurstaki*로 대체하였으며 누에에 저독성이나 배추흰나비나 배추좀나방에 강력한 균주가 일본에서 선발되기도 하였다. 그리고 최근에는 B.t 독소를 생산하는 유전자를 직접 작물에 넣은 유전자조환작물(Transgenic crop, 遺傳子組換作物)이 옥수수, 감자, 토마토, 목화 등에서 육성되어 미국에서는 상당히 보급되고 있으며 우리나라에서도 혹명나방에 대한 유전자조환 벼 품종이 육성되고 있다.

2. 해충에 대한 이용

해충에 대한 유전학적 원리의 이용은 해충의 적응력을 감소시키는데 유전학적 원리를 이용하는 것이다.

일찍이 Vanderplank(1947)은 수면병을 매개하는 체체파리 *Glossina swynnertoni* 와 *G. morsitans* 두 종간 잡종은 활력은 정상적이나 생식력이 없음을 보고 한 바 있으며 Downes(1959)은 짚시나방 두 계통간 교잡은 불임간성을 낳아 이 해충의 적응력을 감소시킬 수 있는 가능성을 제기한 바 있다. 이런 불임성은 *Drosophila* 초파리류에서는 종간 교잡시 암컷의 질도가 점액질로 막히는 경우가 흔히 발견되며 *Culex* 모기의 경우에는 한쪽으로의 교잡시에만 불임이 일어나며 여러 가지 계통간 *Anopheles* 학질모기의 경우는 교잡시 다음대의 암컷은 정상적이나 수컷은 수정능력을 상실하며 *D. melanogaster* 초파리의 경우는 모성으로부터 유전된 불임성으로 수컷은 모두가 수정능력을 상실하는 등 여러 가지 경우가 보고되고 있다.

모기류의 개체군간 불화합성은 *Culux pipiens* 종군이나 *Aedes scutellaris* 종군에서는 세포질의 특성에 의하여 일어나며 *C. pipiens*의 경우 최소한 15개 교잡조합에서는 교미가 일어나 정충 삽입은 일어난다. 그런데 그 중 어떤 조합에서는 정상적인 생식이 이루어지나 반대 방향의 교잡에서는 그 자손이 불임화한다. 이것은 알의 세포질의 특성이 알에 들어온 정충의 정핵이 난핵과 융합하기 전에 죽어버리기 때문인 것으로 보인다. 두 종 또는 두 계통을 교잡시켰을 때 다음 세대에서 암컷은 정상적이나 수컷은 수정능력이 상살되는 경우가 모기류에서 많이 알려지고 있는데 이때의 불임수컷은 정소가 퇴화하거나 심지어는 무정충인데 그들의 교미행동은 정상적이다.

외견상 정상적인 암수가 그의 교잡여하(A♀×B♂ 또는 B♀×A♂)에 따라 불임이 일어나는 수가 있는데 이것을 세포질 불화합성(Cytoplasmic incompatability, 細胞質 不和合性)라고 한다. 이때 정충은 알의 세포질 속으로 들어가나 정핵과 난핵의 융합은 일어나지 않는다. 이와 같은 정충의 난핵에 대한 행동을 방해하는 세포질 특성에는 복잡한 문제가 관련되어 있다. Yen과 Barr(1971)는 모기 알의 난문(Micropyle, 卵門) 근처에는 Rickettsia 양의 것이 모여 있는데 불화합성 곤충에 항생제를 투여하면 화합성이 생기는 것으로 보아 이런 불화합성은 이 미생물의 존재와 관계가 있다고 하였다.

Noda(1984)는 애멸구에서 지역간 개체군간에 세포질 불화합성 현상을 확인하고 일본 여러 지역에서 채집된 애멸구의 지역 개체군간 교잡시험을 하여 생식 화합성을 조사하고 일본의 애멸구를 두 군으로 분류하였다. 같은 군내의 개체들 간에는 모두가 화합성이나 군간의 경우 제1군의 암컷과 제2군의 수컷간 교배는 화합성이나 제2군의 암컷과 제1군의 수컷간의 교잡에서는 불화합성임을 알 수 있었다(그림 4-11). 지리적으로는 제1군은 일본의 서남부에 분포하고 제2군은 동북부에 분포하였다.

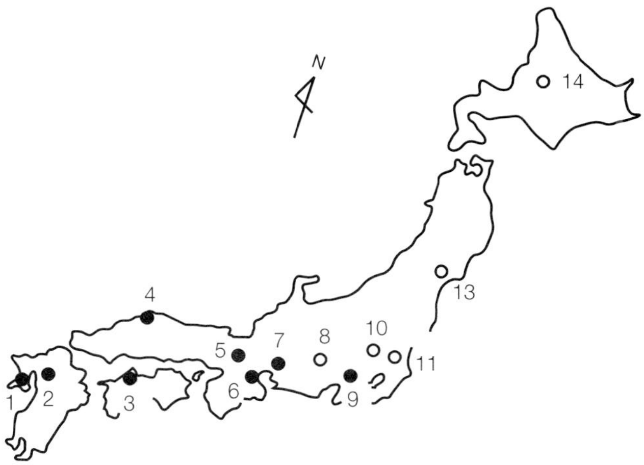

〈그림 4-11〉 세포질형이 다른 애멸구의 지역적 분포(일본) (Noda 1984)

(○ 지의 ♀× ● 지의 ♂은 불화합) 1. Isahaya, 2. Tsukogo, 3. Matsuyama, 4. Izumo, 5. Kyoto, 6. Tsu, 7. Nagoga, 8. Odahara, 9. Tokyo, 10. Konosu, 11. Tsukuba, 12. Sado, 13. Sendai, 14. Kamikawa.

유전적 원인에 의하여 불임화 되는 예로는 위와 같은 세포질 불화합성이나 잡종 불임 외에도 계절이나 밀도와 관련된 치사인자나 어떤 한 쪽 성 또는 모기류에서 볼 수 있는 것과 같은 수컷만을 낳게 하는 성비관련요인과 같은 조건치사요인(Conditional lethal factor, 條件致死要因)같은 것도 있다. 황열병을 매개하는 *Aedes aegypti*의 경우 Kenya에서 발견된 간성생산계통은 17세대동안 형매교잡한 결과 27~28℃에서는 성비가 1:1인 정상개체를 생산하나 30~34℃에서 사육하면 50%는 정상적인 암컷이나 나머지 50%는 간성이며 35~37℃에서 사육하면 형태적으로는 암컷인데 이 암컷은 교미행동은 정상이나 알은 낳지 못한다. 이런 행동은 하나의 유전자의 지배를 받으며 이 유전자는 열성으로 상염색체상에 있으며 그의 발현은 성 특이성을 갖고 있다. 열대지방에서 이와 같은 고온성 치사유전자에 의한 불임성은 개체군 밀도변동에 큰 영향을 미칠 수 있겠다. 다른 종 또는 다른 계통간 교잡에 의한 불임성의 이용에 관한 연구는 *Anopheles* 학질모기류, *Aedes*속 모기류 그리고 *Glossina* 체체파리류 등과 같은 위생곤충류를 대상으로 한 것이 많으며 농작물 해충류에 대하여는 *Heliothis* 밤 나방이나 목화다래나방(*Anthonomus grandis*)에 대한 적용시험이 있었다.

Boller 등(1976)은 유럽에서 체리의 해충인 *Rhagoletis cerasi* 과실파리의 분포를 조사한 바 이 종에는 두 개의 계통이 있으며 이 두 계통은 교잡시 한쪽 방향의 교잡에서 불화합성임을 밝혔다. 즉 남방계통 수컷과 북방계통 암컷이 교잡하면 불부화난을 낳으나 반대로 남방계통 암컷이 북방계통 수컷과 교미하면 정상적인 다음 세대가 태어난다.

이런 세포질불화합성을 남방계 *R. cerasi*를 다량으로 북부지방에 방사하여 방제에 이용할 수 있겠다. 물론 여기서 문제가 되는 것은 방사시 암컷과 수컷을 번데기시기에 완전히 불리할 수 있는 기술이 전제가 되어야 하겠다. 처리지역에서 채집된 *R.cerasi*의 번데기의 크기는 정규분포를 하며 최소 크기 12% 이내가 수컷인 고로 이것을 이용하여 기계적으로 분리를 시도한 바가 있다(Remud와 Boller 1976).

오스트리아와 스위스에서 Russ와 Feber(1979)는 이 해충의 남방계통 수컷 50,000마리를 북부 오스트리아의 체리과수원에 방사하였으나 기후적 조건이 불리하고 이 해충밀도가 대단히 높아 만족스러운 결과는 얻지 못하였다.

한편 자연개체군내에는 여러 가지 치사유전자가 존재하고 있음이 알려져 있다. 그리고 불리한 유전자는 치사를 초래하기 까지는 하지 않아도 저온에 대한 저항성이 약하다면 불리한 환경조건하에서는 이런 인자가 개체군의 증가에 큰 영향을 미칠 수도 있을 것이다.

화성의 유전에 관하여는 누에에서 잘 알려져 있으나 다른 곤충류에서도 여러 가지 화성을 가진 것이 알려져 있다. 유럽조명나방(*Ostrinia nabilalis*)은 옥수수나 기타 작물의 대해충인데 이 해충은 지역에 따라 1화성인 것에서부터 3~4화성인 것 등 여러 가지 계통이 알려지고 있다. 만약 1화성 유전자를 야외 개체군에 도입하여 정착시킬 수 있다면 그 피해를 크게 감소시킬 수 있겠고 화성은 휴면과 관계가 있는 고로 휴면군에 비휴면 유전자를 도입한다면 월동 중의 높은 치사율을 기대할 수도 있겠다. 실제로 호주의 *Teleogryllus commodus* 귀뚜라미의 경우 북부산은 비휴면란을 낳는데 반하여 남부산은 휴면란을 낳는데 남부 산 암컷과 북부산 수컷을 교배시키면 비휴면란을 낳게 되어 남부에서는 월동할 수 없다. 고로 이론적으로 생각할 때 북부 산 수컷을 다량으로 남부에 방사하면 남부에서의 월동 중 사망률이 높아져 이 해충의 개체군 밀도를 감소시킬 수 있을 것이다.

유전학적 원리를 해충에 직접 적용하는 것은 해충 자체를 그의 억제수단으로 이용하는 자동적 방제법(Autocidal control method, 自働的 防除法) (Geier 1966)으로 이런 방법은 다른 방제수단과는 달리 비처리의 정상적 해충과의 교잡을 통하여 효과가 나타나며 그 효과는 전 지역개체군에 단시일 내에 파급하고 해충의 이에 대한 대응 방안은 적어도 짧은 시일 내에는 나타나지 않으며 살충제 이용에 따르는 여러 가지 불리한 부작용도 없다. 그럼에도 불구하고 지금까지 해충학에서 이러한 연구가 별로 많이 이루어지지 못하였던 주요 원인은 방제적 의의가 있는 유전자를 야외 해충개체군에 도입하는데 여러 가지 어려움이 있었던 것이 가장 큰 원인이었다고 생각된다. 그러나 곤충류는 적응력이 대단히 큰 생물군으로 어떤 불리한 환경에 대하여도 놀라운 적응력을 발휘하는 것은 약제사용에 따르는 여러 가지 반응이나 최근의 농업환경의 변화에 따르는 해충발생상의 변화 등에서 잘 알 수 있으며 앞으로도 그런 능력이 감소할 것이라고는 생각되지 않는다.

유전학적 원리를 이용한 자동적 해충밀도 억제방법은 불임성의 이용과 공통점이 많다. 그러나 불임성의 이용이 완전한 불임을 전제로 하는 것이 보통으로 그 효과는 당대에 한한 것이다. 그러나 치사유전자나 기타의 불리한 유전자는 경우에 따라서는 다음 대에 유전되어 그 효과는 지속적이고 누적적이다. 즉 대체로 치사유전자가 이형(Hetero)인 경우에는 그 인자가 유지되어 자손을 남길 수 있어 차세대 역시 치사유전자를 갖게 된다.

제9장 해충의 종합적 관리체제

1. 종합적 해충관리 체제 개념

해충학은 인간에게 경제적 손실을 끼치거나 생활에 불편을 주는 동물들에 대하여 그의 피해를 감소시키기 위한 이론과 기술의 개발과 적용방법에 관한 과학이다.

해충학의 발달과정을 보면 제 2차 세계대전직후까지만 하여도 해충방제란 해충을 죽이는 것을 목표로 하였으나 유기합성살충제의 여러 가지 부작용이 알려지면서 생물적 방제와 화학적 방제의 각각의 장점을 살린 두 방제법의 조화(Harmonized control, 調和防除)나 약제의 천적류에 대한 영향을 최소화시킬 수 있는 대응적 약제살포(Modified spray program, 對應的 藥劑撒布)(Pickelt 등 1958)가 강조되었고 1956년 Bartlett는 종합적 방제(Integrated control, 綜合的 防除)라는 말을 처음 사용하였는데 이것은 농생태계내에 존재하는 자연방제요인들을 최대한으로 이용하고 필요할 때에 한하여 살충제를 선택적으로 사용할 것을 주축으로 하고 있었다. Stern 등(1959)은 종합적 방제에 소요되는 비용을 포함 방제의 경제성을 논하면서 경제적 가해수준(Economic injury level, 經濟的 加害水準)를 기준으로 종합적 방제를 논하였다.

종합적 방제의 개념은 그 이전의 방제개념이 이용하는 수단을 바탕으로 한 방제개념이었다면 이것은 방제수단의 이용방법을 바탕으로 한 개념이다. 이것은 해충방제 문제를 기술적 측면이 아니라 이용기술의 기능적 측면을 중시하게 되었다는 점에서 중요한 뜻이 있다. 그러나 이 개념에서는 여러 가지 방제수단의 단순한 혼합을 뜻하는 것인지 해충밀도를 합리적 수준으로 억제, 유지 할 수 있도록 생태계를 변형 또는 새로운 상태를 조성하기 위한 합리적 체계의 조성을 뜻하는 것인지가 명백하지 않다. 그리하여 이 개념은 살충제의 부작용을 줄이기 위한 개념 정도로 생각하는 경향도 있었다.

1960년 Geier와 Clark는 해충류의 생물학적 특성에 상응한 해충방제라는 뜻에서 "보호적 측면에서의 해충의 관리(Protective management of noxious species)" 또는 "해충관리(Pest management, 害虫管理)"라는 용어를 제기하였다. 이 개념은 양어장이나 야생동물관리에서와 마찬가지로 인간의 이익을 위하여 자연조건을 슬기롭게 변형시킨다는 극대화(Optimization, 極大化)의 개념이다.

1967년 세계식량기구 전문위원회는 종합적 유해생물 관리를 다음과 같이 정의하였다. "모든 적절한 기술을 상호 모순 없는 방향으로 이용하여 해충밀도를 경제적 가해수준 이하로 억제하고 그 상태를 유지하기 위한 해충관리체제를 종합적 해충관리라고 한다". 이 정의에는 세 가지 중요한 개념을 갖고 있다. 첫째는 "여러 가지 방제수단의 합리적 통합", "경제적 가해수준" 그리고 "해충개체군의 관리체제"가 그것으로 이것은 작물의 수량극대화보다 수익의 극대화를 추구하는 개념이다.

여러 가지 방제수단의 합리적 통합이란 여러 가지 방제기술의 장단점을 고려한 통합적이고 합리적인 선택을 뜻하는 것으로 종래의 농약 일변도나 천적주의와 같은 단일 방제수단 지상주의가 아닌 탄력적인 이용을 뜻하고 있는 것으로 생물학적 합리성을 바탕으로 한 방제수단의 활용을 뜻하는 것이다.

경제적 가해수준이란 해충의 기해로 생기는 경제적 손실이 방제비보다 많을 때에 한하여 방제수단을 도입한다는 것으로 해충을 완전히 제거하는 것이 아니고 해충밀도가 어느 수준 이상이 되지 않으면 방제수단은 도입하지 않는다는 개념으로 해충의 종합적 관리 시행에서 특히 중요한 개념이다.

해충개체군 관리체제(Systems)는 종래 주관적이고 감상적인 해충방제를 피하고 해충개체군 밀도의 동태나 피해 발생량의 과학적 예측을 바탕으로 한 합리적인 방제를 뜻하며 그의 실현을 위하여는 농생태계, 작물생산, 해충개체군 밀도, 피해의 동태를 Systems model로 구축하고 그에 따르는 Systems 분석이 중요한 기초가 되는 것이다.

2. 종합적 해충관리 체제

종합적 해충관리는 해충개체군 밀도의 경제적 가해수준에 영향을 미치는 여러 가지 요인을 합리적으로 조절하여 해충에 의한 경제적 손실을 최소화하는 방제기술의 전략적 선택과 적용을 그 내용으로 하고 있다. 이것은 과거의 방제효과를 중시한 살충제의 종류나 사용적기선택 중심과는 달리 해충문제를 농업생산계의 한 요소로 보고 총체적으로 해결하려는 것이다.

해충은 농생태계의 여러 가지 구성요소 중의 하나로 그의 동태는 농생태계 그 성요소들 상호간의 총체적 결과이다. 농생태계를 구성하고 있는 한 요인에 대한 작용은 다른 요인에도 정도의 차는 있으나 영향을 미친다. 따라서 종합적 관리전략 수립에는 해충이나 그와 관련된 여러 가지 환경요소에 관한 정확한 실상파악을 위한 정보의 수집과 분석이 필수적이며 이것을 토대로 그에 알맞은 방제수단이 선택되어 적용되는 것이 기본적 과정이다. 그리고 이와 같은 과정은 연구자, 관련제도 그리고 실행자 등 여러 단계간의 유기적이고 신속한 정보교환으로 보다 효율적으로 성취될 수 있겠다. 이런 과정에 대하여 설명하면 다음과 같다.

1) 대상해충 관련 정보

한 작물을 가해하는 해충의 종류는 여러 가지가 있으며 또 한 해충은 한 가지 작물만을 가해하는 것이 아니고 여러 가지 작물을 가해한다. 그러나 그들이 갖는 해충으로써의 중요도에는 차이가 있다. 이것은 어떤 작물에 기생하는 모든 가해

해충이 관리대상이 되는 것이 아니고 그들의 가해정도에 따라 대상여부가 결정되는 것을 뜻한다.

해충류를 피해와 관련하여 생각할 때 방제 또는 관리의 대상이 되는 것은 관건종과 수시종들이고 잠재해충은 특별한 경우를 제외하면 대상이 되는 일은 드물다. 한 작물에서 관건해충은 10여종 정도로 보통은 수종에 불과하며 재배시기와 관련하여 생각하면 1~2종이 보통이다. 따라서 관리의 대상은 이런 몇몇 종으로 집약할 수 있다. 예를 들면 사과재배에 있어서는 과실을 가해하는 직접해충을 주축으로 한 관리체제에 잎을 가해하는 응애류나 진딧물류 그리고 잎말이나방류를 부차적 대상으로 전체적 관리체제가 수립되어 있다.

한편 해충문제는 해충의 존재가 문제가 되는 것이 아니고 그의 밀도가 문제가 되는데 해충의 개체군 밀도는 방제여부를 결정하는 기준이다. 해충의 개체군 밀도 조사방법에 관하여는 제2편 제2장에서 설명한 바와 같이 그들의 분포양식의 해석과 목표로 하는 정도가 감안된 표본조사법이 중요하다. 표본조사는 동태모델의 작성을 위한 경우와 실제 농민의 이용 수준의 경우가 차이가 있어서 이용수준에 따라 그 방법이 제시되어야 하겠다.

한편 실제로 방제수단이 강구되어야 하는 시기의 해충개체군 밀도가 요방제밀도 또는 경제적 허용수준밀도인데 이것은 앞으로 해충밀도가 경제적 가해밀도에 달할 것이라는 것이 전제가 된 밀도이다. 즉 방제법의 선택이나 적용문제는 요방제 밀도를 대상으로 판단되는 것이다. 따라서 이것은 개체군 밀도 동태 문제로 주로 생명표의 해석을 통하여 개체군 밀도 변동 주요인을 검출하고 이것을 이용한 개체군 동태 모델을 이용한다. 이의 이용에는 다음에서 설명하는 기상 환경조건에 관한 정보와 작물의 생리, 천적 기타에 관한 정보가 필수적이다.

해충의 종합적 관리 체제는 이론적 체제의 유용성을 파악하고 각각의 내용을 합리적으로 개선하여 결국 모든 해충류에 대한 관리 체제를 확립하는 것을 목표로 하고 있다.

대상해충과 관련된 정보의 수집과 분석은 문제에 대한 정확한 실상을 파악하여 어떻게 할 것인가를 결정하기 위한 것이다. 해충의 개체군 밀도에 미치는 요인에는 여러 가지가 있으며 그것을 모두 포함시킨 완전한 체제를 처음부터 생각한다는 것은 어려운 일이다. 따라서 처음에는 비교적 단순한 모델을 이용하여 정확도는 떨어지나 효율성을 높이거나 간단한 도형으로 모형화하여 정보를 자주 제공하여 그때그때의 여건에 알맞은 방법을 취하는 방법을 도입하고 차차 개선하도록 한다. 실제로는 생물적 조건이나 환경조건이 결정적으로 중요한 시기에만 이용하게 된다. 가장 흔히 쓰이는 것이 방제 시기나 방제수단의 결정을 위하여 생물학적 조사를 하는 것이다. 예를 들면 사과원에서 복숭아심식나방의 방제를 위하여 페로몬트랩을 이용하여 그의 방제시기를 결정하거나 미국 Washington 주 사과원에서는 사과응애에 대하여 요방제 밀도를 천적이 없을 때는 5/잎으로 하고 천적이 많을 때는 40/잎으로 하는 것이 그 예가 되겠다.

2) 환경조건에 관한 정보

해충의 발육이나 증식은 기상조건의 영향을 크게 받는다. 지금까지 기상조건의 통계적 자료는 해충발생에 가장 많이 이용되어 왔다. 기상조건으로 중요한 것은 최고온도, 최저온도, 평균온도 등과 습도, 강우량, 풍속과 풍향, 기압, 광선 등이 있다.

한편 해충의 발생은 행정구역과는 무관한 것인데 기상관측소는 주로 행정적 배려 하에 배치되고 있어 이 점은 기상자료의 해충학적 이용에는 충분히 고려되어야 하겠다. 현과 이(1975)는 전국 42개 예찰소의 유살등에 유살된 이화명나방 유살 수를 검토하여 많이 발생하는 지역은 북위 35°~37° 간의 남부해안, 중남부 산악 그리고 중남부 평야지대라고 하고 유살최성기는 북위 36°~37° 를 중심으로 북부가 빠르고 남부지방에서는 느리다고 하였다. 그리고 현(1977)은 전국 예찰소에서 조사된 1965~1976년간의 애멸구 일별 유살자료를 분석하여 발생량이 북위 37° 이북에서는 적으며 대구, 진천, 보은, 상주 등 산간지대에서는 "이상비래" 현상이 자주 일어나 유살상이 복잡한데 이것은 아마도 지형과 관계가 있을 것이라고 하고 우리나라의 애멸구 발생형을 북부, 동부, 서부형으로 구분하고 다시 서부형을 서산, 호남평야, 남해 그리고 대구형 등으로 세분한 바 있다. 이 때문에 해충발생문제에 기상자료를 이용할 때에는 이 점이 고려되어야 하겠으며 농업기상관측 자료 수집을 위한 조사지점의 배치에도 이런 점이 고려되어야 할 것으로 생각된다.

한편 기상조건은 지역적으로 차이가 있을 뿐 아니라 한 지역 내에서도 지형이나 경사면의 방향 기타 등에 따라 차이가 있어 해충발생의 예찰을 위한 연구에서는 이런 점이 충분히 고려되어야 하겠다. 특히 과수와 같은 영년생 목본작물에서 중요하다. 따라서 경사도, 고도, 주변식생 그리고 지형 등이 고려되어야 하는데 지금까지 이런 문제에 관한 연구는 단편적이며 별로 많지 않으나 앞으로 정도 높은 예찰을 위하여 충분히 고려되어야 하겠다.

또 해충과 직접 접하고 있는 미환경 요인도 때로는 해충의 발생에 큰 영향을 미치는 수가 있다. Rabbinge(1976)은 사과나무에서 여러 가지 온도 구분이 해충 응애와 그의 포식성 응애류에 미치는 영향을 조사하고 그 영향은 큰 것은 아니었으나 산란에 미치는 작은 영향 차이가 생물적 방제효과에는 현저한 차이가 있었다고 하였다. 따라서 기상조건의 지역적 차이 뿐 아니라 중기상이나 미기상 조건도 해충발생예찰에서 함께 고려해야 하겠다. 최근 기상관계 자료 수집을 효율적이고 생력적으로 할 수 있는 AMeDAS(Automated meteorological data acquisition system) (각 지역의 기상상황을 자동으로 관측하여 취합하는 체제) 체제가 발달하여 실시간으로 기상정보를 이용하는데 큰 도움이 되고 있다.

해충 개체군의 밀도나 작물이 받는 피해에 영향을 미치는 환경요인에는 기상조건 외에도 생물학적 요인이 중요한 고로 현재 우리나라 해충발생예찰 요강에는 작물의 재배 시기나 생육상태 그리고 천적류 등에 대한 조사방법이 상세하게 기술되어 있다.

3) 방제방법의 선택

방제법에는 여러 가지가 있으나 그의 합리적 선택은 해충 개체군에 미치는 각 방제법의 총체적 영향으로 평가되어야 하겠다. 즉 이것은 각 방제수단이 해충뿐만 아니라 천적류나 작물 그리고 환경에 미치는 영향이 종합적으로 고려된 것이어야 한다는 것을 뜻한다.

종합적 해충관리는 하나의 방제 수단에만 의존하는 것이 아니고 여러 가지 방제수단을 합리적으로 이용하는 것을 기본으로 하고 있다. 합리적인 이용이란 여러 가지 수단의 단순한 혼용이 아니고 해충의 개체군 동태에 미치는 각 수단의 영향이 고려된 것이어야 함을 뜻한다.

Geier(1966)는 해충방제수단을 해충의 생활계와 관련 불임성의 이용과 같은 자동적 방법(Autocidal method, *自動的 方法*)와 환경조건의 변형을 통한 해충의 생물학적 영향을 이용하는 것으로 분류한 바 있는데 여러 가지 방제수단을 해충의 개체군 동태와의 관계에서 보면 ① 해충개체군을 낮은 밀도에서 변동이 적게 억제하는 수단 ② 해충개체군 밀도를 일시적으로 낮추는 것 그리고 ③ 해충을 완전히 구제하거나 낮은 밀도로 유지하는 것 등으로 분류할 수 있겠다. ①의 대표적인 것으로는 천적류나 내충성 품종의 이용과 환경조건의 개선을 들 수 있겠고 ②의 경우는 살충제나 물리적 수단 그리고 천적농약류와 같은 직접적인 것과 유인 또는 기피, 교미교란과 같은 것을 생각할 수 있으며 ③의 경우는 불임기술이나 유전적 방제 등이 포함되겠다. 따라서 해충의 종합적 관리에서는 ①의 수단들을 기본으로 하여 해충개체군 밀도를 낮은 수준으로 유지하도록 하고 그 밀도가 경제적 가해수준을 넘을 것이 예측될 때에 ②의 수단을 보조 내지는 보완적으로 이용하는 것을 기본으로 한다.

방제수단으로 가장 흔히 쓰이고 있는 살충제의 사용과 관련 벼의 해충류 방제체제와 관련 배와 현(1987)은 초기 발생 해충류에 대한 침투성 살충제 이용과 후기 멸구류 방제를 위한 탈피저해제의 효과를 논한 바 있는데 이것은 초기 발생 해충류 특히 해외에서 비래하는 멸구류는 예측이 어려워 침투성 살충제로 보험적 방제를 하고 후기에는 발생밀도에 따라 방제한다는 생각에서이다. 기계이앙이 성행되고 있는 현재에는 육묘상 처리가 보편화 되어 있는데 이것은 해충 밀도를 고려한 것이라기보다는 멸구류와 같은 불확실한 해충류에 대한 보험 방제적 성격의 것이다. 이와 현(1990)은 사과원에서 과실가해 해충류 방제를 주축으로 한 해충종합관리체제를 제기하면서 포식 응애류의 활동을 감안한 응애류의 종합관리체제에 관하여 논한 바 있다.

현재 세계적으로는 낙엽 과수류, 목화, 알파알파, 콩, 감귤, 원예 작물류 그리고 임업 해충류 등 각국에서 중요한 작물들에 관한 해충관리체제가 정도의 차이는 있으나 개발되어 이용되고 있으며 많은 연구가 계속되고 있는데 이와 같은 해충관리체제를 우리나라에서 도입하여 유용하게 활용할 수 있겠다. 그러나 재배환경이 다르면 같은 지역 내에서도 해충의 발생상에는 차이가 있을 수 있고 여러 가지 농업생산 여건에 차이가 있어 직접적인 적응에는 우리나라 농업생산체제의 특성이 충분히 감안되어야 하겠다.

벼멸구는 벼를 유일한 기주작물로 하는 해충이다. Sawada(1995)는 중부 자바에서 일년 동안 연속하여 벼를 재배하는 주년재배지대와 벼의 작기가 통일되어 있는 동기재배지대에서 이 해충의 발생상황을 조사하여 그림 4-12와 같은 결과를 보고하였다.

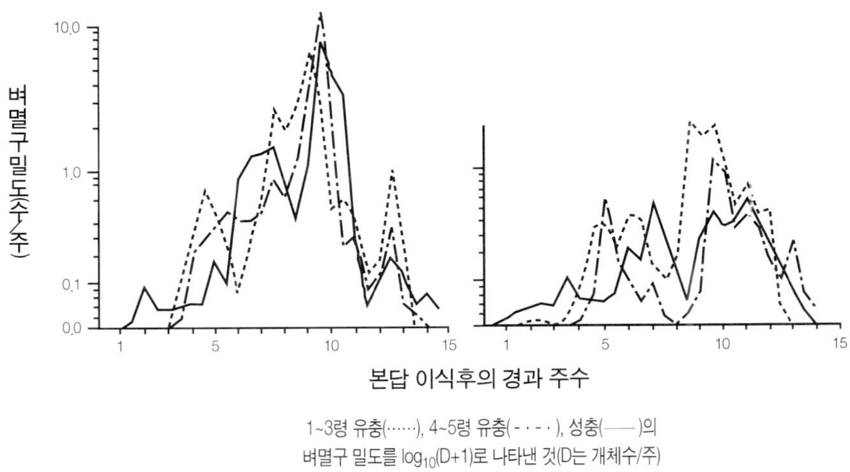

〈그림 4-12〉 중부 자바의 동기재배지대(좌)와 주년재배지대(우)에서의 벼멸구개체군의 발생 (Sawada 1995).

두 지역 모두에서 이식 후 1~4주까지 사이에는 외부에서 침입하는 성충(장시충)이 대부분이나 그 후 어린유충, 노숙유충, 성충의 순으로 발생의 피크가 나타난다. 두 지역 모두에서 침입 후 제2세대에서 최대밀도를 나타낸다.

그러나 두 지역에서의 밀도 증가율에는 큰 차가 있다. 즉 동기재배지대에서는 침입, 제1, 제2세대 주당 성충밀도 피크는 0.093, 1.3, 7.8 등으로 침입세대에서 제2세대까지의 밀도 증가율은 84배인데 주년재배지대의 그것은 0.13, 0.55, 0.61 등으로 침입세대에서 제2세대까지의 밀도 증가율은 4.7배에 불과하였다고 하고 이와 같은 차이는 알 기생봉이나 포식성 거미류의 활동과 깊은 관계가 있다고 하고 동기재배지대의 밀도변동동태는 일본에서의 그것과 비슷하다고 하였다.

그는 이들 지역의 벼멸구에 대한 대책을 논하면서 주년재배지대의 논에서는 천적류의 밀도억제기능이 중요하기 때문에 밀도가 다소 높아도 농약의 살포를 줄이고 약제 방제의 기준인 요방제 밀도를 높게 설정할 필요가 있으며 동기재배지대에서는 밀도증가가 크기 때문에 논에서의 밀도 조사를 강화하여 조기예찰, 조기방제의 체제 확립이 중요하다고 하였다. 이것은 같은 지역에서도 작물의 재배양식에 따라 방제전략은 달라져야 함을 뜻하는 것이다.

한편 이와 현(1980)은 애멸구가 매개하는 벼의 줄무늬잎마름병은 본답 침입세대 성충과 본답 제일세대가 문제임을 감안 본답 침입세대 밀도억제를 위하여 월동 제1세대의 밀도억제를 위한 맥전에서의 침투성 살충제의 토양처리를 제기한 바 있다.

일본의 Kawai(1996)는 시설과채류에 대한 오이총채벌레(*Thrips palmi*)의 개체군동태 모델을 이용하여 이 해충의 관리에는 다음과 같은 점이 중요하다고 하였다.

① 이 해충의 밀도증가에는 과소효과(밀도가 낮으면 교미율이 저하하여 미교미 개체는 수컷을 낳게 되는 산웅단위생식을 하게 되는 현상)가 크게 작용하는 고로 개체군 밀도는 항상 극히 낮은 밀도로 유지하는 것이 유리하다.

② 살충제의 안전사용과 그에 대한 저항성의 발달을 방지하기 위하여 살충제 일변도의 방제는 지양해야 한다.

③ 여러 가지 물리적 방제수단의 효과가 크며 특히 증식률이 낮은 비만에서는 그 효과가 크다.

이런 이유로 각 작물에서 그에 알맞은 살충제 사용이나 물리적 방제수단이 적절히 종합된 관리 체제가 중요하나 실제로는 작형, 주위환경 등에서의 침입하는 량, 시기 등이 다르고 작형, 시장가격 등에 따라 가해허용수준이 다르기 때문에 각 작물에 대한 통일된 관리 체체를 제시하기가 힘들다고 하고 그 관계를 표 4-23과 같이 제시하였다.

〈표 4-23〉 오이총채벌레의 개체군 관리체제 (Kawai 1996)

현재로써 바람직한 방제체계				
	약제살포	침입방지	지입방지	점착리본
오이	◎[1)]	◎	○	○
가지	◎[1)]	◎	○	○
비만	△[1)]	○	○	○

앞으로 바람직한 방제체계						
	약제살포	침입방지	지입방지	점착리본	천적이용	저항성품종
오이	△[1) 2)]	◎	○	○	◎	○
가지	△[1) 2)]	◎	○	○	◎	◎
비만	△[1) 2)]	○	○	◎	△	◎

◎: 기간적 방제수단, ○: 보조적 방제수단, △: 특수한 경우 이용수단, 1) : 저밀도시부터 적기살포, 2) : 밀도 급상승시 연속 살포.

오이와 가지의 경우에는 침입방지, 지입방지, 정식직후부터의 점착리본의 이용 등으로 저밀도로 유지하는 것이 효과적이며 특히 침입방지가 중요하며 침입이 있을 때는 낮은 밀도 때에서부터 긴 간격을 두고 정기적으로 살포하는 것이 효과적 이라고 하였다.

그러나 비만의 경우는 다른 두 작물에서 보다 점착리본의 효과가 크기 때문에 낮은 밀도에서부터 점착리본을 기간으로 하고 침입이나 지입방지를 병행하는 것이 유리하다 하겠다. 비만에서는 약제 살포의 효과가 다른 두 작물에서 보다는 떨어지는 고로 짧은 간격으로 연속적으로 사용하여야 한다. 그리고 이 해충은 알은 식물체 조직 내에 낳고 번데기는 땅속에 있어 육안조사시 성충과 유충만이 조사되고 약제는 성충과 유충에만 효과가 있어 살충제는 부화유충이나 우화성충을 대상으로 한 살포를 묶은 즉 첫 번 살포 후 3일 후에 한 번 더 살포하는 2회를 묶는 살충제 살포가 효과적이라고 하였다.

그는 현재의 단계에서는 오이와 가지의 경우 살충제 이용을 기간으로 하지 않을 수 없으나 앞으로는 천적 특히 포식성인 *Orius* 애꽃노린재의 이용 등 생물적 방제에 관한 연구가 중요하다고 하고 일본에서 가지나 비만 등에서의 과피 피해 수준이 낮은 것이 그의 활용에 문제가 된다고 하였다.

이상에서 보는 바와 같이 합리적 해충관리를 위하여 선택되는 관리수단은 특정 포장에서의 여러 가지 요건을 감안한 것이어야 한다. 개체군 동태에 관한 연구를 바탕으로 한 개체군 관리 모델을 이용하여 여러 가지 방제수단을 평가하는 것은 효과적 방제체계의 수립이나 새로운 방제수단의 평가나 그의 적용법의 검토, 생태적 특성과 방제법의 관계를 해명하는데 큰 도움이 되겠다. 특히 시설재배는 환경조건이 폐쇄적이고 해충의 개체군 밀도 동태에 관여하는 요인이 한정되어 있어 해충 개체군 관리를 위한 방제수단의 평가에 이와 같은 연구결과는 큰 도움이 될 것이다.

4) 정보교환

농민은 작물의 품종이나 재배기술에 관하여는 비교적 많은 지식을 갖고 있으나 병해충에 관한 지식은 상대적으로 부족한 경우가 많다. 특히 병해충의 발생 상태는 지역적으로나 계절적으로 변동이 많아 그들의 지역적 실상이나 계절적 병동에 관한 정보는 방제여부의 판단이나 방제시기 또는 방제수단의 선택에 극히 중요한 것이다.

미국에서는 병해충의 피해평가, 발생조사, 여러 가지 방제수단의 선택과 합리적 통합의 방법 그리고 방제에 필요한 자재의 공급을 위한 전문기업이 있어 농민은 이런 기업과 계약을 맺고 있다. 우리나라의 농업은 규모나 생산여건이 차이가 있어 이런 체제의 도입에는 여러 가지 제약이 있겠으나 해충문제의 합리적 해결을 위하여 현재의 정부, 농협, 농약회사 그리고 농약 상 체제를 개선하는데 하나의 시사는 될 듯하다.

우리나라에는 병해충 발생을 과학적으로 예측하여 진단하고 효과적인 방제대책 처방을 위하여 농촌진흥청이 주관하는 병해충 예찰사업이 있다. 병해충의 발생예찰을 위하여 각 시, 군에 규격화된 예찰포가 설치되어 있고 주요 병해충에 대한 발생조사를 병해충 예찰요강에 따라 조사하고 순회조사를 하여 그 결과를 도 진흥원에 보고하며 도 진흥원은 농촌진흥청에 보고하게 되어 있다. 도 진흥원과 농촌진흥청은 수집된 자료를 분석하여 병해충 발생상황에 따라 예보, 주의보, 경보 등을 발표하여 농민이 참고할 수 있게 하고 있다.

수집된 자료를 정기적으로 신속히 전달하고 그것을 곧 집게 할 수 있고 그것을 한 곳에 저장하여 이용자 모두가 언제나 어디서나 이용할 수 있는 체제의 구축을 위하여 전산화사업이 추진되고 있다.

일본에서는 이런 전산사업이 완료되어 말단인 병해충 방제소는 정해진 양식에 따라 조사 자료를 입력하고 입력된 자료는 플로피디스크에 일시 보관 후 센터에 송신 저장되며 이것은 지역별, 블록별, 작물별, 병해충별로 분류 처리되어 있어 언제나 이용할 수 있도록 되어 있다.

현재의 병해충 발생예찰은 광역적이고 중, 장기 발생예찰이 주로 되어 있는 고로 실제 이용자는 예보가 자기 포장에 대한 것은 아니라는 점을 생각하고 예보는 자기포장에 대한 주의 또는 조사를 해야 한다는 경고로 보는 것이 옳은 것이다.

실제로 벼나 과수류의 해충류에 대하여는 예찰 정보가 상당히 중요한 정보가 될 수 있으나 채소류나 하우스재배작물들과 같이 재배기간이 짧고 재배법이 다양한 경우에는 병해충의 발생상이 다양하여 개개의 현장간에는 큰 차이가 있다. 따라서 적절한 방제를 위하여 보다 국지적이고 심도 있는 발생예찰 체제가 바람직하다 하겠다.

고 백운하 교수(1984)는 우리나라 해충방제 실태와 관련 농약의 과용에 관하여 문제점으로 농약 공급실적을 방제상벌기준으로 하고 병해충 발생경보를 난발하고 일선 행정책임자가 농약 살포를 독려하고 있는 등을 들고 그의 개선을 논한 바 있는데 이것은 농업증산정책에 따른 것이나 앞으로 정책에 대한 국민의 신뢰를 회복하고 예찰사업이 단순한 농약살포독려를 뜻하는 것이 아니고 농민자신을 위해서나 사회적으로 공헌하는 것임을 이해시키는 것이 급선무임을 뜻하는 것이다.

해충발생의 과학적 예찰의 가장 중요한 기초는 조사 자료의 신빙성이다. 이것은 일차적으로는 연구자의 연구 성과에 관한 것이나 예찰사업에서는 조사자의 자질에 관한 문제이다. 이런 이유로 예찰사업 추진 요강의 예찰전담 지도사 인사관리지침에 전담 지도사는 "장기간 근무 가능한 지도사를 배치하고 사업 기간 내 이동을 가급적 지양하고 업무관련 전문교육에 우선적으로 참여할 수 있도록 하여 업무능력을 높이도록 한다"고 되어 있다. 그러나 실제로 담당자는 다른 업무도 겸하고 있고 업무량은 과다한 반면 별 인센티브는 없는 실정이어서 인사이동이 잦고 의욕도 부족한 것이 실정인 듯 하다. 특히 유기농법의 확대는 그 경향을 가속하고 있다.

이런 경향은 1970년대의 증산위주의 농업정책 때문에 예찰사업이 방제독려 즉 "살충제를 살포해야 한다"는 방향으로 운영되어 왔던 것과 유관하나 예찰사업은 방제의 독려가 아닌 방제의 과학화 나아가서는 합리화를 위한 것이다. 이 점은 해충의 종합적 관리에 발생예찰정보가 불가결임을 생각할 때 일관의 인식전환을 위한 많은 노력이 요구된다고 하겠다.

참고문헌

Apple, J. L. and R. F. Smith. 1976. Integrated pest management. Plenum. N.Y. 200pp.

Burn, A. J., T. H. Coaker, P. C. Jepson Ed. 1987. Integrated pest management. Academic press. N.Y. 474pp.

Clark, L. R., R. W. Geier, P. D. Hughes and R. F. Morris. 1967. The ecology of insect population in theory and practice. Methuen, London. 232pp.

Cox, G. W. and M. D. Atkins. 1979. Agricultural Ecology. W. H. Freeman & Co. San Francisco. 721pp.

Croft, B. A. & S. C. Hoyt (Ed.). 1983. Integrated management of insect pests of pome and stone fruits. John Wiley & Sons, N. Y. 454pp.

Davidson, R. H. and W. H. Lyon. 1979. Insect pests of farm, garden and orchard. 7th ed. Macmillan, N.Y. 798pp.

DeBach, Ed. 1964. Biological control of insect pests and weeds. Reinhold, N.Y. 844pp.

Fukunaga, K. 外. 1981. 農藥, 白亞書房. 248pp.

Horn, D. J. 1988. Ecological approach to insect pest management. The Guilford press. N.Y. 285pp.

Huffaker, C. B. Ed. 1980. New technology of pest control. John Wiley & Sons, N.Y. 500pp.

Huffaker, C. B. and R. L. Rabb. Ed. 1984. Ecological entomology. John Wiley & Sons. N.Y. 844pp.

Krebs. C. J. 1999. Ecological methodology. 2nd Ed. Addison-Welsey Pub. Inc. USA.

Kuno, Y. 編. 1996. 昆虫個体群生態學の 展開. Kyoto大 出版部. Kyoto. 455pp

Metcalf, C. L. and W. P. Flint. 1951. Destructive and useful insects. McGraw-Hill Book Co. N.Y. 1071pp.

Metcalf, R. L. and W. H. Luckmann. 1975. Introduction to insect pest management . John Wiley & Sons 587pp.

Nakashuji, F. 1988. 生活史と行動. 冬樹社. Tokyo. 249pp.

Nakashuji, F. 編. 1989. 個体 群動態と害虫防除. 冬樹社. Tokyo. 250pp.

Nakashuji, F. 1997. 總合的 害虫管理學. 養賢堂. Tokyo. 273pp.

Nakashuji, F. 外. 2000. 應用昆虫學の基礎. 朝倉書店. Tokyo. 211pp.

National Academy of Science. 1969. Insect pest management and control. Washington D.C. 508pp.

National Academy of science. 1972. Pest control strategies for the future. Washington D.C. 376pp.

Proceedings of a national extention insect pest-management workshop. 1972. Implementing practical pest management strategies. Indiana. Purdue University ; 206pp.

Painter, R. H. 1951. Insect resistance in crop plants. Macmillan, N.Y. 520pp.

Pfadt, R. E. Ed. 1985. Fundamentals of applied entomology, 4th ed. Macmillan, N.Y. 798pp.

President's Science Advisory Committee. 1965. Restoring the quality of our environment. The White House. Washington D.C. 317pp.

Rabb, R. L. and F. E. Guthrie ed. 1970. Concepts of pest management. North Carolina State University Raleigh. 456pp.

Shepard, M. Ed. 1973. Insect pest management : Readings. MSS. Information corporation. N.Y. 268pp.

Southwood, T. R. E. 1966. Ecological methods with particular references to study of insert populations. London; Methuen., 391pp

Watson, T. F., L. Moore and G. W. Ware. 1975. Practical insect pest management. W. H. Freeman & Co. San Francisco 196pp.

농촌진흥청. 1998. 외국의 병해충 종합관리. 수원. 325pp.

농업과학기술원. 2004. 요방제 수준 조사 자료집. 수원. 310pp.

농촌진흥청. 2006. 농작물 병해충 예찰요강. 수원. 296pp.

류문일, 이준호. 2002. 개체군생태학. 서울대 출판부. 298pp.

白雲夏 外. 1984. 新稿害虫學. 鄕文社. 서울. 325pp.

日本 農林水産省. 1991. 植物防疫の軌跡. Tokyo. 482pp.

日本 植物防疫協會. 1997. 植物防疫講座. 第3版. Tokyo. 418pp.

玄在善 外. 1991. 應用昆虫學論叢. 서울대. 농대 농생물학과 동창회. 558pp.

玄在善. 1994. 농림해충학총론. 서울대 출판부. 325pp.

찾아보기